生态与生物设计丛书

丛书主编：吕品晶　段胜峰

执行主编：景斯阳

生物艺术

现实的重构

[美]威廉·迈尔斯　著

四川美术学院-中央美术学院译制小组　译

段胜峰　审校

华中科技大学出版社

http://press.hust.edu.cn

中国·武汉

图书在版编目（CIP）数据

生物艺术：现实的重构 /（美）威廉·迈尔斯著；四川美术学院-中央美术学院译制小组译. -- 武汉：华中科技大学出版社，2025.6. --（生态与生物设计丛书）. -- ISBN 978-7-5772-1817-5

Ⅰ. Q；J0-05

中国国家版本馆CIP数据核字第2025ZA9054号

生态与生物设计丛书

丛书主编：吕品晶 段胜峰

执行主编：景斯阳

生物艺术：现实的重构

SHENGWU YISHU: XIANSHI DE CHONGGOU

［美］威廉·迈尔斯 著

四川美术学院-中央美术学院译制小组 译

段胜峰 审校

出版发行：华中科技大学出版社（中国·武汉）
武汉市东湖新技术开发区华工科技园

电话：(027)81321913

邮编：430223

策划编辑：王　娜

责任编辑：王　娜

封面设计：巩　毅

责任监印：朱　玢

印　　刷：广东省博罗县园洲勤达印务有限公司

开　　本：787 mm×1092 mm　1/16

印　　张：16

字　　数：300千字

版　　次：2025年6月 第1版 第1次印刷

定　　价：168.00元

投稿邮箱：wangn@hustp.com

本书若有印装质量问题，请向出版社营销中心调换

全国免费服务热线：400-6679-118 竭诚为您服务

总序

人类正站在生态文明的转折点，全球生态设计理念历经了从机械功能主义向全生命周期范式的革命性跨越——从 20 世纪 60 年代工业污染治理的觉醒，到千禧年后循环经济与碳足迹追踪的系统性整合，设计已从“改造自然”转向“与自然共生”的伦理重构。当下，生物设计正掀起新一轮范式革命：仿生算法优化城市代谢系统，基因编程材料重塑制造逻辑，菌丝体自生长模块颠覆建筑工业，而生物艺术更以基因编辑为画笔，叩问技术伦理的边界。本丛书诞生于气候临界与生物多样性锐减的紧迫语境，旨在为产业提供从细胞级制造到零废弃系统的技术工具箱，为公众缔造理解生态智慧的认知桥梁，以跨学科知识熔炉点燃可持续文明的火种。这既是设计学科的时代应答，亦是人类重写“生产 - 生态”契约的技术宣言。

丛书锚定“前沿性、跨学科性、创新性”三大核心维度，构建面向未来的生态与生物设计知识体系。前沿性聚焦全球近十年的突破性探索，从基因编辑驱动的生物材料研发到仿生算法优化的碳汇系统，横跨实验室研发与产业实践；跨学科性深度融合生态设计、生物艺术、生物制造与智慧生态，打破学科壁垒，重塑“自然逻辑 - 技术工具 - 人文伦理”三位一体的方法论；创新性以范式突破为内核，涵盖生物基材料自生长技术、细胞级制造工艺及零废弃循环系统等全链条革新，重新定义“设计 - 生产 - 环境”的共生边界。本丛书既是生态危机下的学科应答，亦是面向可持续文明的技术宣言。

丛书内容以“技术革新 - 伦理思辨 - 历史脉络 - 应用工具”四重维度为轴，系统构建生态与生物设计的知识图谱。技术革新维度聚焦生物逻辑与人工系统的深度耦合，涵盖基因编程材料、菌丝体自生长建筑模块及仿生算法驱动的碳代谢优化，从分子尺度到城市尺度重构“设计 - 生产 - 环境”的共生界面；伦理思辨维度直面生物科技与人类世的伦理张力，探索基因编辑艺术对生命主权的挑战、合成生物学在文化身份中的隐喻，以及技术霸权与生态正义的辩证关系，为跨界实践提供批判性框架；历史脉络维度以非线性叙事重审生态设计演进，从工业文明的功能割裂到循环经济的系统闭环，从封闭生态原型到跨物种共生网络，揭示设计如何以自然法则为镜，回应气候临界与资源危机的代际挑战；应用工具维度则提供从实验室到产业的转化路径，包括生物基材料研发指南、零废弃系统设计协议及政策制定的碳模型工具包，推动生态智慧向产业链与治理体系的渗透。

本丛书作为跨学科生态与生物设计的行动指南，感谢中央美术学院与四川美术学院联合支持，其分册架构直指多元应用场景，包括生物技术工具包、策展人伦理思辨框架、企业研发生物基材料的实战手册等。从政策制定的碳循环模型到高校学科建设的危机设计课程，丛书以“工具性 - 思想性”双重维度，推动生态智慧向产业实践与公众认知的渗透，构筑可持续文明的产学研协同基座。

2025 年 5 月 10 日

目录

前言

苏珊·安克尔（Suzanne Anker）

生物科学对视觉艺术的影响可以追溯至人类历史上最早的时期。从旧石器时代到怪诞主义和浪漫主义艺术时期，科学和相关技术的每一次重大创新都在艺术中创造了一系列相应的文化表达。对于浪漫主义者、象征主义者和超现实主义者而言，绘画、雕塑和摄影是技术与社会剧变中潜在焦虑的表达，这些剧变改变了原本稳定的生活方式。与此同时，查尔斯·达尔文（Charles Darwin）的进化论与西格蒙德·弗洛伊德（Sigmund Freud）的无意识理论，颠覆了人类对自身能动性的认识，迫使人类重新思考已知的东西。

在当今时代，正是生物艺术回应了变化与未知时代中的文化表达需求，并且，作为一场国际性的艺术运动，它正在逐渐壮大。生物艺术既没有特定的媒介，也不受地域限制，它在世界各地的艺术学校、工作室、普通和专业实验室中蓬勃发展。在这样一种充满实验性和活力的氛围中，我们可以毫不夸张地说，生物科学的飞速发展以及公众对生物科学日益增长的参与需求，将推动这类运动持续繁荣发展。正如本书所介绍的作品共同证实的那样，这种实践的创造性产出，表明我们实际上生活在一个“生物时代”。

生物艺术是一个总括性的术语，涵盖了合成生物学、生态学和生殖医学等领域的一系列实践，通常结合了艺术的图像化过程和自然界的生物库。简而言之，生物艺术利用科学工具和技术来创作艺术作品。它利用微生物、荧光、计算机编码和各种类型的成像设备，展现了人类改变自然的方式。其结果一部分是批判性的，一部分是讽刺性的，还有一部分是硬科学的。在其他情况下，这些作品类似于科幻小说的叙述，投射出可能发生的，有时甚至是可怕的未来场景。因此，生物艺术是一个需要视觉艺术和生物科学都有所参与的领域。这二者缺一不可，因为生物艺术既需要严谨的审美实践，又需要对生物学及其内在隐喻的理解。虽然与生物艺术密切相关的生物设计可能以功能主义作为其目标，但是生物艺术更为关注的是与艺术史的联系，以及重新审视那些早已被认定是乏味的和无用的理念。

在一系列探索人类与自然关系的艺术运动中，生物艺术可能是最新的一次运动，但是这一次，我们与环境的关系已经发生了变化。许多人都认为，我们已经进入“人类世”（Anthropocene），在这个时代，人类活动对自然界产生了决定性的影响。我们对此的艺术回应可能被看作新浪漫主义的一种形式，也许还带有一点超现实主义的腔调，与人类在世界上地位尚不确定的前几个时代的艺术相呼应。虽然生物艺术涉及的范围、技术和意图的广度意味着它不容易被定义，但我们可以预见，其实践和实践者们将继续以各种可能的方式震撼我们。

序言

威廉·迈尔斯（William Myers）

在 2012 年撰写《生物设计》（*BioDesign*）的过程中，我发现了许多艺术家为思考自然和自我的新方式开辟新路径的例子。这些艺术家经常使用活体组织和微生物，甚至构建复杂的生态系统。他们似乎是在测试、尝试和发现新的表达形式，并在我认为的我们这个时代最紧迫的问题上阐明立场：将我们的时代定义为“人类世”，即人类干预环境的时代。这些艺术作品被粗略地归类为“生物艺术”，然而这样的定义是基于媒介而不是文化和科学之间的相互作用。因此，生物艺术这一主题显然值得进行进一步研究，并且我也需要一本自己的新书。

首要的问题是回答生物设计和生物艺术有何不同，这一问题经常出现在讨论生命科学的创造性成果时。生物设计是一种将生态系统中的生物过程和循环整合到平面设计、制造和建筑等广泛实践中的方法。它超越了模仿，而是与生物学整合，并且生物材料往往成为具有实用价值的成品或系统的一部分。但是生物设计也可以在这些参数范围内进行推测，或者有意识地拒绝或批判设计概要。因此，设计必须以某种方式面向他人，而艺术则不然。

相比之下，生物艺术是一种利用活体生物作为艺术媒介的实践，或者说是通过生物的产出来解决生物学意义不断变化的本质问题。这可以在培养皿或照片中实现，其定义的是作品与不断变化的意义之间的联系。生物艺术的核心是对生命科学研究的进步及其技术应用所引发的文化错位的回应。随着生物医学、生态学和合成生物学等领域的发展，我们关于身份、自然及我们与环境关系的共同的和基本的文化概念正在发生改变。这些变化的一个重要背景是“人类世”时代的到来，以及栖息地被破坏、大规模物种灭绝和气候变化等悲剧的发生。这些元素的混合引发了“意识危机”，许多生物艺术家对此作出了回应。

生物艺术还涉及对自我的新的理解。正如史帝拉（Stelarc）等艺术家所争论的那样，在技术延伸、数字存档和网络带来的可能性面前，人体是“过时”的。这一论点随着遗传医学的最新发展而进一步发展，比如从一个捐赠者的干细胞中产生卵子和精子的可能性，或者通过操纵肠道微生物来管理心理健康。毫无疑问，本世纪将是研究生命科学的黄金时代。这也是一个加速突破和实现根本性发展的时代，比如表观遗传学的兴起，它揭示了我们如何与祖先及后代进行有意义的基因交流。这种发现的速度为艺术表达创造了肥沃的土壤，并要求艺术探索和阐释我们这个时代真正令人震撼的发展。

生物艺术与无形的侵蚀

> 毫无疑问，在自然地接受推倒表象和颠覆“现实”关系的使命时，嘴角带着微笑，有助于加速我们这个时代即将到来的普遍意识危机。[1]
>
> ——马克斯·恩斯特（Max Ernst），1948年

那些自称是“超现实主义者”的人可能早已不复存在了，但他们对我们的影响尚未结束。他们的作品与过去十年中大量涌现的艺术作品相呼应，这些艺术作品以生物学作为媒介或主题，表明我们对身份、自然和环境的观念发生了重大的文化转变。本文描绘了这些转变如何与 20 世纪初的剧变（尤其是超现实主义者所回应的剧变）所形成的历史的暗合。今天的生物艺术家被视为文化变革的诠释者，就像撰写历史初稿的记者一样，只是他们用审美体验作为语言来赋予意义。就像在他们之前的超现实主义者一样，他们在潜意识的暗示和战后的余波中挣扎，生物艺术家的动机是他们必须应对他们时代的危机。这种新兴的艺术并不是严格按照媒介和使用活体材料来定义的，而是由它与自我概念以及生命、自然和社区定义的重塑和发展的关联来定义。这些概念的错位正是当下正在发生的事情，因为生命科学领域的发现推动了生物技术的进步，也推动了我们对气候危机和人类对生物圈更为广泛影响的理解。

超现实主义的兴起与第一次世界大战所引发的对理性的焦虑和不信任，以及对潜意识的深入理解，尤其是西格蒙德·弗洛伊德所阐明的潜意识密切相关。这些在文化中形成的集体心理状态引起了安德烈·布雷顿（André Breton）、萨尔瓦多·达利（Salvador Dalí）、马克斯·恩斯特和伊夫·唐吉（Yves Tanguy）等人的艺术回应。他们发展了自动化等技术，并运用了神秘和怪诞的意象，以及其他表达策略。在随后的几十年里，新媒体和行为艺术应运而生，它们同样根植于 20 世纪早期的实验研究，但受到各种新意图的驱使，并且使用的技术也远远超出了视觉体验的范畴。这种实验的性质及其形式输出元素也体现在以生物为媒介或主题的当代艺术中。白南准（Nam June Paik）开创性的先锋视频装置和马修·巴尼（Matthew Barney）采用的神话和奇幻意象提供了生动的例子；这类作品影响了爱德华多·卡茨（Eduardo Kac）等生物艺术家，其 1999 年的作品《创世纪》（*Genesis*）包括一个互动网站，邀请参观者使一种微生物发生变异；萨沙·斯帕查尔（Saša Spačal）策划的视频和声音装置促进了跨物种的交流；文森特·富尼耶（Vincent Fournier）正在创作一部关于未来幻想的动物寓言，以适应因气候变化而急剧改变的世界。

这些形式和技术上的相似之处，以及特定社会条件之间的相似性，并不意味着当代艺术遵循一个既定的周期或模式。就像试图把每个故事都贴上“悲剧”或“喜剧”的标签是徒劳的一样，欣赏那个时代的艺术也需要暂时搁置宏大的线性叙事。正如纽约现代艺术博物馆（Museum of Modern Art）的创始馆长小阿尔弗雷德·汉密尔顿·巴尔（Alfred H. Barr Jr.）在 1946 年总结的那样，“艺术是人类经验的一个无限复杂的焦点”[2]。艺术作品如何产生、为何产生，以及在它的制作、展示和阐释过程中积累了什么意义，这些细节超越了可识别的系统或静态的标签。然而，有证据表明，我们正在进入一个超现实主义的新时代，它不同于过去的创造性表达，但又与之相吻合，并加速了“普遍的意识危机”。

1

2

1　爱德华多·卡茨，《创世纪》，1999年

2　萨沙·斯帕查尔，《新的生命形式》，2010年

解放思想

20 世纪初的超现实主义运动旨在促进不受理性或审美和道德惯例束缚的创造性的表达。正如布雷顿在1924 年的《超现实主义宣言》（*Surrealist Manifesto*）中所写的那样，超现实主义者将致力于帮助想象力“恢复其权利”[3]。他们所寻求的是我们内心和周围更深层的、不可见的真理，这种真理可能会通过梦境的具体化、无意识思维的挖掘和被压抑欲望的表达而被揭示出来。超现实主义的无意识写作实践是推进这一目标的活动：快速的、形式自由的和未经编辑的写作，试图打通无意识思维的通道，以更纯粹或更真实的形式获取思想和情感。无意识写作寄托了一种希望，即创作行为本身将使心灵摆脱对理性的条件反射式依赖。

当代艺术家阿恩·亨德里克斯（Arne Hendriks）将此比作一种解除控制的工具，并坚持认为无意识写作和其他技术（比如使用改变心智的药物）是超现实主义者的集中绝望的体现：“任何能挣脱无形程序的东西”[4]。在近一个世纪后的今天，做到这一点会更加困难，因为复杂的算法为我们提供了持续的定制信息流。

与此同时，机器在艺术和商业领域逐渐占据主导地位，在审美和经济生活中建立起核心地位。在这些事件的背景下，艺术家耳边响起了对认识论改革的响亮呼声：理性统治与工业资本主义的结合为第一次世界大战大规模生产了机枪、芥子气和迫击炮，这是启蒙价值观和当时政治秩序的严重失败。布雷顿甚至在南特治疗炮弹休克症患者时目睹了战争的后果。这场战争在全球范围内掀起的野蛮行为将那些目睹了这场战争的人推到了反常的心理阈值之上，以前所未有的速度和规模侵袭他们，并使他们走向死亡。例如，在 1916 年的索姆河战役中，单日伤亡人数就达到惊人的 70 000 人。与此同时，西班牙流感大流行夺去了 5000 万人的生命，约占全球人口的 3%。新的现实是一个如此恐怖的世界，这引发了人们对现代生活的困惑和对现代生活的幻想破灭，这种困惑和幻想破灭就像被压抑的情欲一样，深入人的内心并需要寻求出路。自由形式的、自发的和非理性的表达方式通过拼贴、临摹、集体写作和绘画技术得到了尝试。秉承这种乐此不疲地向无厘头方向发展的游戏精神，布雷顿和菲利普·苏波（Philippe Soupault）在他们 1920 年开创性的超现实主义作品《磁场》（*Les Champs Magnétiques*）中写道：

> “这是悲哀谎言的终结。火车站死气沉沉，人们像被金银花蜇伤的蜜蜂一样流动着。人们踌躇不前，注视着大海，动物们飞来飞去。时间已经到了。然而，犬王永远不会变老，其永远年轻和健壮，总有一天，他们会来到海滩，喝上几杯，笑上几声，然后继续生活。但不是现在。时间已经到了；我们都知道这一点。但谁会先走呢？”[5]

弗洛伊德关于梦境、神秘和无意识的理论对布雷顿的思想产生了影响，也为超现实主义者提供了源源不断的灵感来源。表现“神秘”变得尤为重要，弗洛伊德将这种特质描述为一种配方，其中必须包括熟悉的，甚至是原始的，但又极其不确定的东西。[6]在阐述这一概念时，弗洛伊德转向了观察癫痫发作和精神错乱临床表现的例子，因为这些现象激发了观者的一种想法，即通常隐藏在普通生活之下的“无意识”过程正在起作用。从本质上来说，弗洛伊德的理论在当时被认为揭示了现实的新的维度，就像路易斯·巴斯德（Louis Pasteur）和罗伯特·科赫（Robert Koch）在微生物学方面的研究所揭示的那样，更确切地说，他们在微观尺度上发现了一个以前从未见过的宇宙。这些新领域呼唤着新的艺术干预和诠释行为，因为它们提供了一种可能性，即思想、行为和环境并非如它们看起来的那样。至少，它们有了新的维度；它们存在于多种尺度的谱系上，而不是像理智/疯狂或深思熟虑/无意识等这样的二元划分。当代生物艺术家如文森特·富尼耶进一步扩展了这一观点，他考虑“将生物形式与合成生物学、控制论或纳米技术结合起来”。[7]

超现实主义者深入研究了弗洛伊德新勾勒的心灵蓝图的含义，而包括艺术家勒内·比内（René Binet）和建筑师亨德里克·彼得鲁斯·贝尔拉赫（Hendrik Petrus Berlage）在内的其他人，则从路易斯·巴斯德

3

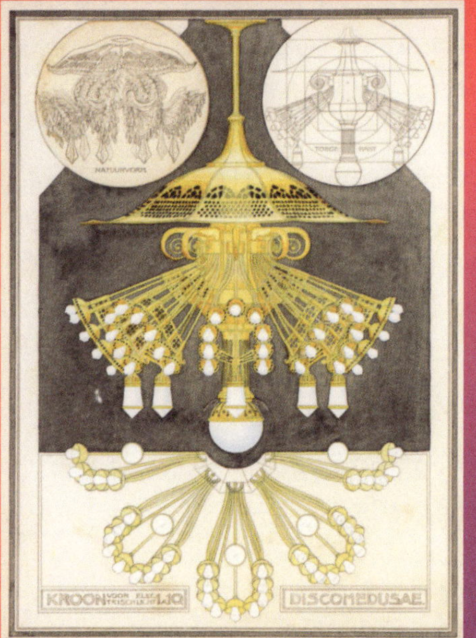

4

5

6

3　恩斯特·海克尔，《自然界的艺术形态》（*Art Forms of Nature*），1904年，第88页：水母

4　亨德里克·彼得鲁斯·贝尔拉赫，《研究：电灯的皇冠》（*Study: Crown For An Electric Light*），无日期

5　恩斯特·海克尔，《自然界的艺术形态》，1904年，第17页：虹吸虫

6　乔恩·麦科马克（Jon McCormack），“基于英国石油公司标志演变出的植物形态”，《五十姐妹》（*Fifty Sisters*），2012年

等科学家的发现，特别是德国生物学家恩斯特·海克尔（Ernst Haeckel）的发现中汲取灵感。这些艺术家在生物形态的启发下，精心设计了装饰艺术和建筑风格。这种努力在 19 世纪末法国的新艺术运动中得到了集中体现，并在欧洲和美国出现了类似的演变形式。因此，虽然对心灵的研究和对微观生命的研究支持了截然不同的艺术表现形式，但两者都源于我们对自我以及环境的公认观念的转变。这些发展产生了不可抗拒的艺术需求：一切对真理、美或意义的探索——大概都是艺术家的工作——都必须对新的现代现实作出回应。

技术与性能的融合

> 皮肤在与现实的连接方面已经变得不足以胜任。技术已经成为人体新的生存之膜。[8]
>
> ——白南准

超现实主义者的作品，就像那些更加无政府主义的达达主义者的作品一样，预示着艺术表达的各种形式和策略即将出现，同时也揭示了两次世界大战期间欧洲生活的不安暗流。在这个时代，超现实主义创作的一个杰出代表是由路易斯·布努埃尔（Luis Buñuel）和达利在 1929 年编写和制作的无声电影《一条安达鲁狗》（*Un Chien Andalou*）。这部作品的非线性叙事包括看似无关的场景、怪异的性欲表达，以及令人毛骨悚然的畸形。这部电影在经费、表演和导演方面的实验性特征与今天的独立电影十分相似，其非传统的叙事方式和风格化的（有时甚至是草率的）剪辑则开创了从音乐录影带到真人秀电视节目等各种当代形式的先河。在达利的那个时代，他的观点在好莱坞得到了认可，这促使他与阿尔弗雷德·希区柯克（Alfred Hitchcock）和沃尔特·迪斯尼（Walt Disney）进行了合作。

《一条安达鲁狗》中最令人难忘的一幕是一个女人的眼睛被剃刀割开，这是一个早期的电影特效，通过快速变换的摄像机视角和一头小牛的尸体来完成。这一幕至今仍拥有让人不寒而栗的力量——用一种通常只会在噩梦中才会经历的、清晰的、本能的对疼痛的恐惧来冲击毫无防备的观众。这一幕也引出了睡魔桑德曼（Sandman）和俄狄浦斯（Oedipus）神话中的怪诞和色情，在这些神话中，眼睛的伤害正是其核心。正是这样一种姿态，跨越了轰动主义、审美实验和深刻的情感恐惧之间的边界，这种姿态在当代艺术电影的例子中反复出现，正如下文所述，在生物艺术中也反复出现。当时和现在一样，梦魇所描绘的恐怖场景，表明我们所感知到的现实是一个薄薄的、平静的表面，在这个表面之下有更黑暗的、更有影响力的力量在翻涌。在我们这个时代，当我们要考虑大多数不可见的力量所产生的迫近的灾难（比如污染导致的气候变化或全球经济变化导致的大规模失业）的可能性的时候，这一点变得尤其重要。

随着视频录制技术的发展和普及，它们很快被艺术家采纳，包括早期采用者沃尔夫·福斯特尔（Wolf Vostell）和白南准。特别是白南准，他在 20 世纪六七十年代将影像的应用向多个方向推广，并将其与新兴的表演和装置艺术模式融合在一起。他的研究也是跨学科的：他把自己作为古典钢琴家接受的训练和对勋伯格（Schönberg）的深入研究带到他的实验研究中。这些要素的综合可以在大提琴家夏洛特·莫尔曼（Charlotte Moorman）演奏的《电视大提琴和录像带协奏曲》（*Concerto for TV Cello and Videotapes*，1971 年）中看到，其中电视显示器被塑造成一种乐器，屏幕上的图像随着莫尔曼的动作而变化。在后来的作品中，白南准使用磁性材料或借助全球远程通信技术使电视屏幕的输出失真，以配合 1984 年在巴黎和纽约之间跨越大西洋的现场表演。这些作品提前将交互设计融入装置和表演中，这一点可以在当代艺术家的作品中看到。如史帝拉、爱德华多·卡茨、希瑟·巴尼特（Heather Barnett）和乔恩·麦科马克，他们都设计了以技术为媒介的装置，让观众参与到形式制造中。特别是卡茨，他将这些要素引入生物艺术的作品中：他的作品《创世纪》融合了信息技术、代码语言和基因变异，创造了一个独一无二和全球设计的有机体。

如果说白南准的作品标志着将新媒体与表演结合起来以创造新的美学体验的开端，那么马修·巴尼的大型项目《悬丝循环》(*The Cremaster Cycle*,1994—2002 年)可能代表了创作的一个高峰。这一系列的五部电影都与提睾肌有关，提睾肌有助于调节男性睾丸和身体之间的距离，以保持精子产生的最佳温度。从广义上来说，作品的主题是在从个人到社会的不同语境和尺度下实现的创造性和破坏性冲动。

这些影片还反复提到共济会的仪式和象征，以及人类胎儿发育过程中的性别分化阶段，在这个阶段之前，艺术家们认为胎儿处于一种“纯粹的潜能”的状态。古根海姆博物馆馆长南希·斯佩克特（Nancy Spector）将这些影片描述为一个“自我封闭的美学系统”和“隐喻的宇宙”，在这个系统和宇宙中，“变态的创造潜能渗透到（它的）基因密码中”[9]。

巴尼的电影中充斥着一系列令人眼花缭乱的要素和参考资料：凯尔特神话、牙科折磨、共济会传说、20 世纪初纽约的摩天大楼建筑，以及怪异的运动技能，其中包括一个性感女性踢腿和一段狂舞。这部史诗般的作品带来的令人愉悦的审美体验，在很大程度上要归功于制作者对细节的关注和对绚丽色彩和构图的眼光。这一精彩的作品包括照片、绘画、布景和雕塑，当然还有以限量版 DVD 形式制作的电影本身。在演员的选择上，引人注目的是艾梅·马伦斯（Aimee Mullens），她双腿被截肢，小腿使用的是高级的假肢，她后来成为一名出色的运动员、时装模特，并经常成为有关使用技术改变身体的争论的焦点。在电影中，她扮演主人公（巴尼）的二重身，但也许是无心插柳柳成荫，她在电影中引入了增强自我的概念，这是一种被技术放大的自恋表现。混合自我这一主题在当代生物艺术中经常被探索，例如在贾莉拉·埃塞蒂（Jalila Essaïdi）和索尼娅·博伊梅尔（Sonja Bäumel）的作品中，人类通过跨物种生产尝试增强人的能力。

在巴尼从学徒晋升为石匠大师的过程中，经受了数次磨难，但是他必须击败马伦斯饰演的角色。在电影《悬丝 3》(*Cremaster 3*)（这一系列电影不是按顺序排列的）的结尾，巴尼以重击她的方式完成了他的任务，这使得他在征服反映自我的女性分身的同时，上升到了一个更高的境界。除了与共济会的象征性联系或险恶的厌女倾向之外，解读这部电影的方式还有很多。电影中，马伦斯以半机器半动物的形式呈现了一个类人的嵌合体，并作为挑战主人公的可憎之物，预示了我们设想的解决身份认同和定义自然问题的新兴艺术形式。在巴尼的项目结束后的十年里，这些关于自我和环境的观念的颠覆，其重要性只增不减。事实上，我们已经开始矛盾地将自己视为一种新的事物：由监控和增强身体部分的技术来补足。对人类微生物组更详细的了解也迫使我们将自己视为一个部分由生活在我们体内的数万亿微生物控制的超级有机体。反过来，我们是否会觉得有必要将这种技术和生物体，或它们的符号，阐释到一个新的隐喻平面上，并对它们进行抨击？

蓬勃发展的感染力

> 微生物造就人类。[10]
>
> ——《经济学人》，2012 年

正如在 19 世纪末和 20 世纪初对精神世界和微生物世界的新探索挑战了传统思想一样，生命科学的根本性和加速发展正在颠覆我们公认的身份观念、对生命和自然的定义，以及我们与环境的关系。首先是身份观念的变化，这在一定程度上源于基因组学和生物医学的快速发展，包括对人类微生物组的研究，以及不断扩展的被称为表观遗传学的领域。人类微生物群是存在于我们身体内外的庞大而复杂的生态系统，由数万亿细菌和其他微生物组成，它们与人体细胞相互作用，有时是共生关系。正如我们迅速发现的那样，这些非人类生命对我们的身体至关重要，对消化系统、免疫系统的维护，甚至可能对我们的心理健康都至关重要。人类的 DNA 包含大约 22 000 个蛋白质编码基因，它们是生命及其所有功能的基石，而我们每个人的微生物群落累计包含 300 万个基因。请记住，我们是与微生物一起进化的，我们似乎很有可能已经变得依赖我们作为宿主的这个庞大基因资源库。这一领域的发现速度正在加快，而它对我们关于自我思考的影响也随之增加：自 2003 年人类基因组计划的工作草案完成以来，距今不过二十余年；自聚合酶链式反应（PCR）这一遗传研究和实验的基本工具问世，才不过四十年；而 DNA 的结构在 1953 年才被首次描述。

越来越多的对人类微生物组的研究表明，人类比 DNA 的线性代码（一串字母）所表征的要复杂得多。“代码”，比如莫尔斯电码，指的是一串离散和不变的信息。很长一段时间以来，大众的认知一直陷在这个强有力的但并不准确的隐喻泥淖中。正如研究开始显现的那样，蓬勃发展的非人类生命在我们的身体内和身体上的细微变化可能会对我们的感觉和思考产生深刻的影响。和超现实主义者一样，今天的艺术家和设计师也受到一种冲动的驱使，他们将这些新发现进行视觉化，从文化意义上梳理它们，并揭示那些塑造却又逃离我们所感知的（宏观）现实的（微观）力量。例如，埃德加·利塞尔（Edgar Lissel）的作品《我自己》（*Myself*，2005 年），把艺术家的皮肤微生物群的元素放到一个培养皿中，描绘他的手的特征，使生命的另一种尺度变得可见。另一件相似的作品是茱莉娅·洛曼（Julia Lohmann）的《共存》（*Co-Existence*，2009 年），这位艺术家的实践经常强调人类和其他物种之间的物质关系。这件特别的作品使用了 9000 个培养皿，为两个斜倚着的裸体人像绘制了大幅像素化肖像。其中每个培养皿都展示了培养的微生物的照片，它们在肖像中的位置与样本来源的身体部位相对应。安娜·杜米特里乌（Anna Dumitriu）在作品《超共生体连衣裙》（*Hypersymbiont Dress*，2013 年）中也探索了这种新现实，在作品中，已知的或推测的对宿主有各种影响的微生物被沾染到裙子上。这件衣服提出了一种富有想象力的猜想：它可以赋予穿戴者新的或更强的能力，例如保护其免受痛苦或提高创造能力。

由于表观遗传学研究的是环境刺激和基因表达之间的关系，它使得遗传自我的概念变得更加复杂。正如最近的研究发现的那样，极其复杂的环境因素控制着基因何时“开启”或“关闭”，以及“开启”到什么程度，这些环境因素，有些是由生活经验决定的，有些甚至是由过去几代人的行为决定的。[11] 因此，一个人的曾祖父所经历的饥荒或极端压力等创伤，可能表现为（他的）肥胖倾向或疾病的易感性。这种跨代影响的机制还远远没有被完全认识，但它对我们如何看待自己的身份、我们对后代的责任，以及我们与后代的相互联系的影响是重大的。与这项研究相辅相成的是，最近有一项研究证实，人类 90% 以上的 DNA——以前很少被认识，甚至因为它不为蛋白质编码，而被错误地描述为不健全的“垃圾”——实际上却显著地影响了基因的表征方式；同样，以往将基因视为一套简单的蓝图的理解也是严重不足的。[12] 艺术家博·查普尔（Boo Chapple）认为这门新兴科学“既迷人又可怕”，并进一步表示，它“讲述了存在于个人与他们生活的世界之间有形的物质关系，这一关系跨越了巨大的时间、空间和环境尺度，并为人们重新理解自我、开创激进的法律先例，以及对公共卫生进行奥威尔式干预提供了潜在可能”[13]。

第一个合成生命体“辛西娅”（Synthia）在 2010 年诞生，这是一个完全由人工 DNA 植入宿主生成的细胞，这进一步指出了艺术参与生物学的未来方向，也对我们对生命的定义发起了挑战。这项由创业科学家 J. 克雷格·文特尔（J. Craig Venter）领导的工作，耗时多年并花费了数百万美元，可能预示着一种全新的和近乎没有限制的创作媒介的出现。事实上，像卡茨这样的艺术家们渴望运用这些新技术，发掘它们在创造性表达中的潜力。他最近说道：“我的目标之一是彻底地设计一种新的生命形式，构思它的每个方面。”[14] 卡茨使用这种媒介进行工作已经有一段时间了，他创造了第一个多细胞转基因艺术品《绿荧光兔》（*GFP Bunny*，2000 年），以及最近的《谜的自然史》（*Natural History of the Enigma*，2008 年），在作品中，艺术家从自己的身体中分离出一种编码部分血液抗体的基因，然后成功地将其插入矮牵牛花植物的细胞中，这些植物随后被培养和生长，以供展览。将这种微小的人类添加物移到植物上，使得它不同于曾经存在过的任何一种植物，就像是在种植的花朵的红色叶脉中，都存在一种基因上的人类蛋白质。

生物伦理学和技术之间的张力关系可能会支撑起我们这个时代最重要的文化发展，因此，生命科学的语言——从广义上来说，包括其符号、计划或记录，以及

7

8

7　茱莉娅·洛曼，《共存》，2009年
8　爱德华多·卡茨，《谜的自然史》，2008年

物体——为艺术家们探究我们不断变化的身份观念提供了丰富的交流工具。合成生物学是一种利用抽象的、可互换的模块来设计生物体的工程方法，因此，在运用我们的新能力和快速发展的合成生物学领域的技术在分子的尺度上设计生命体的项目中，很多问题出现了：这些人造物（作品）是“天然的”吗？我们对它们负有什么责任？这些实践可以或应该受到什么限制？

最后，生物艺术探讨了一种新的和关键的文化发展："人类世"的概念。这是对当前地质纪元的命名，以人类对环境的巨大破坏性影响为特征。例如，对人类导致的气候变化等现象的全球关联性和共同责任的广泛接受和理解还是相对较新的事情，这为艺术对此作出回应提供了契机。我们和我们周围的物种要如何适应未来资源匮乏和极端天气的巨大变化？艺术家文森特·富尼耶在他不断扩充的关于可能的未来物种的百科全书《后自然历史》（*Post Natural History*，2012 年）中提供了一个愿景。这部作品由动物肖像组成，它们可能是我们在未来一百年或者更长的时间之后使用基因操纵设计的动物：专门满足人类需求的或者能在更严酷的环境中存活的生物。这些动物看起来似曾相识，但又怪异得不可思议，有的混合了两种或两种以上的生命体属性。它们以一种逼真的方式被呈现：就像马格利特（Magritte）的超现实主义绘画一样，这些动物变得诡异诱人，同时又放大了观众的认知失调；这种不适感反映了图像中蕴含的所有令人不安的含义，尤其是设计出与自然选择所塑造的动物截然不同的动物这一令人惊恐的概念。

随着我们对生命基因蓝图的日臻完善，人们对进化观念的普遍理解也将产生转变。如果我们继续通过引入转基因物种来塑造整个生态系统，就像我们在农业中所做的那样，那么进化论就会受到破坏，因为相比那些拥有设计生命体能力的人类的决策而言，作为变革驱动力的繁殖成功变得次要了。

尽管存在争议，但是有人还是认为我们正在开启的生物技术时代可能是一个令人欣喜的时代，它带我们重回到 30 多亿年前，在那个时代，适应性遗传变化通过普遍的水平基因转移在微生物物种之间迅速发生，这种基因转移允许在生物体之间以非传统繁殖的方式进行基因转移。在物种开始竞争，即所谓的“达尔文阈值”提出之前，这些早期生命体的团体运作已经由卡尔·沃斯（Carl Woese）[15] 和其他人进行了阐述，但弗里曼·戴森（Freeman Dyson）对生物技术兴起之前的阈值时刻的潜在类比最具有说服力：

> 那个时候，生命是各种细胞的群落，它们共享遗传信息，以便由一种生物体创造的聪明的化学技巧和催化过程可以被所有生物继承……但是，在一个不幸的时间，一个类似原始细菌的细胞偶然发现了自己在效能上比它的邻居领先一步。这个细胞比比尔·盖茨早了 30 亿年，将自己从群体中分离出来，并拒绝分享（遗传信息）。它的后代成为第一个将知识产权保留给私人使用的细菌物种，同时也是所有种类当中的第一个物种……达尔文的插曲开始了。[16]

未来，微软所象征的垄断控制将会屈服，因为越来越容易获得的生物技术将最终分散基因共享，继而产生更丰富、更适应环境的多样生命。戴森继续预测，在未来我们可以设计微型宠物恐龙，并为树木编程来种植电池。但是，如果是这样的未来在等待着我们，那么我们就必须迅速展开紧急的伦理辩论，特别是围绕我们如何定义、评估和尽可能保护现有生物的问题。正如马克斯·恩斯特所预见的那样，艺术家们可以推进人们对这些问题的理解，促使我们更充分地发展假说，并阐明其中的利害关系。不知情的默许伴随着风险：设计出的生命体形式的扩散可能会使大规模和根深蒂固的社会结构的破坏性方面被加速和放大。我们务必思考：生物技术版本的 10 亿部智能手机是什么样子的？它们感到饥饿的时候又会吃什么呢？设计生命可能会加剧我们生产和消费的破坏性循环。可以说，数字技术的兴起正是这样做的，它帮助普通人成为更高效生产的工人和更快消费商品与服务的消费者。新的生物技术也会遵循这样的模式吗？

幸运的是，还有许多涉及这些问题的艺术作品正在创作中。本文介绍了生物艺术在作品中的必要性和实践的根源，以及近年来由生命科学推动的着手解决文化转变问题的当代艺术的例子。在这些努力中，生物艺术能做的不仅仅是将以前不可见的力量（如无意识）或者生命与自然的新的现实可视化：它能给我们提供思考它们对我们生活的意义的方法，帮助我们抵达新的理论和实践站位，并建立新的认知框架和术语来描述它们。因此，生物艺术的驱动力是照亮那些既重要又不可见的东西，是一种迫切需要审视变化的需求。它还能使我们重新审视美的概念，并重新调整我们自身与充满生机的世界之间的关系，这个世界既在我们周围也在我们内部。通过这种方式，艺术超越了作为文明标志的被动（如果从诗意而言）位置，而成为灯塔或语言的缔造者。

1 马克斯·恩斯特，“对秩序的启发”（Inspiration to Order），《马克斯·恩斯特：超越绘画以及艺术家和他的朋友们的其他著作》（*Beyond Painting and Other Writings by the Artist and his Friends*），威顿鲍恩·舒尔茨公司（Wittenborn Schultz Inc.），1948 年，第 25 页。
2 小阿尔弗雷德·汉密尔顿·巴尔，“博物馆艺术研究与出版”（Research and Publication in Art Museums），见欧文·桑德勒（Irving Sandler）和艾米·纽曼（Amy Newman），《定义现代艺术：小阿尔弗雷德·汉密尔顿·巴尔文选》（*Defining Modern Art: Selected Writings of Alfred H. Barr*），哈利·N. 艾布拉姆斯公司（Harry N. Abrams Inc.），1986 年，第 209 页。
3 “生存宣言”（Le Manifeste du Surréalisme）（1924 年），见安德烈·布雷顿，《超现实主义宣言》，理查德·西维尔（Richard Seaver）和海伦·R. 莱恩（Helen R. Lane）译，密歇根大学出版社（The University of Michigan Press），1969 年。
4 作者采访阿恩·亨德里克斯（2014 年 10 月 17 日）。
5 安德烈·布雷顿和菲利普·苏波，《磁场》（1920 年），由大卫·加斯科因（David Gascoyne）翻译和介绍，阿特拉斯出版社（Atlas Press），1985 年。
6 西格蒙德·弗洛伊德，《怪怖者》（*The Uncanny*）（1919 年），阿利克斯·斯特拉奇（Alix Strachey）译，重印于西格蒙德·弗洛伊德，《收集神经刺激方面的细小著作》（*Sammlung Kleiner Schriften zur Neurosenlehre*）第五辑，1922 年。
7 作者采访文森特·富尼耶（2014 年 5 月 5 日）。
8 白南准，引自珍妮·科勒兰（Jeanne Colleran），《戏剧与战争：1991 年以来的戏剧反应》（*Theatre and War: Weatrical Responses since 1991*），帕尔格雷夫出版社（Palgrave Macmillan），2012 年，第 29 页。
9 南希·斯佩克特和内维尔·韦克菲尔德（Neville Wakefield），《马修·巴尼：悬丝循环》，古根海姆博物馆出版社（Guggenheim Museum Publications），2002 年。
10 《经济学人》，封面故事标题（2012 年 8 月 18 日）。
11 维吉尼亚·休斯（Virginia Hughes），“表观遗传学：父亲的罪孽，遗传的根源可能超越基因组，但机制仍是一个谜团”，《自然》第 507 期，2014 年 3 月 6 日，22-24 页。
12 美国国家人类基因组研究所，《编码数据描述人类基因组的功能》，见 www.genome.gov，2012 年 9 月 5 日。
13 作者采访博·查普尔（2014 年 10 月 25 日）。
14 作者采访爱德华多·卡茨，载于《生物设计：自然 科学 创造力》（*BioDesign: Nature+Science+Creativity*），泰晤士与哈德逊出版社（Thames & Hudson），2012 年。中文版由华中科技大学出版社于 2022 年出版。
15 卡尔·沃斯，“论细胞的进化”（On the Evolution of Cells），《美国国家科学院院刊》（*Proceedings of the National Academy of Sciences of the United States of America*），99（13），2002 年 6 月 25 日，8742-8747 页。
16 弗里曼·戴森，“我们生物技术的未来”（Our Biotech Future），《纽约书评》（*New York Review of Books*），2007 年 7 月 19 日。

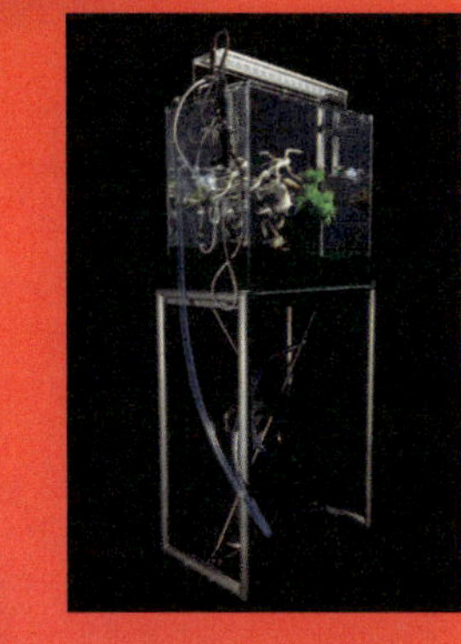

OPEN

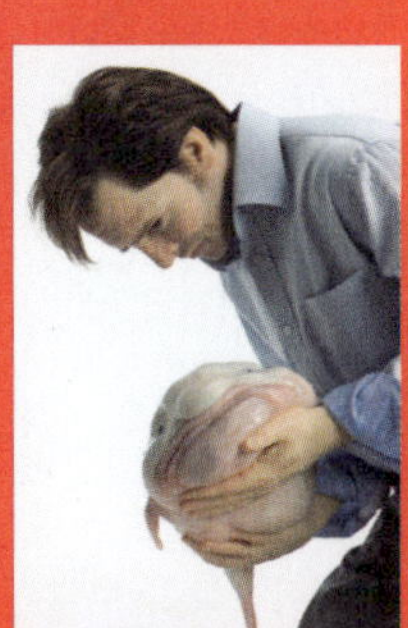
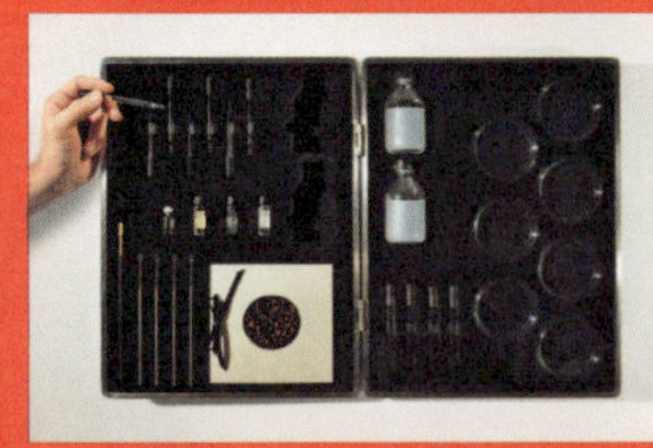

第1章

自然而然地改变自然

文森特·富尼耶（Vincent Fournier）（法国）
东信康仁（Azuma Makoto）（日本）
下一个自然网络（Next Nature Network）（荷兰）
阿恩·亨德里克斯（Arne Hendriks）（荷兰）
玛雅·斯姆雷卡尔（Maja Smrekar）（斯洛文尼亚）
后自然历史中心（Center for PostNatural History）（美国）
基因美食中心（Center for Genomic Gastronomy）（多个国家）
凯特·麦克道尔（Kate MacDowell）（美国）
苏珊·安克尔（Suzanne Anker）（美国）
内里·奥克斯曼（Neri Oxman）（以色列）
帕特里夏·皮奇尼尼（Patricia Piccinini）（澳大利亚）
卡罗尔·科莱（Carole Collet）（法国）
爱德华多·卡茨（Eduardo Kac）（美国，生于巴西）
德里森斯和维斯塔潘（Driessens & Verstappen）（荷兰）
贾利拉·埃塞蒂（Jalila Essaïdi）（荷兰）
卡特林·舒夫（Katrin Schoof）（德国）

利用文化中的主导因素迅速改变它。[1]

——珍妮·霍尔泽（Jenny Holzer），1990年

“自然”和“反常”是文化构建的概念，其各自的含义根据时代和地域的不同大相径庭。然而，长期以来，这两个概念都被用作传递意义和道德教化的有力工具，并作为评价作品是否具有创造性和新技术的基础。以米开朗琪罗的《大卫》（*David*，1501—1504 年）为例，这件作品如今被视为杰作，在当时却遭到改革派和宗教保守派人士，如吉罗拉莫·萨沃纳罗拉（Girolamo Savonarola）等人的谴责，他们坚称文艺复兴艺术是堕落和不端的。在人类历史上更久远的历史时期，我们可以看到一种具有创造力和解放性的技术——农业，最初可能被视为对自然的异常破坏，这一观念是由一个不幸的时间巧合导致的。在大约 1 万年前人类开始耕种土地时，世界各地的大型冰川由于其他原因而融化，海平面迅速上升，并淹没了肥沃的低地，特别是现在波斯湾地区下面可能存在的农业定居点[2]。这两个事件——农业的萌芽和古代人类未曾见过的灾难，很可能构成了原罪、被逐出伊甸园甚至普罗米修斯的背叛和大洪水神话的基础。人类可能将播种种子与违抗自然或上帝的旨意等同起来。也许正是在这个集体心理的时刻，“反常”的概念诞生了。

把握美学体验和意义之间的联系是艺术创作的核心，也是当代艺术实践的特征。因此，许多生物艺术家选择自然和反常作为他们的创作对象，致力于设想并展示这些概念的演变过程。一个特别有趣的方向是超现实主义的最新形式，它向

我们展示了在不久的将来可能存在的图形、场景或技术原型。虽然超现实主义的第一次迭代源于战争带来的焦虑和关于潜意识思想的蓬勃发展，但这种新超现实主义似乎源自对不断增强的全球互联性和生物研究与技术创新取得革命性进展的担忧。由全球化、气候变化、恐怖主义、金融危机和政府主导的大规模监控带来的令人不适的错位感取代了原始超现实主义创造性冲动的组成部分。当然，战争仍然存在，但从全球的视角来看，它的影响与两次世界大战相比显著减弱了。2001 年 9 月 11 日的恐怖袭击事件和气候变化的威胁可能更象征着 21 世纪即将发生的破坏性事件：这两个全球性的现象提醒我们，发生在大洋彼岸的人们所做的事情，可能会对我们自己的生活产生潜在的灾难性影响。

今天的新超现实主义也是对新技术被滥用的可能性的一种思考。这是艺术家和技术专家经常产生分歧的一个重要问题，艺术家通常会将人们（即其艺术作品的观众）牵扯进来，认为他们对这种技术滥用负有共同责任，这明显是一种社会决定论的方法[3]。技术专家则更倾向于相信创新塑造了社会领域；新技术决定了社会结构和新的行为的发展。后一种观点是近期有关未来和合成生物学作品中许多有趣误解的根源，例如，从亚历山德拉・黛西・金斯伯格（Alexandra Daisy Ginsberg）、文森特・富尼耶和“下一个自然网络”（Next Nature Network）的项目中就可以看到这一点。这类作品的观众经常忽略了对社会批判或反常思想的探索，反而认为它们是对奇异的新物体、服务或拯救环境的干预措施的认真建议。这种误解的部分原因是，观众似乎与这类作品提出的问题保持距离，没有意识到他们实际上可能就是造成这种反乌托邦的同谋，或者对自己拥有这种潜在力量的否认是为了逃避责任。

人是推动技术滥用的力量，这一暗示在一些极为有趣的生物艺术形式中得到了体现。例如，基因美食中心（Center for Genomic Gastronomy）通过美食这一媒介，表达了一种以善良甚至幽默的方式颠覆自然的理念。它们揭示了我们很少考虑或甚至没有意识到的与我们饮食相关的冷酷现实，比如我们常规摄入的食物往往是由辐射培育的植物制成的，就像“天然”薄荷香精一样。

在基因工程出现之前，研究人员通常对种子进行辐射冲击，以引发可能有趣或有用的遗传突变。这就是 20 世纪 70 年代开发抗病性薄荷作物的发展过程，尽管直到今天，人们对其确切机制还不甚明了[4]，但是，我们仍然乐意食用这些作物的果实。这些情况影响了基因美食中心的作品《变异雾气》（*Mutagenic Mist*，2012 年），该装置会释放出一种令人愉悦但又略微令人不安的薄荷油雾气，同时循环播放 20 世纪 50 年代对植物进行辐射实验的录像片段。这种感官体验的融合，既有与大自然密切相关的薄荷气味，又有现在被我们视为反常做法的视频片段，凸显了我们对“自然”观念的可塑性。

我们越来越有能力在基因层面上设计和创造生物体，这只是重新定义什么是自然、什么是反常的漫长旅程中迈出的又一步。这个讨论的核心是我们必须牢记技术本身是中立的。只有人们在使用技术和追求各种预期目标时，才会在行为和结果上增加反常性的因素。当然，以追求经济学效益为目的的由技术塑造的“新自然”，确实很有可能威胁我们自身、其他物种以及生命的可持续性。生物艺术家在说明这些我们目前语言和理解能力有限的现实方面发挥着至关重要的作用。新技术打开了许多扇门，每扇门都通向代表着可能的未来的幽暗房间，生物艺术家可以利用他们的才华开凿窗户，阐明其中的结果，并帮助人们找到和确立自己的立场。

1 来自珍妮·霍尔泽的作品《利用文化中的主导因素迅速改变它》，拉丝铝上的红色丝网印刷，15英寸×18英寸（38.1厘米×45.72厘米），1990年。

2 杰弗里·I. 罗斯（Jeffrey I. Rose），“阿拉伯-波斯湾绿洲人类史前的新发现”（New Light on Human Prehistory in the Arabo–Persian Gulf Oasis），《当前人类学》（*Current Anthropology*），51（6），2010年。

3 莱利亚·格林（Lelia Green），《技术文化：从字母到网络性爱》（*Technoculture: From Alphabet to Cybersex*），悉尼，乔治·艾伦与昂温出版社（Allen & Unwin），2001年。

4 B. S. 阿卢瓦利亚（B. S. Ahloowalia），“突变衍生品种的全球影响”（Global Impact of Mutation-derived Varieties），《绿藻》（*Euphytica*），135，2004年，187-204页。

1

文森特·富尼耶

2

1-4　《后自然历史》，2012 年

重新设计的物种，包括有牢不可破的喙的棕颊犀鸟（*Bycanistes attractivus*）（1）；高智商的兔子（*Oryctolagus cognitivus*）（3）；具有燃烧火焰的红罂粟（*Ignis ubinanae*）（4）。C 型打印

富尼耶的作品根植于艺术史，但直指科学和技术进步所预期的未来。这位艺术家拥有社会学、美术和摄影方面的综合教育背景，这为他利用视觉体验的策略和手段来阐述社会行为及其潜在后果提供了依据。在作品《后自然历史》（2012 年）中，一些行为是尚未出现的，但在未来几十年是有可能甚至很有可能出现的。该作品意在重新设计物种，赋予它们能力，使其更适应气候越发恶劣和自然栖息地严重受限的人类世时代。富尼耶认为，这种重新设计远远超出了我们熟悉的动植物选择性繁育的方式，而是创造了熟悉又奇特的混合物种，这些物种所具有的特征要么是要帮助物种生存，要么是要满足人类新的欲望。

《后自然历史》中的理念可以追溯到古代，如古希腊作品《自然哲学家》（*Physiologus*，公元 2 世纪）中对奇幻动物的早期描绘。《自然哲学家》结合插图和文本，假定自然界蕴含着一种固有的内在智慧，并以此来指导人类行为，以达到道德教化的目的。相比之下，富尼耶的作品介于警世寓言和俏皮的超现实主义之间：他的当代动物寓言作品具有逼真的质感，既诱人又怪诞，如同身处一个离奇的山谷之中，其中太多令人熟悉的元素让这种虚构作品令人感到不适。这位艺术家从弗洛伊德和达尔文等人那里汲取灵感，其作品通过将精神状态与进化联系在一起，打破了“理智与疯狂”或“动物与人类”的二元分割的普遍观念。借由这样的延展，《后自然历史》重新定义了自然与人工之间的边界是多孔的，正走向彻底瓦解，随之而来的是一个充满希望和恐惧的未来。

富尼耶的早期作品包括《巴西利亚》（*Brasilia*，2012 年）

3

和《人机》（*The Man Machine*，2010年），其每个作品都由几张充满期许和不朽能量的照片组成。《巴西利亚》呈现了艺术家所谓的“真正的未来废墟”，以对20世纪50年代和60年代现代主义建筑所承诺的乌托邦愿景的反思为形式：这些意愿都受到资金资助，但几乎没有实现。《人机》描绘了人与机器之间互动时一种令人不安的日常性；尽管机器人的外观并不复杂，但机器被赋予了个性，甚至是忧郁的情绪，因为它们被精心而人性化地编排。这些作品可以被看作机器人肖像画的双重写照：成功地渲染了我们的技术创造，既具有表面上的自主性，又具有世俗的人性。

作品《合成肉体之花》（*Synthetic Flesh Flowers*，2014年）扩展了《后自然历史》，描绘了想象中细胞组织工程的实验结果，以制造人工肉质植物。用艺术家的话来说，这些作品是“宝贵的虚荣”，象征着人类改造生命的欲望。

5 《合成肉体之花》中的星形花，2014年，计算机渲染，3D打印

5

东信康仁

1962年，系统艺术的先驱汉斯·哈克（Hans Haacke）创作了他的作品《凝结方块》（*Condensation Cube*），这是第一个在画廊中展示的封闭式自然系统。东信康仁进一步继承和发展了这一实践，实现了原始的形式、巨大的复杂性和多层次的意义。作为一名自诩为“花艺师”的艺术家，他突破了日本插花和盆景的传统，通过植物创作艺术作品，跨越了雕塑、装置艺术、制度批判和地景艺术的传统界限。受到植物在生长过程中形成形状的生命力的启发，东信康仁为动植物创造了环境，让它们在进化过程中茁壮成长，形成美丽的形态，同时这些形态又由他亲手塑造。

例如，在他的作品《四季1》（*Shiki 1*，2011年）中，东信康仁将一棵松树悬挂在一个用金属框架围成的完美立方体中。实际上，他将这个生物体移植到了一个陌生但宜居的环境中，使用铁丝牢牢固定住，松树就像被拴住了一样。通过把盆景植物从土壤中剥离出来，暴露出它的根系，让其真实的形态在没有其他视觉干扰的情况下得以展现。它出现在画廊里，就像一个古老的遗物或宗教图腾出现在博物馆里一样：一个完全脱离其原有环境的物体。

为了进一步拓展对植物的控制或封闭系统的概念，东信康仁还创建了一个整体的封闭生态系统，其中包括作品《水与盆景》（*Water and Bonsai*，2012年）。在这件作品中，他将植物浸入一个模拟自然光和空气的水环境中。盆景在水中茁壮生长，就像自由漂浮的海草一样。在这个展示中，东信康仁向我们呈现了一个由工程学和进化论组成的精心设计的机械装置；一座连接自然与非自然的新颖的美学桥梁。

在描述他另一个封闭生态系统作品《沼箱》（*Paludarium SUGURU*，2012年）时，东信康仁写道：“……无论气候、环境、国家或地区如何，我们都可以欣赏到一种无法自行迁徙的植物。”作为回应，东信康仁在他的作品中创造了保护植物的家园，这也反映了我们人类是如何在极端环境中建造自己的专门居所以舒适地生活的。在这些植物的家园中，东信康仁模拟风、水和空气条件，创造出他所谓的“封闭环境实验系统”。

6

6–7　《水与盆景》，2012年
中国沙棘、爪哇苔藓、水箱

这个系统的复杂特征包括模拟太阳周期的光线、雨水，以及在水下的草丛中游动的少量稻鱼。该作品自给自足，构成了一个独立的、微小的世界，供我们沉思。正因如此，它可以唤起人们对植物、植物所处环境的脆弱性以及植物所创造的系统的同理心。这位艺术家由此提出了一个问题：为了生存，我们能在多大程度上挑战物种的极限。当我们考虑到气候变化可能导致人类大规模迁徙时，这个问题就变得尤为有趣。

文字：茱莉娅·邦坦（Julia Buntaine）

8

8　《沼箱》，2012 年
桧木、岩石、水、玻璃、不锈钢、小卵石

9　《四季 1》，2011 年
金丝楠木、不锈钢框架、铁丝

RAYFISH
BIO-CUSTOMISATION HAZARD
RAYFISH
ZEBRA
RAYFISH
CLOWN
RAYFISH
NEMO
RAYFISH
MINTYCAT
RAYFISH
BLUEMARBLE
RAYFISH
GAY JUNGLE
RAYFISH
VULCANO
RAYFISH
NUCLEAR
RAYFISH
APOCALYPSE
RAYFISH
STRIPY
RAYFISH
CHIQUE
RAYFISH
PRINCE
RAYFISH
CAT
RAYFISH
APOCALYPSE
RAYFISH

下一个自然网络

11

10–11　《鳐鱼鞋的兴衰》，2012 年
与通・梅吉丹（Ton Meijdam）、弗洛里斯・凯克（Floris Kaayk）和扬・詹森（Jan Jansen）合作
在线视听演示

由科尔特・范・门斯沃特（Koert van Mensvoort）创立和指导的组织“下一个自然网络”致力于实现一个野心勃勃的目标：希望能够描述、理解甚至为“人造”自然作出贡献。为了达成这一使命所作出的尝试，其背后的核心是一种哲学立场，即不应该将自然与文化二元对立起来，况且“自然”这个词及其含义本身就是由文化建构的，因此应该是“自然与我们一起改变”。这种思维方式承认了人类在全球范围内对地球产生影响的这一现实，并将每个人都与其引发的后果联系起来，无论他是技术专家还是保护主义者。范・门斯沃特认为，人类在技术和经济这两个庞大、复杂且自治的系统中创造了“生命”，而这些系统有着自己的特质，它们将与生物学相结合并共同进化。根据这种观点，自然界并非纯粹或真实的来源；相反，道德领域建立在由脆弱的人作出的优先排序、价值判断和权衡之上。

“下一个自然网络”的活动包括新闻写作、设计实践、公开讲座、表演，以及为埃因霍温理工大学的“下一个自然实验室”（Next Nature Lab）的工业设计专业学生提供的教学项目。其中一个特别值得关注并持续进行的项目叫作纳米超市（NANO Supermarket），这是一个变装成超市的巡回展览，每年在多个城市停留，展示对于新产品的未来设想。这种变装在给观众带来心理上的冲击之前，先削弱了他们的心理防备，这种方式也是作品《鳐鱼鞋的兴衰》（*The Rise and Fall of Rayfish Footwear*，2012 年）的核心手段。为了这个项目，“下一个自然网络”推出了一家虚拟公司，同时为其撰写新闻稿和商业广告，虚构科学研究，为客户提供用转基因黄貂鱼皮制作的个性化运动鞋。

该公司的营销活动获得了巨大的关注，并引发了一场大众对新兴生物技术及其产品伦理的辩论。通过引发这样激烈的反应，“下一个自然网络”揭示了一系列令人不适的价值观：对于许多人来说，以这种“非自然”的方式剥削鱼类比起使用未成年劳工更令人反感（2012 年跨国公司研究中心的报告揭露，这在制鞋业中仍然很常见）。在 2013 年的一次采访中，范・门斯沃特透露了在“下一个自然网络”夸张姿态背后的一些想法：“……如果你提出一个不切实际的替代方案，可能会揭示我们今天所生活的世界中的超现实主义。”

《体外培殖肉》（*In Vitro Meat*，2014 年）项目设想了由于实验室培养人造肉类而可能出现的新的用餐行为、产品和传统，这一研究领域发展迅速，荷兰科学家对此作出了重要贡献，他们最近推出了世界上第一份实验室培养的汉堡。在《体外培殖肉》项目中，烹饪书、菜单和可食用产品都是假想的，其将荒诞的幽默和严谨的研究与我们都熟悉的营销形象和语言融为一体。这些对于食物的肯定性描述和保证，正是用户希望从传统食品公司中获得的，只不过它们被用来形容“恐龙翅”这样的产品。鉴于全球对肉类的需求正在迅速增长，而生态环境又无法长期维持供给，该项目中的一个重要方面是以评级的形式来表明每种产品的可行性，以及采用这种新产品作为传统肉类替代品的总体性论据。

ENTREES

KNITTEDMEAT ★★★

Newtechnologymakesitpossibletocreate "thread" composedoflong,thinstrandsofmuscle fiber.Spoolsofmeatyarncanbewovenintolovely patternsthatutilizethenaturallightpinkof chickenandporkorthevibrantredofbeef. Justsendusapatternandwe'llknitburgerswith yourcompany'slogo,orweaveanelaborate holidayscarfforyourwholefamily.

MEATFRUIT ★★

Inspiredbymedievaldishesthatfashionedfake fruitfromrealmeat,we'vecraftedasavory-sweet amusebouchethatstartswithanintensehitof beefandfinisheswiththetarttonesofforest berries.Meatfruitcombinesthefemininityof fruitwiththemasculinesensibilitiesofredmeat inahybridcelebrationofin-vitrofoodculture.

CELEBRITYCUBES ★★★★

Provethatyou'retheultimatefanofcelebrities –byeatingthem.We'vesecuredthestemcells fromsomeoftoday'sbiggeststarsandturned themintoarangeoftastysnacks.Gopop-culture withJustinBieberandRihanna,orgiveWillem Alexanderatrybeforethenextnationalholiday. Celebritycubesarethenextbestthingtobeing famousyourself.

MAIN COURSE

RUSTICINVITRO ★

We'reouttodisruptthecommonmisconceptionthat lab-grownmeatisslickandsoulless.Ourrustic invitrobioreactorsbringartisanalproduction methodstoculturedmeats.Theshapesofthe bioreactorsrecallthoseofbone-inribeyeor wholeSpanishhams.Weleavethemeattogrowand ripenforthreemonths,lettingitdevelopdeep flavorsthatrangefromtruffletocheese.

TRANSPARENTSUSHI ★★★

Withoutbloodvessels,nervesorconnective tissue,invitromeatcanbemanufacturedto becrystal-clear.Wemimicthesamephysical processesthatmakejellyfishlooklikejellyand glassfrogslooklikeglass.Growninthinsheets insterileconditions,ourtransparentsushilets youenjoymeatsthatwereonceunsafetoeatraw. Trythebeguilingflavorofrawchickenorpork!

INVITROME ★

InVitroMeisapersonalbioreactorwornasa pendentnestledbetweenthecollarbones.Over thecourseofseveralmonths,InVitroMeuses yourbloodsupplyandbodilywarmthtogrowa medallionofmeatculturedfromyourownmuscle cells.WewillhappilycookyourInVitroMemeat withthecareandexpertiseitdeserves.Sensual andintimate,thisisadishbestsharedbetween lovers.Alsosuitedforveganist,whowantto avoidusinganimalproducts.

KIDS' MENU

MAGICMEATBALLS ★★★★

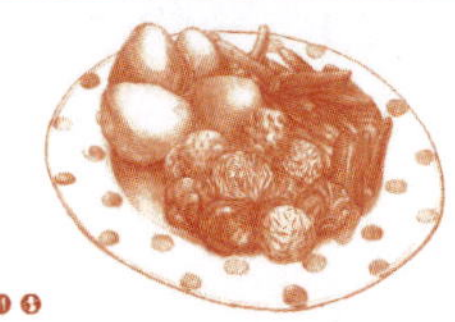

Magicmeatballsplayfullyfamiliarizechildren withlab-grownmeat.Thebasicmeatconsists solelyofanimalprotein,whilethecombination offats,vitamins,andmineralsiscompletelyup toyou.Colorsandflavorscanalsobeaddedto theneutralbasetomakethemeatchangefrompink toblueorcrackleinyourmouth.Makingmagic meatballsactivelyinvolveskidswiththemeat theyeat,sothatfuturegenerationswillmore readilyacceptlab-grownprotein.

DODONUGGET ★★★

Thedodohasreturned!Well,atleastit's returnedtothedinnertable.Thankstoadried dodospecimeninEnglandandoursecrettricksof genesequencing,it'snowpossibletosamplewhat thefirstsailorstovisitMauritiusdidin1598. Servedwithbluecheeseorhoney-barbecuedipping sauce,dodonuggetsareafavoriteofkids –andyes,you'reallowedtolovethemtoo

MEATPAINT ★★★★★

Meatpaintisjustlikenormalpaint–exceptit's safetoeatandcompletelydelicious!Whileyou're waitingforyourdrinkstoarrive,kidsarefree tousetubesofmeatpainttomakeanydrawing they'dlike.Oncetheirone-of-a-kindartwork iscomplete,webakeitandserveittothewhole tableasanadorableappetizer.Evenfussyeaters lovetogiveitago.

TAKE AWAY

INSTANTMEATPOWDER ★★★★

Meatpowderisthemoststraightforwardform ofinvitromeat,consistingofpureprotein –nomore,noless.Meatpowderisfat-freeand shelf-stable.Itcanbeusedinsoups,shakesand bakedgoods,butwethinkittastesbestasthe basisforacreamymeatfondue.Gatherthewhole familyaroundthebubblingpotforafun,cozy eveningofcookingandchatting.

KITCHENMEATINCUBATOR ★★

Thekitchenmeatincubatordoesforcookingwhat theelectronicsynthesizerdidformusicians. Asetofpre-programmedstyles,tastesand texturesallowustogrowamind bogglingvariety ofmeats,fromtunasteaktoturkeymeatballs. Tapintoourwebsitetoseewhatwe'regrowing, ordownloadsomeofourrecipestotryoutin yourownhomebioreactor.

DINOSAUR"WING" ★

Sorry,JurassicPark–geneticmaterialonlylasts forabout1,000years,sothere'snodinoDNAleft toclone.Butifyoustillwanttotry velociraptor auvin ,we'veinventedthenextbestthing. Bycoaxingchickenandsalamandertissuetogrow around3D-printedbones,we'vecreatedagiant, anatomically-accuratemodelofadinosaur'sarm. Greatforgroups;tasteslikechickenwitha bite .

★★★★★ HIGHFEASABILITY ★ SCIENCEFICTION PREVENTINGFOODSHORTAGES GROWINGMEATSUSTAINABLY AVOIDINGHARMTOANIMALS GROWINGMEATSUSTAINABLY

12

12 《体外培殖肉》中的菜单卡，2014 年
与亨德里克 - 扬 · 格里温克（Hendrik-Jan Grievink）、西尔维娅 · 塞利贝蒂（Silvia Celiberti）、埃里森 · 盖伊（Allison Guy）和弗朗西斯卡 · 巴奇西（Francesca Barchiesi）合作

13 《体外培殖肉》中的菜谱，2014 年
与亨德里克 - 扬 · 格里温克、西尔维娅 · 塞利贝蒂、埃里森 · 盖伊和弗朗西斯卡 · 巴奇西合作编写
书籍

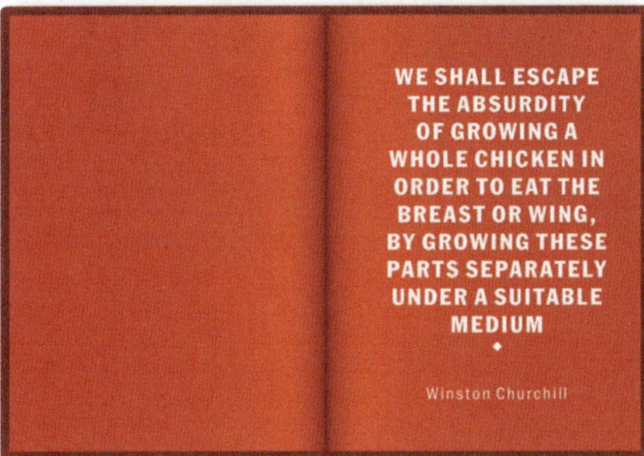

MEAT THE FUTURE

Hello Meat lovers, Hello vegetarians. We need to talk about the future of meat. As the planet's population speeds towards 9 billion people in 2050, its becoming impossible to consume meat like we do today. Scientists believe producing meat in the lab could be a sustainable and animal friendly alternative. Recently, the world's first lab grown hamburger was cooked.

Nonetheless, many people still find it is an unattractive idea to eat meat from the lab. And rightly so. Because before we can decide if we will ever be willing to eat lab grown meat, we need to explore the food culture it will bring us. Rather than faking existing meat products, like sausages, steaks and burgers, growing meat in the lab may bring us entirely new food products and dining experiences that we can hardly begin to imagine.

The In-Vitro Meat Cookbook presents speculative meat products that might be on your plate one day. Think knitted steaks, meat fruit salads, crispy-colorful magic meatballs for the kids, meat ice cream, or even revived dodo wings. But as in-vitro meat is currently still being developed, this is a cookbook from which you cannot cook — just yet. Our recipes are delicious and innovative, but also uncanny and disturbing. It is not so much our goal to promote in-vitro meat, nor

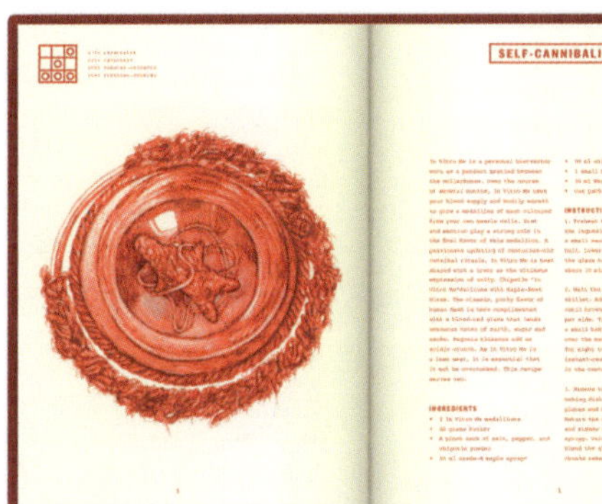

阿恩·亨德里克斯

14

14–16　《不可思议的缩小的人》，2010 年
包括摄影、雕塑、图形在内的混合媒体

17　《80 亿人的城市》，2013 年
与埃德·蒙尼克（Ed Monnik）合作
摄影、混合媒体、世界人口

阿恩·亨德里克斯在他许多作品中的宣言既夸张又真诚，用藏在幽默手法下的严峻现实挑战我们的认知。他的作品敦促我们去直面现实，但可以用一种轻松诙谐的方式面对，或者至少可以享受其丰富的视觉呈现和巧妙的流行文化运用。这些作品的表达方式像一位狂热的预言家，总是希望揭示人类世的新现实，尤其是全球接近 90 亿人口所面临的资源和空间匮乏问题。不断增长的人口所带来的巨大问题与艺术家作品的抱负相得益彰，例如，阿恩·亨德里克斯的作品中包括缩小人类的提议、如何使地球修复工作更具吸引力的提议，以及如何将全球人口重新安置到一个城市中。

迄今为止，该艺术家最成熟最完善的作品是《不可思议的缩小的人》(*The Incredible Shrinking Man*，2010 年)，它由一整套图形、文字、物品和艺术表演组成，艺术家提出了一个将人类缩小到平均身高 50 厘米的想法，并设想这将给我们的生活带来怎样的变化。在这个想象的世界中，我们将消耗现在所用的约 2% 的物质和能源资源。在人类只有 50 厘米高的情况下，我们可以把老鼠作为大型猎物来捕猎，用一只鸡来满足婚礼宴会需求，将古老的城市作为巨大的游乐园进行游览，开垦过的土地将重新被植被占领。在这样一个有丰富物资的世界里，古代人类的骨骼可以成为自然历史博物馆的陈设物，就像恐龙骨骼一样，成为不适合在其环境中生存的物种的残骸。

缩小人类将有效地扩展我们的世界，让世界充满奇迹和可能性。但亨德里克斯的项目不仅是一个思想实验，他的研究还包括严谨调查表型（有机体的可观察特征）是如何显现的，以及环境压力如何在遗传层面产生影响，例如在一些孤立的人群中观察到的一种突变，这种突变使人类能够抑制自身的生长激素。该项目在 2013 年的荷兰设计奖上获得了未来概念奖，并通过研讨会、博客文章和临时装置的方式持续进行，例如《不成比例的餐厅》(*Disproportionate Restaurant*，2010 年)，该餐厅供应适合松鼠的食物。

《80 亿人的城市》(*8 Billion City*，2013 年) 则是针对世界空间逐渐变少但是人口不断增长的又一个项目。该项目旨在设想一个包含全球人口的单一城市的运作和管理方式。这个持续进行的项目强调了人类扩张的本能，这意味着我们只能实现低人口密度，同时资源消耗极高。实际上，如果我们都能在上海这样的高密度城市生活，那么法国就可以容纳世界上所有的人口。随着世界城市人口的迅速增长，城市生活已经成为当代生活的决定性共同特征。我们如何应对种现象，以及我们能够缩小到什么程度，这些都是连接全球和各个世代的关键问题。因此，《80 亿人的城市》是对我们所回避的令人不安的现实的反思。

亨德里克斯早期的作品《修复宣言》(*Repair Manifesto*，2010 年) 旨在创建社区，并改变我们对待消费的方式。这项工作宣称修复是延长产品寿命的绝妙手段。这也涉及“扩展人与人之间的关系”，因为修复通常需要人与人之间以及人与造物系统之间的合作。通过学习修复，艺术家强调了我们是如何了解事物的制造方式的。总的来说，这件作品类似于艺术家对自己进行数天禁食的饥饿实验：努力摆脱在许多文化中盛行的增加消费的观念。

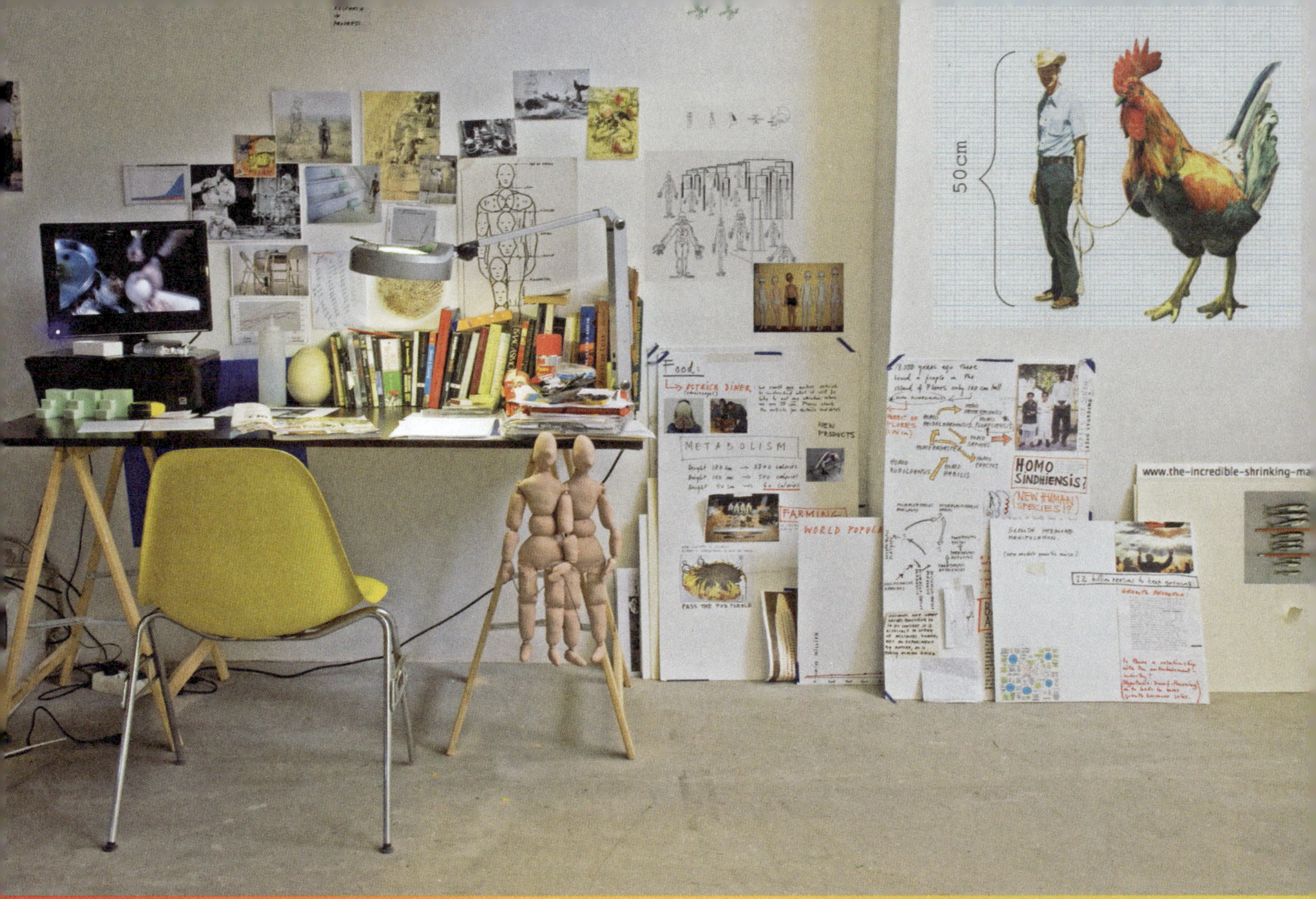
50 cm
Food:
METABOLISM
FARMING
HOMO SINDHIENSIS?
www.the-incredible-shrinking-ma

15

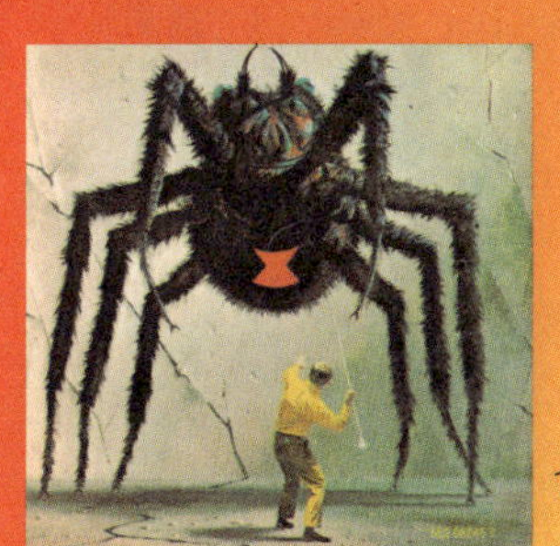

16

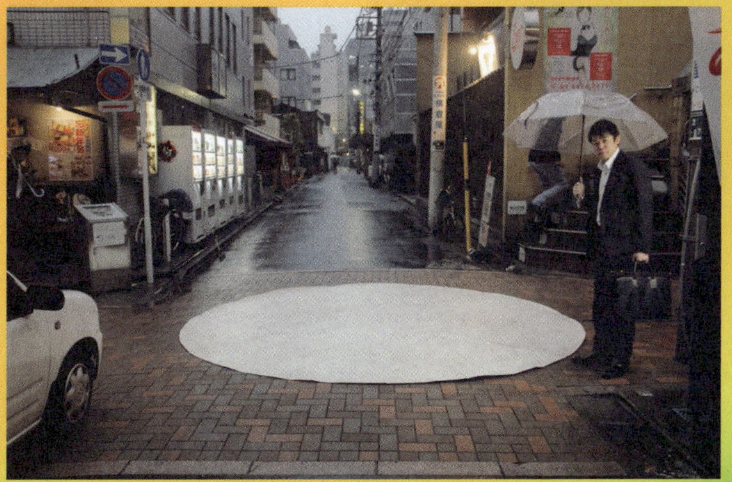

17

玛雅·斯姆雷卡尔

斯姆雷卡尔非常重视合作，她经常与不同领域的科学家开展密切合作，以推进她的项目。她创作的艺术作品涉及身份认同、生态和责任等不断变化的概念，并经常关注演变过程中的权力和意义。这些主题生成的审美体验，引导观众将他们周围的一系列物种视为相互联系的、由时间和经验缝制的基因织锦。该艺术家对感知现象学也有浓厚的兴趣，即莫里斯·梅洛－庞蒂（Maurice Merleau-Ponty）提出的刺激、意识和环境作为思想的起源而相互作用的观点，这一立场与笛卡尔的主张形成鲜明对比。

2012 年的《人类分子殖民能力》（*Hu.M.C.C.*）项目始于这样一种观察：在未来几十年中，资源短缺将对食品生产过程施加压力，并可能导致对生物技术的依赖更大。这项工作超越作物改良的层面，转向对人类身体的依赖，探索了在食品工业中以一种新的方式使用基因操纵的可能性。这位艺术家与生物学家合作，使用自己 DNA 的遗传编码来改变酵母的新陈代谢，使其产生乳酸。后来，这种在食品工业中相当常见的化合物被用来制作玛雅酸奶（Maya YogHurt）。在作品的展陈中，向参观者提供的样品都经过了过滤，以确保没有转基因生物。然而，要想品尝该产品，参观者必须先签署一份承诺书，承诺他们将自己承担消费该产品的责任。通过使用熟悉的视觉品牌语言，玛雅酸奶看起来就像是你今天在超市里看到的一样。但我们是否都愿意消费这样的产品呢？在未来的几年里，资源短缺可能让我们不会有太多选择。

《K-9 拓扑学》（*K-9_topology*，2014 年）旨在探究人类与狗共同进化的具体方式，特别是在两个物种的嗅觉和血清素调节机制方面。这项研究调查了狗与人之间的合作是如何使这两个物种在情感上更加紧密地联系在一起的。正如作家米歇尔·维勒贝克（Michel Houellebecq）所说，狗可以被视为“爱的机器”，经过世世代代的培育，成为人类忠诚的伙伴。这件作品隐含着这样的担忧：当代生活经常强调对空间进行除臭和将气味从日常体验中抹去，这可能会破坏普遍的情感联系。在作品的画廊实体化过程中，艺术家为参观者提供了吸入气体版血清素的体验，这种血清素是由她和宠物狗之间的互动产生的：这是一个分享他们关系本质的机会。

18

18–20　玛雅酸奶，来自《人类分子殖民能力》项目，2012 年
与斯洛文尼亚的卢布尔雅那医学院的生物化学研究所、卡佩里卡画廊（Kapelica Gallery）合作
转基因酵母 *Saccharomyces cerevisiae*，艺术家的 DNA、图形与视频、定制制作的混合层流 / 孵化器 / 手套箱

2013 年的作品《生物基站：北纬 45° 53’ 28.20”，东经 15 ° 36’ 9.18”》（*BioBASE, 45° 53’ 28.20”N，15° 36’ 9.18”E*）调查了一个在欧洲出现的入侵物种：一种产生了超乎寻常变异的淡水龙虾，它能够无性繁殖。这种龙虾最早于 2003 年在德国被发现，据推测它是在被圈禁养殖的压力下发生了基因变化。现在它已经适应了自然环境，并且能够快速繁殖和排挤其原生栖息地的物种。通过水生装置，斯姆雷卡尔编写和记录了这个新物种与其祖先——更“自然”的龙虾——的相遇。在遥远的未来，当我们与适应新环境的急剧变异了的人类进行竞争和冲突时，可能会重复这种行为。

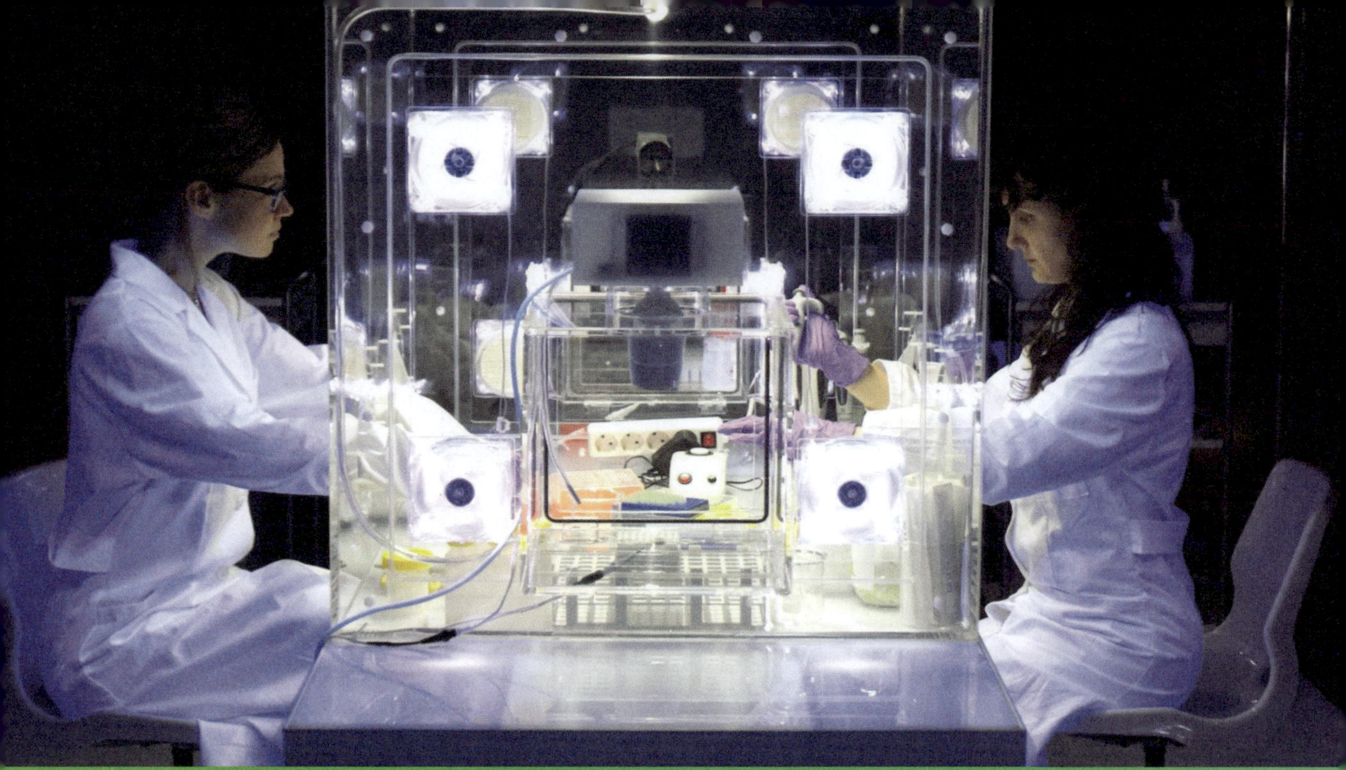

19

Hu
BIOACTIVE FUNCTIONAL FOOD ENRICHED WITH THE ARTIST'S ENZYME
GENOME
Maya
YogHurt
With Naturally Produced
B Complex Vitamins!
Enriched with Human
Enzyme Product.
GENOME

20

21

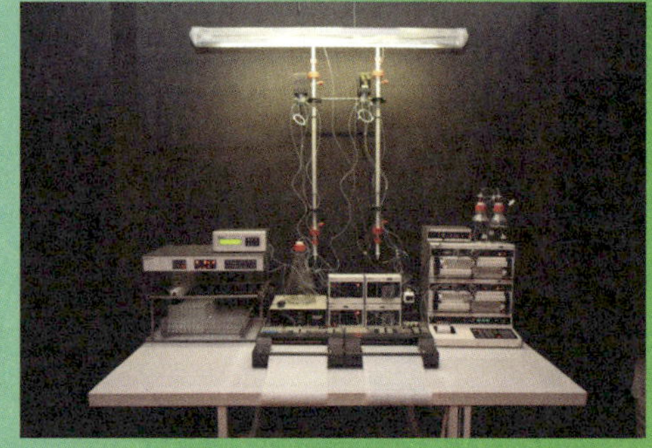

22

23

21–23　《K-9 拓扑学》，2014 年
与斯洛文尼亚的卢布尔雅那大学的林业和可再生森林资源系、野生动物生态学研究小组，生物化学研究所和医学院，以及工程学士马尔科·扎夫比（Marko Žavbi）合作。在卢布尔雅那的卡佩里卡画廊首次安装。
图形，视频，从艺术家和她的狗的血小板中提取的气态血清素

24　《生物基站：北纬 45° 53′ 28.20″，东经 15° 36′ 9.18″》，2013 年
与斯洛文尼亚卢布尔雅那的国家生物学研究所的淡水和土地生态系统部及卢布尔雅那当代艺术研究所合作
人工水生环境、四脊滑螯虾（*Cherax quadricarinatus*）、奥斯塔库小龙虾（*Astacus astacus*）

后自然历史中心

“……获取、解释和提供活的、保存完好的、有文献记载的后自然起源生物。”

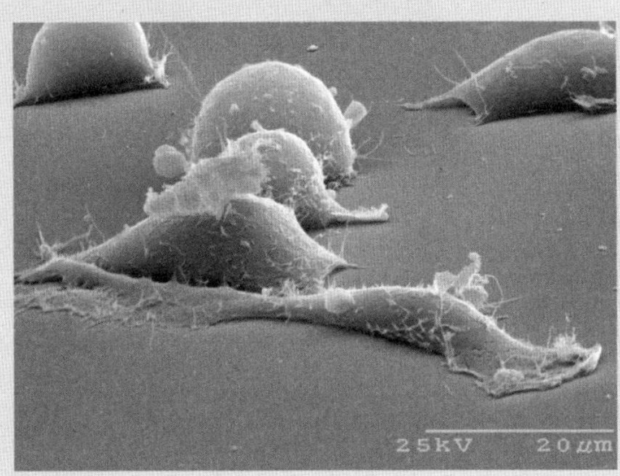

25

在 2008 年成立的后自然历史中心的使命宣言中，创立者理查德·佩尔（Richard Pell）这样写道。

佩尔是一位艺术家，同时也在匹兹堡的卡内基梅隆大学教授艺术，他的灵感来自自然历史博物馆和动物园所缺乏的东西：被人类改变的生物。无论从哪个角度看，这都是人类历史上一条丰富而重要的线索，佩尔通过使用展览技术和语言，以标准的博物馆形式展示这些生物体，有力地证明了这一线索。该中心的目标之一是邀请观众审视他们对选择性育种和基因改造等活动的看法，并思考它们之间的关系。从根本上说，该中心认为，“后自然”的故事在很久以前就开始了，伴随着农业的首次发展和狗的驯化。但这并不意味着人们应该不假思索地接受转基因生物，也不是说迅速扩散的转基因作物没什么好担心的。相反，该中心将这些人类刻意设计的生命产物提升到了值得研究的艺术品的地位。

后自然历史中心保存和展示的标本包括来自鲜为人知的里程碑式发现的生物，如美国政府在 20 世纪 50 年代开展的辐射螺旋蛆项目。该项目成功地消灭了螺旋蝇（*Cochliomyia hominivorax*），这是一种生长在温暖气候下的物种，以牧场牲畜的肉为食。该计划繁殖了数百万条蛆虫，然后使用辐射对雄性蛆虫进行绝育。它们随后被释放到美国的大片土地上，不育的雄性挤掉了数量庞大的雄性兄弟，有效地终止了该物种的繁殖周期。

最近另一项人为地将自然选择引向更以人类为中心的尝试，涉及的物种是蚊子。正如该中心所记录的那样，目前人们正在努力传播一种新的转基因蚊子品种，这种蚊子经过改造后无法向人类传播疟疾病毒。一些科学家团队已经证明，培育这种蚊子是有可能的，该中心也保存了这种蚊子的样本。鉴于每年有多达 50 万人死于疟疾，这是一个具有重大潜在影响的文化产物。同样，该中心对于获取这一标本的目的的措辞谨慎，因此它并不提倡这种活体技术，而是帮助我们认识到它的重要性。正如蚊子可以成为疾病的载体一样，转基因技术也可以被看作传播我们社会优先事项的媒介。

该中心还保存了转基因山羊、斑马鱼、小鼠、玉米和其他生物的模型或标本。其展览涉及的主题包括预防转基因物种繁殖的技术，以及斯瓦尔巴德全球种子库（SGSV）的设计——一个旨在全球灾难发生时保护生物多样性的“诺亚方舟”。该中心展览的范围很广，从纽约、柏林到阿姆斯特丹等地，并积极推动对我们周围自然界的人类中心主义现实进行更加全面和细致的讨论。

26

25 HeLa 细胞来自卡内基梅隆大学的林斯特（Lindstedt）实验室 1951 年从亨丽埃塔·拉克斯（Henrietta Lacks）身上采集的癌细胞，被无限期地培养以用于研究
投射电子显微镜

26 后自然历史中心的吉加潘（Gigapan）肖像 照片

27–29 人类设计的人工制品：
柏林自然博物馆收藏的驯养的狗头骨
加州大学欧文分校詹姆斯实验室的转基因蚊子
杰克逊实验室的 C57Bl6 小鼠

27

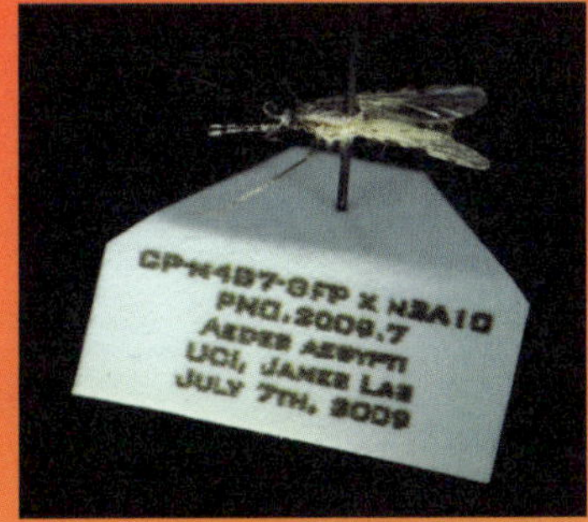

28

29

基因美食中心

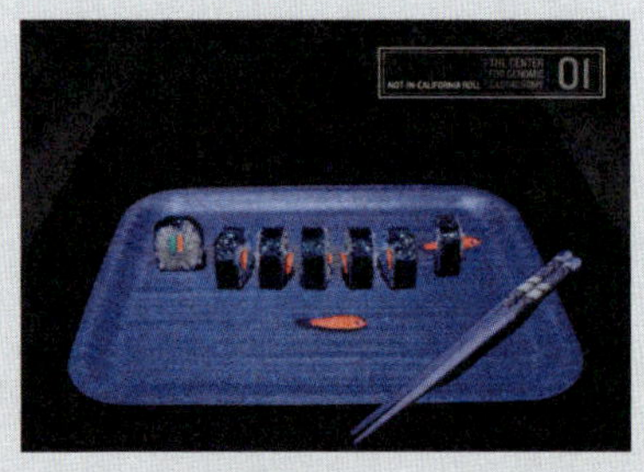
30

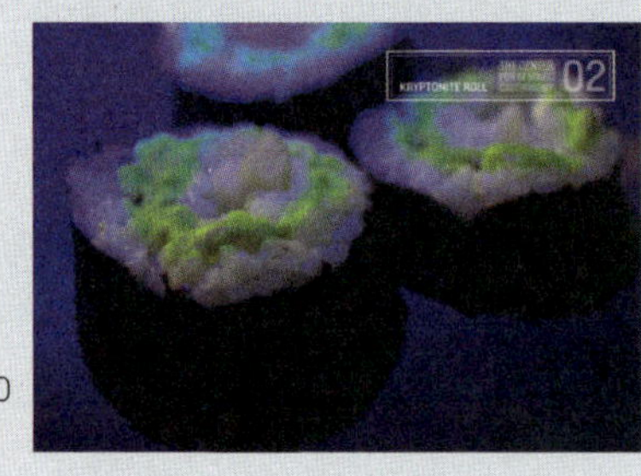
31

32

由艺术家主导的智库“基因美食中心”的项目包括烹饪表演、博物馆展览，以及与食品生产和消费有关的推测性产品设计。对于其创始人扎克·登菲尔德（Zach Denfeld）和凯瑟琳·克雷默（Katherine Kramer）以及他们的许多合作者来说，食物是一个可以用来以一种吸引人的方式解决许多问题的平台。他们在作品中讨论的核心话题是人类世的概念。他们对这一主题的处理是批判性的，但也不乏幽默，既忏悔我们的罪过，又嘲笑我们的偏见，还暗示了一个充满希望的未来。因此，他们的作品可以被看作对我们文化的一种嘲弄（嘲讽的祝酒词）。

《发光的寿司》（*The Glowing Sushi*，2011 年）在字面上就强调了转基因生物在食品工业中的普遍性。该项目在生鱼片中使用“GloFish®”，这是一种经过改良可以发出荧光且仅用作装饰的材料，以提醒人们这是转基因生物制成的食品。作品的潜台词是食物来源在当代生活中不幸地被忽视了，当我们产生条件反射去否定特定的想法或做法时，我们很容易受到虚伪的影响。该项目中一件作品的标题引起了强烈的共鸣：《非加州卷》（*Not-In-California Roll*）。

《灾难制药》（*Disaster Pharming*，2013 年）展示了一个生物勘探者的工具包。这个作品背后的理念源于历史上探险家寻找外来动植物的行为，以及 20 世纪 50 年代开始的对种子进行辐射照射的实验，以观察它们可能发生的变化。《灾难制药》表明，可能存在一些具有商业价值的植物，它们是在人类造成的放射性或有毒环境中偶然发现基因变异的物种。该工具包的介绍包括一个行动呼吁，其中巧妙地使用了传统的营销语言：“让辐射发挥作用，而您也能获益。”

在这个想法的基础上，《钴 60 酱》（*Cobalt 60 Sauce*，2013 年）在其配方中包括了五种通过辐射培育出的成分：里约红葡萄柚（Rio Red Grapefruit）、米尔斯黄金承诺大麦（Milns Golden Promise）、托德米切姆薄荷（Todd's Mitcham Peppermint）、卡洛斯（Calrose）76 大米和大豆。这件作品利用了我们对核技术挥之不去的、往往是非理性的恐惧，并强调了该中心的艺术家们经常提出的两个观点：“我们一直是生物入侵者”和“育种只是非常缓慢的编程”。诱变物种在世界各地随处可见，这证明了我们许多人对什么是自然或反常的看法已经过时。

《拯救灭绝的熟食店》（*The De-Extinction Deli*，2013 年）是一种基于近期复活已消失物种实验的有趣的推测。艺术家们提出了一个令人不安而又恰到好处的批评：假如比利牛斯山羊（一种野山羊）等动物有可能出现在食物菜单上，复活消失物种最终只能带来一种新的消费形式吗？也许我们应该更多地思考物种灭绝的原因，而不是将我们的精力仅仅用于在实验室中战胜灭绝的象征性行为。

33

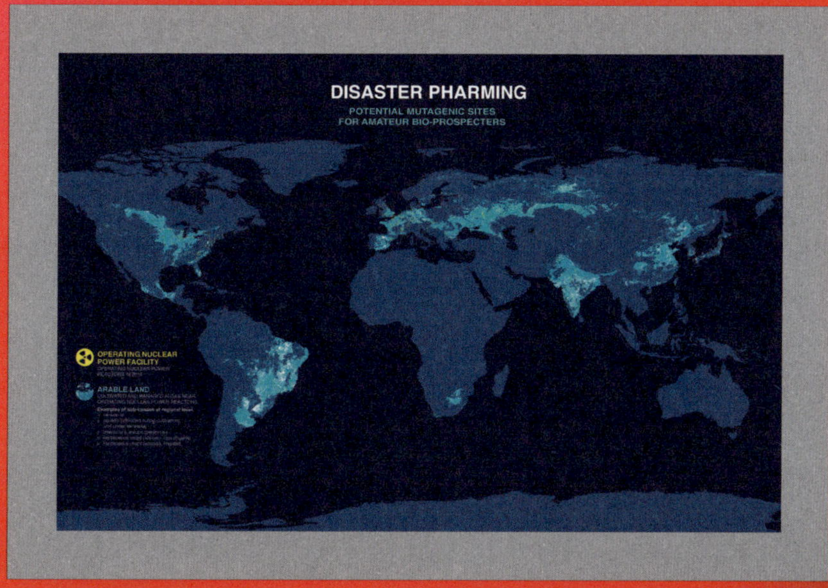

34

30–32　《发光寿司》，2011 年
GloFish®、大米、海藻

33–34　《灾难制药》，2013 年
摄影，混合媒体

35

36

35-36　《钴 60 酱》，2013 年
用辐射培育的植物成分制成的烧烤酱，混合媒体

37-38　《拯救灭绝的熟食店》，2013 年
混合媒体和表演

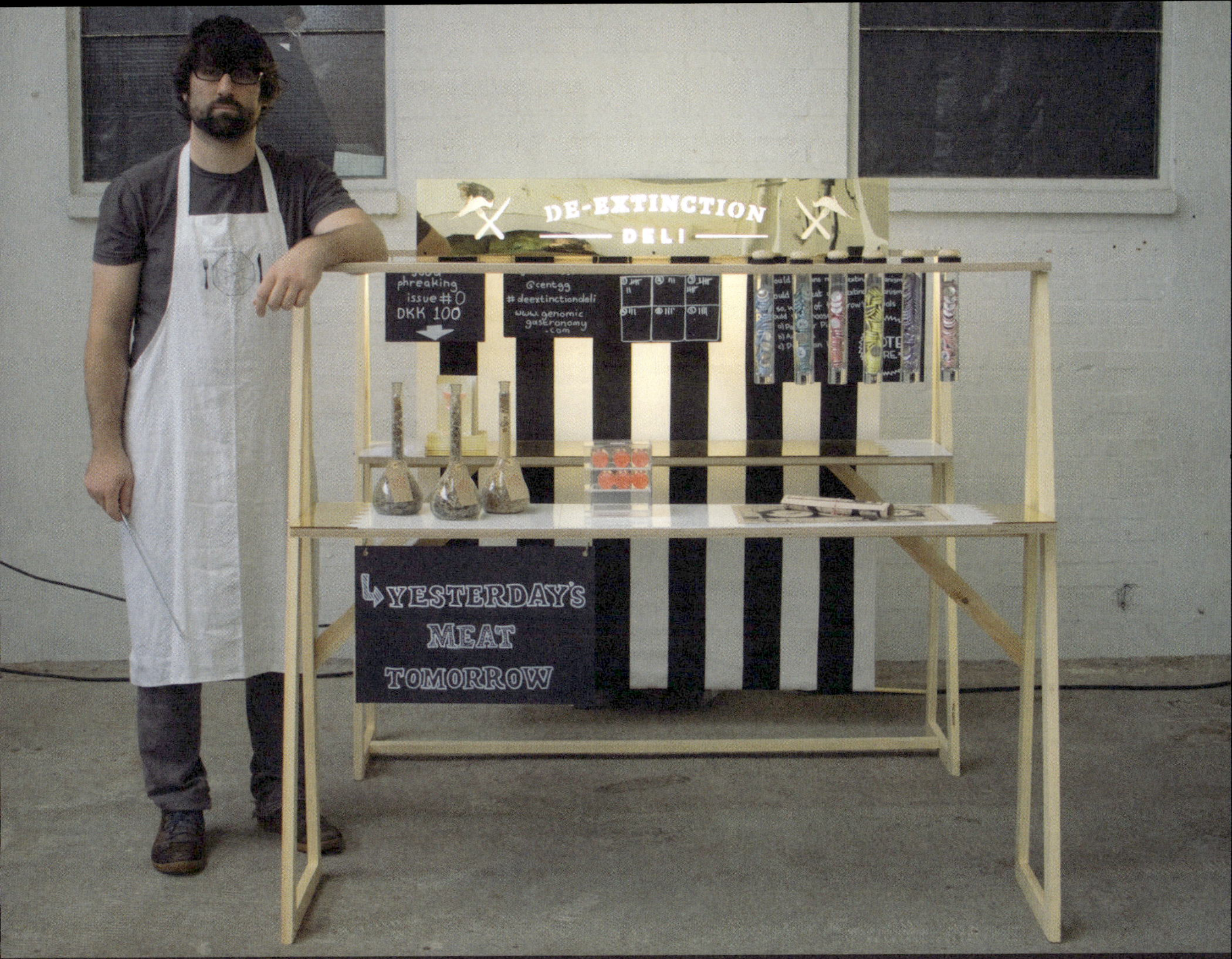
DE-EXTINCTION
DELI
phreaking
issue #0
DKK 100
@centgg
#deextinctiondeli
www.genomic
gastronomy
.com
YESTERDAY'S
MEAT
TOMORROW

37

DE-EXTINCTION
DELI
YESTERDAY'S MEAT TOMORROW
PASSENGER PIGEON
PYRENEAN IBEX
- Capra pyrenaica pyrenaica -
75 cm
France, Portugal, Spain, Andorra
EXTINCT 2000
IN 2009, A DE-EXTINCT PYRENEAN IBEX LIVED FOR 7 MINUTES
In north-eastern Siberia, enthusiasts want to restore the "mammoth steppe" to a grassland habitat that could support de-extinct woolly mammoths
HABITAT & FOOD
GRASSES
PLEISTOCENE PARK
THE WOOLLY MAMMOTH
50%
Caused by over hunting, habitat destruction from farming, and the spread of disease carried by domestic cattle.

38

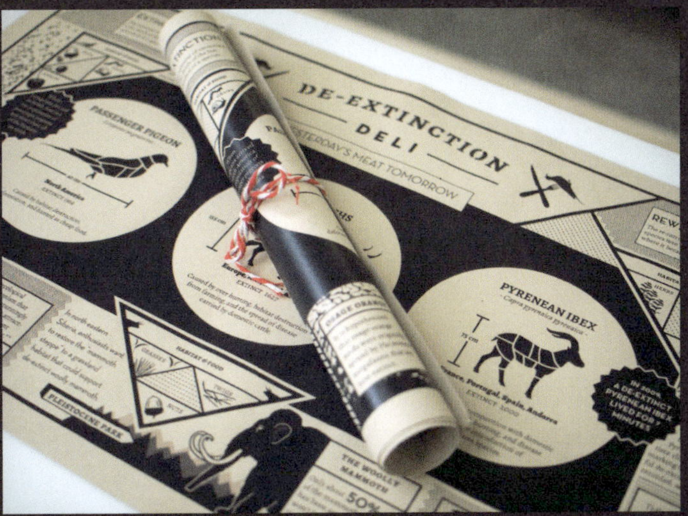

凯特·麦克道尔

39

39 《第一次和最后一次呼吸》，2010 年
手工制作的瓷器，混合媒体

40 《达芙妮》，2007 年
手工制作的瓷器

41 《老鼠与人》，2009 年
手工制作的瓷器，锥 6 釉（Cone 6 glaze）

麦克道尔主要用瓷器进行创作，这种材料经过精心处理后既精致又耐用。它还可以有精妙的纹理，呈现出富有表现力的细节和变化多端的明暗效果。艺术家通常先制作一个实体的形式，然后挖出凹的空间，或者用较小的作品，一次只制作很小的部分，从而延长麦克道尔与材料和形式的接触时间。

该艺术家作品的一个常见的出发点是观察到人们渴望与他们感觉疏远的自然界相结合，但人们的这种愿望与人和自然间关系的现实相冲突。具体来说，人类对环境和其他物种造成的日益明显和严重的伤害，使得我们渴望与自然界的美丽、复杂和神秘融为一体的浪漫冲动落空。艺术家利用神话、幽默、艺术史和流行文化的参考资料来探索这一概念，其中还包括可识别的基因工程符号。

麦克道尔的作品《达芙妮》（*Daphne*，2007 年）可以被理解为达芙妮神话的惨淡延续，这位年轻女子为了躲避好色的阿波罗变成了一棵树。根据奥维德在《变形记》（*Metamorphoses*）中对这一神话的讲述，当达芙妮在躲避被丘比特之箭射中的阿波罗（福波斯）时，她祈求被改造，甚至以生命为代价，以保持她的纯洁。达芙妮因此成了一棵月桂树，虽然这让阿波罗失望，却激发了他对月桂树的崇拜；月桂树叶长期以来一直是荣誉的有力象征。几个世纪以来，许多艺术家用理想化的形式来描绘这个神话，通常捕捉达芙妮开始变成树的那个瞬间。麦克道尔在她的描绘中注入了当代的现实，把达芙妮描绘成一棵被砍倒的树，被残忍地遗弃在一片狼藉之中，这让人联想到犯罪现场：由欲望和贪婪这两个近亲所造成的多重悲剧。

麦克道尔的另一件瓷器作品《第一次和最后一次呼吸》（*First and Last Breath*，2010 年）结合了幽默和荒诞，突出了刚出生的动物在环境发生悲惨变化时面临的困境。我们为小动物配备防毒面具的可能性与作品中所描述的它们的生存可能性差不多。我们可能会开始怀疑，许多动物的后世界末日是否已经开始。该艺术家的其他作品描绘了因为被组织培养和被基因操纵而改变的老鼠，这些实践促进了生物医学研究，却很少引发讨论。2009 年的作品《老鼠与人》（*Mice and Men*）让人想起罗伯特·彭斯（Robert Burns）的诗《致老鼠》（*To a Mouse*，1785）。显然，诗人在田间耕作时不小心捣毁了一个老鼠窝，从而获得了写这首诗的灵感。他写道：“我真的很遗憾，人类的统治 / 破坏了大自然的社会联盟……证明先见之明可能是徒劳的：/ 老鼠和人最周密的计划 / 都是徒劳的。”最后两行文字被理解为所有物种的计划往往都会“出错”，这一概念在麦克道尔的作品中被形象化地呈现在啮齿类动物四肢伸展和僵硬的形态中。小小的人类头骨嵌套在它们的头部，暗指老鼠和人类的命运是紧密相连的。

40

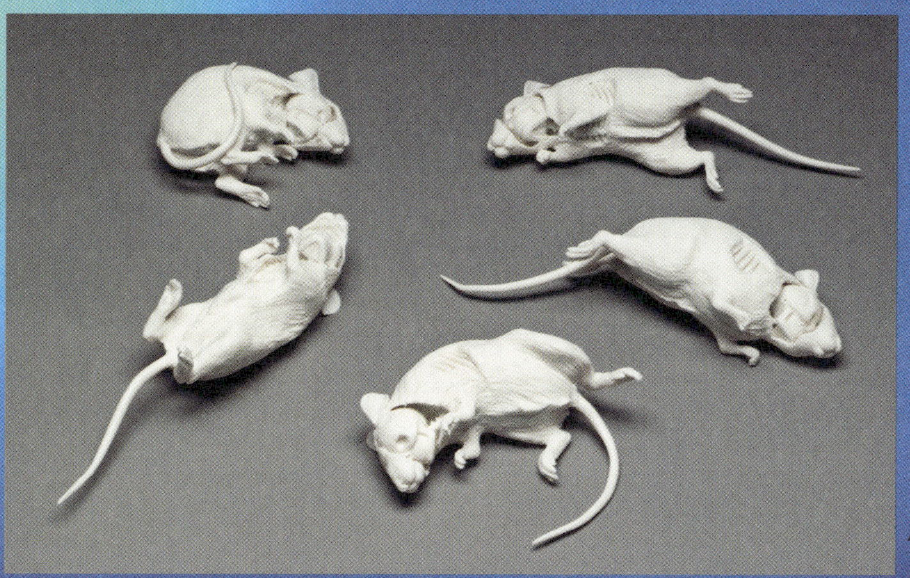

41

苏珊·安克尔

安克尔是一位视觉艺术家和理论家，二十多年来一直致力于艺术与生物科学的交叉研究，并为领域的发展作出贡献。作为于 2011 年在纽约市视觉艺术学院开设的生物艺术实验室的创始主任，安克尔也通过影响被吸引到这条道路上的学生，来塑造此类艺术在未来的发展方式。艺术家的作品通过各种媒介实现，从数字雕塑、大型摄影到用人工光源种植的植物排列。安克尔的作品所面临的问题和采用的技术很难被概括，但她的选择中带有明显的艺术历史视角，同时也有一种对文化赋予科学普遍有效性这一主张进行批判的冲动。安克尔将基因操作和相关技术的潜力描述为“在临床和哲学上具有诱惑性”，因为它们可以“承诺控制和完美，但它们也唤起了关于真实性、身份认同和身体完整性的根本问题”。

安克尔的早期作品《动物符号学》（*Zoosemiotics*，1993 年）可以被解读为对科学可视化的思考：我们对可视化的需求、可视化本身的局限性，以及长期以来人们对不完美技术的信任，这些技术能够生成僵化的文化符号。就像任何书面语言一样，视觉图像有可能变得更加扭曲、误导或武断，特别是在处理那些原本不可见的形式和科学界以外鲜有人能较好理解的概念时。在这件作品中，不同物种染色体的青铜雕塑被排列在一面墙上，旁边是一个装满水的圆形玻璃容器——这是一种非常早期的放大技术。透过玻璃和水的曲面看过去，远处染色体的形态发生了扭曲，这提供了另一种可视化形式。

作品《培养皿中的虚空》（*Vanitas in a Petri Dish*，2013 年）参考了虚空派绘画，这些以腐烂和死亡象征物为特色的静物画，强调了人类努力的徒劳和无意义。虚空派构图被安排在培养皿中，实际上代表了科学及其应用的集体事业。这些紧凑的配置会让我们思考，我们所有通过研究取得的伟大发现究竟创造了什么，它们主要为谁服务？人们可能会以幽默或绝望的方式思考，欺骗性的死亡是如何以某种方式长期困扰科学探索的，但现在，在当今的分子时代，这似乎再次变得触手可及。

43

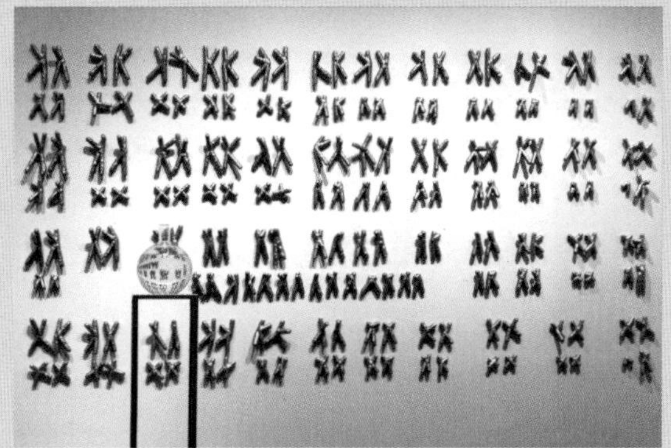

44

42–44　《动物符号学》，1993 年
水力胶、金属漆、不锈钢、玻璃、水

以《培养皿中的虚空》为起点，安克尔将培养皿中的照片转化为三维打印的雕塑作品《遥感》（*Remote Sensing*，2013 年）。在先进的图像处理和打印软件的帮助下，照片中的元素被转化为高度、纹理、颜色和形状。这些构图已经在 3D 中实现，并按照培养皿的标准进行了尺寸调整。其结果类似于具有异国情调的微型景观，就像在另一个世界尚未被发现的山脉模型一样。这些雕塑给早期的作品带来了新的维度，但在美学上又是独立的，就像虚空派绘画一样，能激起一种独特的忧郁感。

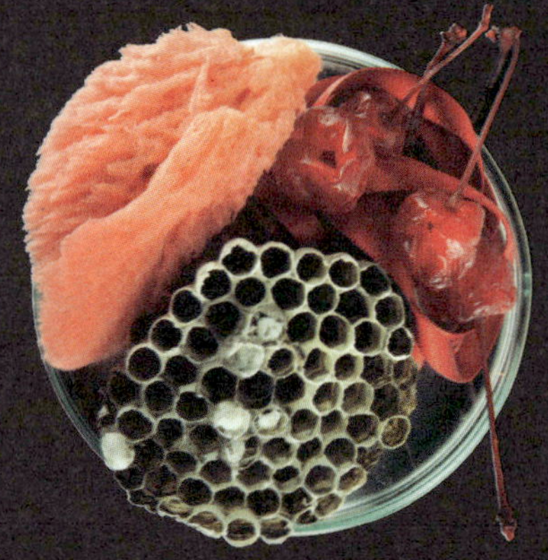

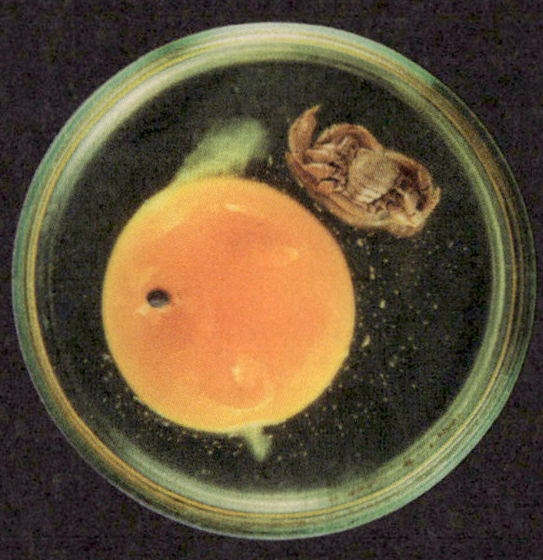

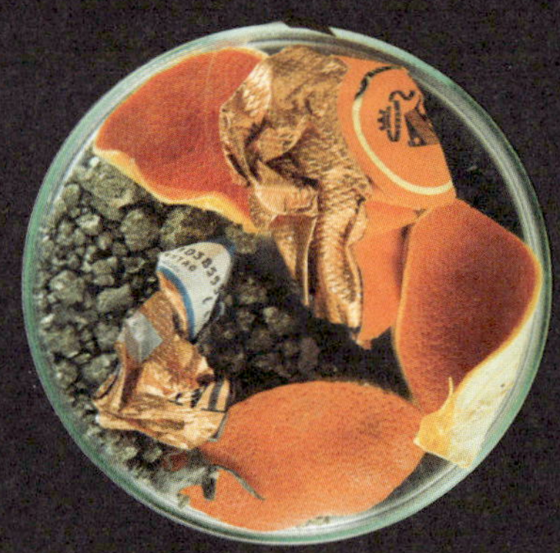

46

45 《培养皿中的虚空》，2013 年
水彩纸上的数码印刷品

46 《遥感》，2013 年
石膏、颜料和树脂快速原型雕塑，以及玻璃培养皿

内里·奥克斯曼

“可穿戴的神话和可居住的装置。”

奥克斯曼是波士顿麻省理工学院的建筑师和媒体艺术与科学教授，也是制造技术发展的领军人物，这些技术使材料在物质与环境之间发挥更灵敏、更有意义和更有效的中介作用。奥克斯曼的工作经常涉及对生物系统的研究和适应，她将进化过程中磨炼出来的行为转化为可用于 3D 打印等新兴技术的算法。这些工作的宏伟目标与麻省理工学院“媒介物质”（Mediated Matter）研究小组的使命紧密相连，即“从根本上改变物体、建筑和系统的设计和建造”。因此，奥克斯曼的项目有一股潜在的功利主义趋势，但这些项目往往也显示出对美学的优先考虑，以及制造能够反映更广泛的文化变革的物品。从这个角度来看，可以说奥克斯曼在创造艺术作品。巴黎蓬皮杜中心、纽约现代艺术博物馆和波士顿美术博物馆等机构几乎都在第一时间收购了她的作品，这也可以证明这一点。

《虚构的众生：未完成的神话》（*Imaginary Beings: Mythologies of the Not Yet*，2012 年）是一系列为人体设计的 18 个原型，灵感来自豪尔赫·路易斯·博尔赫斯（Jorge Luis Borges）的《想象的动物》（*The Book of Imaginary Beings*，1957 年）一书。这个系列捕捉并具象化了所谓的“神话主题”，或者可以被认为是神话的亚原子部分，是无法被进一步简化的组成部分，代表了人类本质的密码。这个想法最早是由克劳德·列维 - 斯特劳斯（Claude Lévi-Strauss）在 20 世纪中期阐述的，它与结构语言学中描述不同文化语言系统中的普遍元素的概念类似，如音素、词素和语素：一种语言所使用的最小意义载体。奥克斯曼认为，未来主义设计植根于幻想和神话，并将她的原型作为叙事工具呈现，每个原型都呈现出一种潜在的个性化增强功能，被赋予一种超自然的功能，如飞行或隐身。她的目标是在形式上实现“超自然的永恒原型及其物质表达”。

其中一个名为《美杜莎 1 号》（*Medusa 1*）的防护头盔，其设计灵感来自希腊神话中的名为戈尔贡（Gorgon）的“蛇妖”的头部。该头盔是一个形态生成过程的结果，通过巧妙定位的穿孔将重量降到最小，并通过增加表面积和刚性的起伏褶皱来实现强度增强。用于提高认知能力的大脑增强电极可能被编织其中，也许这对战胜当代珀尔修斯（Perseu）很有帮助。

奥克斯曼的另一个原型作品是《雷莫拉》（*Remora*），其名称取自海洋动物及其相关的古代航海神话。雷莫拉是一种鱼类，通过头顶上的吸力装置将自己附着在其他更大的鱼类（如鲨鱼）身上。作为运输和庇护的交换条件，雷莫拉变为有用的真空吸尘器，它能吸食寄生虫、废物和其他在宿主表面或附近的物质。在神话中，它们代表一种力量，可以逆转或扭转船只航向，对海上军事行动或探险造成严重破坏。这可能是由于雷莫拉偶尔会附着在船体上，产生额外的阻力，这种力量在神话中被夸大了。奥克斯曼作品中的雷莫拉已经实体化为一个髋关节夹板，它利用吸力将自己固定在骨盆区域。这个共生的生物被想象成一个有机的紧身胸衣，上面布满了藤壶状的空心结构。这种形态也是可逆的，一次迭代促进血液循环，反之，吸附的肢体朝向外面，将骨盆区域附着在粗糙的表面上，就像雷莫拉附着在龟壳上一样。

47–51 《虚构的众生：未完成的神话》，2012 年
个人作品：《格拉维达》《美杜莎 2 号》《雷莫拉》《利维坦》《阿拉克涅》（自画像）
与麻省理工学院的 W. 克雷格 - 卡特（W. Craig Carter）教授和 Statasys 有限公司合作
使用 Stratasys Polyjet 技术进行 3D 打印

48

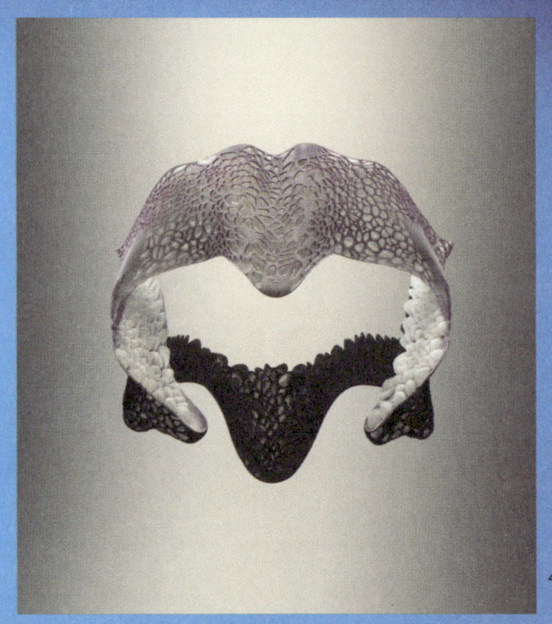
49

50

帕特里夏·皮奇尼尼

52

“如果她可以被设计，她真的会成为人们可能选择去创造的东西吗？”

52　《聆听者》，2013 年
硅胶、玻璃纤维、人发、扬声器箱体

53　《怀疑托马斯》，2008 年
硅胶、玻璃纤维、人发、衣服、椅子

皮奇尼尼在谈到她最近的作品《天鲸》（*The Skywhale*，2013 年）时如是说，这是一个以一种繁殖力极强的水生哺乳动物的形体呈现的气球。这个问题在她的大部分作品中都引起了共鸣，从绘画、雕塑到电影。艺术家在我们的意识中植入了一种令人不安的、似是而非的、怪诞的组合：我们有朝一日可能会培育、改造或仅仅是简单想象的生命形式，这超出了重要的心理阈值。例如，我们对裸露的肉体、外露的性行为、儿童面临的风险或大型昆虫的危险感到不安，这些都成为其显著的脆弱性，而皮奇尼尼则以电影的技巧轻易地利用了这些脆弱性。但在这些作品中，她构建的不仅仅是她脑海中恐怖电影的画面，她让我们面对的是我们所害怕和所想要的结合体，还没有一个词语能用来描述它们，借此创造一个充满希望和人文主义的乌托邦愿景。

尽管皮奇尼尼极力淡化这一点，但她在转向美术之前对经济学的研究可能为她的许多创造性决定和批判性回应提供了参考。她认为经济学更像是一种意识形态，而且似乎她最感兴趣的是这种意识形态表现（尽管是无意的）的后果：抽象模型之外的混乱现实。在《聆听者》（*The Listener*，2013 年）中，我们看到一个安装在扬声器上的友善的怪物，一个雕塑和基座的统一体，它有一双热情的眼睛。它的小尺寸强调了它不具威胁的本性，就像一只小狗，而且它以某种方式在凝视中平衡了反感和舒适。它看起来既有深刻的陌生感，又像是为某种无趣的偏好量身定制的可爱消费品。更让人感到困惑的是《怀疑托马斯》（*Doubting Thomas*，2008 年），它参考了《圣经》中的故事和卡拉瓦乔在 1601—1602 年对其的描述，讲述了一个持怀疑态度的使徒需要触摸基督的伤口才能相信耶稣复活的故事。与原著故事相关的典故迅速积累了起来：基督

的替身似乎是一个变异或经过工程改造的组织——一个科技的产物，当代的神。人们不禁为男孩托马斯感到担忧，他的好奇心多于怀疑，而且似乎处于危险之中，受到他可能无意中创造的东西的威胁。

《悼词》（*Eulogy*，2011 年）展示了一幅被人类工业所伤害的物种的悲惨画像，同时也清楚地表明了无意识的剥削，而这对于艺术家来说，正是自然与文化关系的一部分特征。这幅作品之所以引人注目，是因为它可以从字面上来解读：它讲述的是因捕蟹业而濒临灭绝的不幸的水滴鱼（*Psychrolutes marcidus*）。鉴于缺乏审美上的吸引力，它的前景尤其黯淡。这种鱼不像可爱的熊猫，很少有人会想念它。《悼词》突出了人类活动造成的许多后果的隐蔽性。同样，《高空》（*Aloft*，2010 年）展示了一种让人感到厌恶和极不自然的昆虫的侵扰，但其可以被看作一面批判的镜子。人类经常破坏其他物种的栖息地，我们为什么要期待它们与我们有什么不同？

54

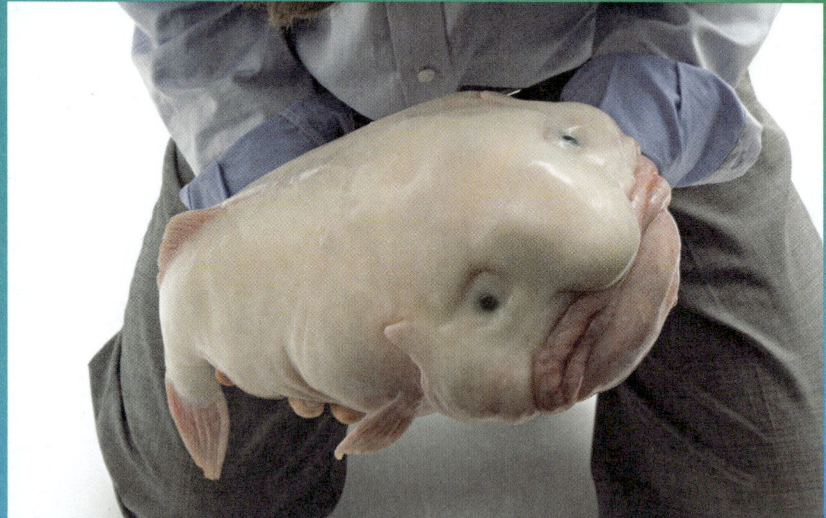

55

56

54-55 《悼词》，2011 年
硅胶、玻璃纤维、人发、服装

56-57 《高空》，2010 年
玻璃纤维、不锈钢电缆、毛毡人发和羊毛、
硅胶、机器人、服装

57

卡罗尔·科莱

科莱是一位设计师、策展人和讲师，他是伦敦中央圣马丁学院设计与生活系统实验室（Design & Living Systems Lab）的负责人。作为一名研究人员和教师，在一个致力于推动纺织品制作及其应用的项目中，科莱的工作可以被视为未来几十年艺术发展的先驱。她最近的项目的出发点是对植物生命的关注，以及合成生物学在气候变化和资源匮乏的压力日益增加的情况下所提供的可能性的推测。换句话说，她思考了这样一个问题：鉴于这些危机，我们希望或者需要如何改变生物圈，以及我们制造材料的做法？对科莱而言，答案来自基因组研究的进展，她预见到了工业将进行大规模调整，包括在方法上从制造业转向“生物制造”的改变。这将涉及对生物体进行基因编程，以更高效和有效的方式制造我们需要的材料。

项目《钛合金》（*Biolace*，2012 年）展示了未来可能出现的植物，这些植物可以作为同时生产多种高价值产品的生物制造平台。例如，罗勒 5 号（Ocimum basilicum rosa）可以从根系中收获一种充满香味的花边，同时还可以收获草本植物本身，这将使得健康支持和抗病毒化合物得到增强。该项目中的另一种植物是黑草莓（Fragaria fusca tenebris），这种植物的根系可以长出花边，结出乌黑的果实；在这种情况下，浆果将不再需要鲜艳的颜色来吸引传播种子的动物，维生素 C 和抗氧化剂的含量水平也会提高，从而有助于人类健康。鉴于蔬菜和水果已经可以通过基因设计来抵御杀虫剂，它们看起来让人更有食欲，并且它们存活所需的水量也变得更少了，想象一下在不久的将来开发出这些特性也许只是一个小小的飞跃。

科莱的《未来的混血儿》（*Future Hybrids*，2014 年）再次以环境的恶化为出发点，提出了植物和其他物种可能的嵌合体，以实现保护生物多样性的目的。这个项目支持艺术家的主张，即“纺织品是一种语言”，是通过记录故事来保存历史的手段，是进行研究的一种过程，也是显示

59

58　《钛合金》中的黑草莓，2012 年
C 型打印

59　《未来的混血儿》中的真菌皮毛，2014 年
C 型打印

潜在未来的一种有效、易用的方式。纺织品制作是古老的手工艺之一，纺织品和许多艺术品一样，可以被解读为巨大的变化、悲剧和胜利的回声。与“史诗般的损失”主题相一致的是作品《真菌皮毛》（*Fungi Fur*）和《植物皮毛》（*Phyto Fur*）（它们均为 2014 年的作品），这两件作品中的植物和真菌的种类将被设计为用来种植与大型濒危哺乳动物相同的皮毛，希望它们快速而高效的生长周期能够取代动物贸易。相比之下，《植物人矿工》（*Phyto Miners*，2014 年）提出了可以吸收和浓缩有价值矿物质的藏红花。最终，它们可以被获取并用于工业，且其材料或能源成本远低于传统方法。

爱德华多·卡茨

经过三十多年的艺术创新，爱德华多·卡茨已经能够洞察一切，这似乎是一个合理的结论。从本质上讲，他是一位孜孜不倦的艺术家兼企业家，拥有无限的乐观主义、不断尝试、调整和重新开始的意愿。卡茨的艺术生涯始于诗歌创作，他将其与视频和数字技术及表演相结合。在 20 世纪 80 年代初至中期，这位艺术家的创作方法受到了对身体政治兴趣的影响，但是在他的祖国巴西，身体政治是一个批判性探索和行动主义领域，当时并没有什么代表性。他还受到罗兰·巴特（Roland Barthes）和赫伯特·马尔库塞（Herbert Marcuse）著作的影响。卡茨在他的自传中写道：“1982 年，他开始穿着粉红色的迷你裙去做家务和参加演出。”这或许能体现出他的勇气和绝对承诺。

卡茨对技术的实验在总体上具有非凡的预见性：早在 1986 年，他就创作了一个可以远程呈现的作品，通过无线网络、无线电控制的机器人让参与者与公众进行交流。2000 年，他在法国展示了《绿荧光兔》，引起了媒体的关注和争议。据称，这只在紫外线下能发出亮绿色的活生生的兔子在胚胎发育的早期就被进行了基因改造，以表达一种在水母中常见的荧光蛋白基因编码。从科学的角度来看，关于这只特定兔子（Alba）的图片或数据是否准确，似乎无关紧要。这类艺术预示着一个具有创造性表达可能性的新时代的到来，而且这一趋势显然已经迅速变得流行起来。耸人听闻的表述和报道也可能揭示了国际媒体易受骗的程度，自互联网普及以来，这种情况呈现滚雪球式的增长。这为艺术家们提供了一个具有诱惑力的但也存在潜在危险的新画布（参见“下一个自然网络”的项目《鳐鱼鞋的兴衰》，第 32~33 页）。

《创世纪》（1999 年）是世界上第一个重要的转基因艺术作品，尽管它在全球范围内受到的关注不如一年后的《绿荧光兔》。《创世纪》在奥地利林茨的电子艺术馆和互联网上首演，这提供了一个邀请公众参与到物理改变

60

生物体 DNA 行为的互动性平台。为了完成这项工作，一群普通无害的大肠杆菌被改造成含有遗传密码的细菌，而不是编码不同的蛋白质，这是对《创世纪》中一段文字的摩斯电码翻译：“人要统治海里的鱼，空中的鸟，以及在地上移动的所有生物。”这群携带着信息的细菌是在紫外灯照射下生长的，画廊和作品的在线访客可以控制这些紫外线灯。通过激活灯光，观众创造了变异的可能性，或者使生物体的遗传密码顺序发生细微变化。最终，紫外线照射改变了代码中包含文字的部分，改变了圣经句子的拼写和潜在含义；这是一种集体的和遗传性的诗意姿态。这项开创性的工作预示着接下来 15 年的许多发展，从众包和交互设计到转基因生物的艺术应用，阐明了经常用于遗传学语言中的隐喻（如代码或乐高积木）的局限性的必要性。

卡茨的另一项整合 DNA 的作品是《数码》（*Cypher*，2009 年），作品由一个 DIY 转基因工具包组成，内含将一首诗编码到一串 DNA 里的工具，以及一种荧光蛋白基因。用户选择通过水平基因转移的基本程序，将 DNA 添加到普通细菌中——这是一种现在在高中生物学中常见的活动。由此产生的红色光芒证实了这首诗已经被植入细菌种群中，并且正在繁殖。作品附带的一本小册子提供了艺术家用来将诗歌转换为基因序列的密码或系统。这套工具既是工业制品，也是生物制品，其过程的 DIY 性质与非常光滑的组件表面形成对比。这首诗本身的内容也增加了作品的层次感：“A TAGGED CAT WILL ATTACK GATTACA”，

61

62

60-62　《创世纪》，1999 年第一版
受林茨电子艺术馆委托
多媒体设备、紫外线、转基因大肠杆菌、基因测序

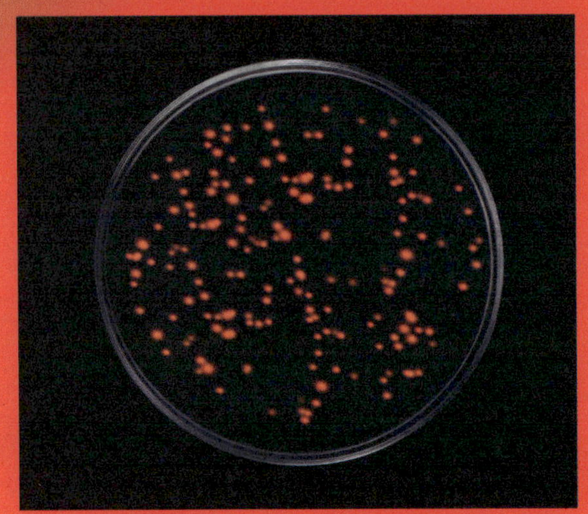

63

它借用了 DNA 通过四种碱基 A、T、G 和 C 表达自身的事实。正如卡茨所指出的：这首诗不仅包含了视觉构成（特别是它所选择的字体），而且还包含它作为基因和代码同时存在——一个可以从不同方向解读的代码。换句话说，这首诗是一个由各种元素组成的网络，需要放在一起综合考虑。

63-65　《数码》，2009 年
DIY 转基因试剂盒，包括培养皿、琼脂、营养液、拉环、移液器、试管、合成 DNA、小册子

64

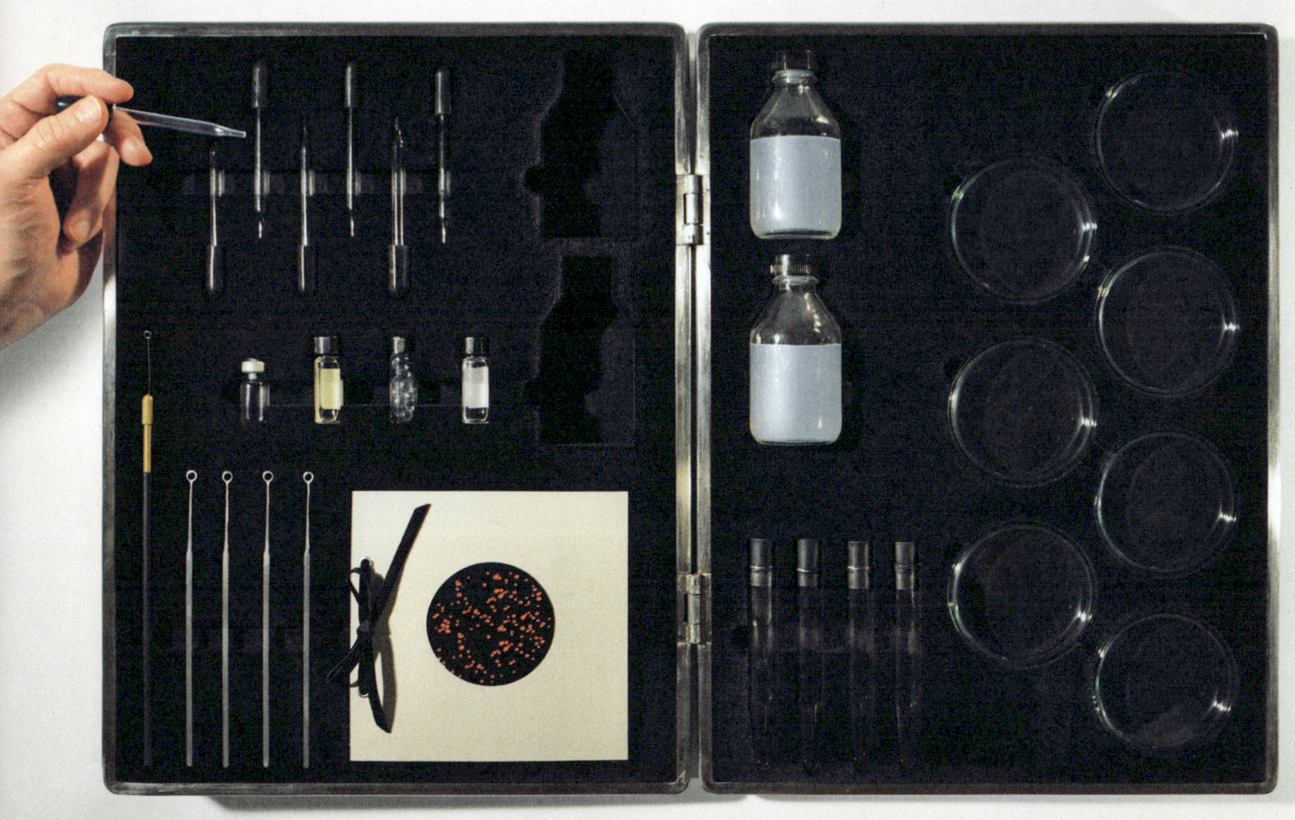

德里森斯
和维斯塔潘

埃尔文·德里森斯（Erwin Driessens）和玛利亚·维斯塔潘（Maria Verstappen）的作品通常关注释放控制性和从精心设计的系统中激发诗意性的偶然发现。实际上，他们设计的过程会自行生成形式，就像电影指导和舞蹈编排的混合，但使用的媒介是蜡、植物和像素。这两位艺术家已经合作创作了二十多年，在成立他们的工作室之前也曾一起学习。他们在职业生涯早期的一个出发点是观察制度化的艺术机构如何利用艺术，进而利用艺术家作为工具，来延续他们所统治的权力结构。因此，能够自我生成的艺术是对这个体制的批判，同时也是对大自然无限创造原始形式的能力的深深敬畏。此外，艺术家们还将自己与 20 世纪早期的有形艺术的意向联系起来，创作非指涉性的作品，并能很容易地采用新技术来实现。他们的目标是在没有潜在的人类直觉干扰的情况下，实现自发性，表达对“偶然性、自我组织和进化秩序，并改变现实”的信任。

《自上而下 自下而上》（*Top-down Bottom-up*，2012 年）是一个装置系统，在其每一次迭代中都会产生新的形式。蜡块从高处慢慢融化，从一开始的光滑的几何形状，变成参差不齐的石笋。这些石笋与数千年来积累的地质形态十分相似，而且每一层微小而复杂的石笋都是完全原创的，但鉴于其创作和展示的临时性，又像是一种“错觉艺术”（trompe l'oeil）。每一个石笋最终都会再次被熔化成块状，开始新的循环。《电子演化文化》（*E-volved Cultures*，2006 年）是一个更真实的视觉自发性的程序化生产。在这件作品中，艺术家们设计了一种算法，根据邻近像素的状态来改变显示器中的像素，随着变化产生更多的变化，这个过程会无限地重复和延续。这就产生了动态

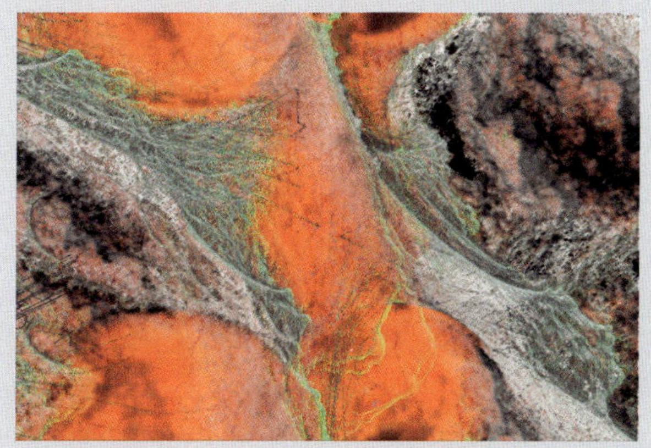

67

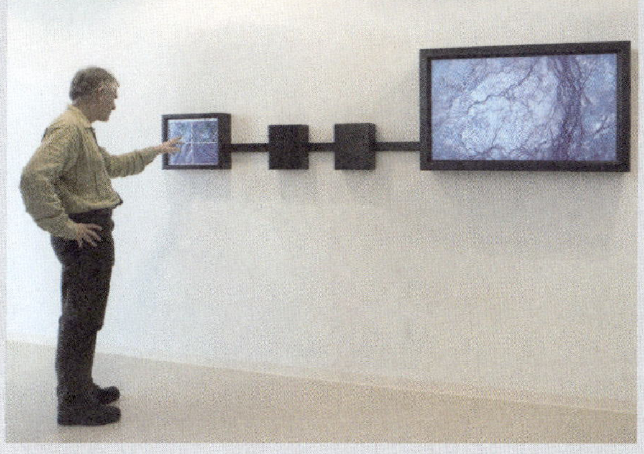

68

66　《自上而下 自下而上》，2012 年
由乌特勒支中央博物馆委托制作
800 公斤蜂蜡，4 台铝制滴灌机，电子器件，加热部件

67–68　《电子演化文化》，2006 年
用于 Mac OSX 的软件，视频投影

的构图，不断创造出新的颜色、形式和结构。由此产生的有序的混乱让人联想到云、真菌生长、动物组织或卫星地图的景观。

作品《维多利亚植物标本馆》（*Herbarium Vivum*，2013 年）和《蔬菜收藏》（*Vegetable Collections*，1994—2011 年）都直接使用了自然材料，展示了植物的形态，并突出了我们习惯于误解它们的方式。《维多利亚植物标本馆》将草本植物的生长限制在两个维度上，这与

69

作为植物生命形式研究记录的传统标本馆如出一辙。这些不幸的草本植物所经历的极端条件类似于定期对农作物进行的测试，目的是分离出有利的特性。《蔬菜收藏》也是起源于一种挑战认知的类似愿望。在这件由多个部分组成的作品中，艺术家们发现并拍摄了植物形态变化的实例，这些变化可能看似奇特，但实际上是大自然通过多样性确保生存的一种手段。考虑到这些事情在当代消费者看来是多么奇怪，我们可能会问：还有哪些自然奇观是我们可能会习惯性地以厌恶的态度去看待的，而且，这样又会让我们付出什么潜在的代价？

70

69　《蔬菜收藏》中的《第 15 号陈列品》，2011 年
27 份彩绘石膏辣椒的复印件

70　《蔬菜收藏》中的《第 9 号陈列品》，1997 年
32 份彩绘胡萝卜的复印件

71　《维多利亚植物标本馆》，2013 年
在框架内栽培的芥末、黄瓜、玉米、琉璃苣、马齿苋、西红柿、烟草、土豆

HERBARIUM 8 VIVUM
HERBARIUM VIVUM
Solanaceae
Solanum lycopersicum
Nachtschadefamilie
Tomaat

贾利拉·埃塞蒂

埃塞蒂大部分作品的出发点都反映了苏格拉底对爱的观察，正如柏拉图在《会饮篇》（*The Symposium*）中所叙述的那样，从本质上讲，人们追求的是“永恒的善”，正是通过这种冲动，无数的表达形式得以呈现。更具体地说，艺术家选择使用活体材料作为媒介，来帮助人们认识到生命的短暂性，尽管人类有一种疯狂而徒劳的冲动来抵抗失去和腐朽。由于生物技术的不断进步，特别是其隐含的要用各种方式将我们武装起来以对抗不可避免的死亡的承诺，使这种占有和失去之间的斗争性质变得复杂。生命在 35 亿年的进化过程中创造出的工具和技术似乎是无穷无尽的，但研究正在迅速解码和解释它们，从而产生了我们尚未接受的新技术。

迄今为止，艺术家最广为人知的作品是《防弹皮肤》（*Bulletproof Skin*），也被称为《2.6 g 329 m/s》（2011 年）。标题中使用的数字表示标准防弹背心可抵挡的 22 口径子弹的质量和速度。埃塞蒂通过在实验室里将人类皮肤样本与比钢铁更坚固的蜘蛛丝结合在一起，制作出了防弹材料。在荷兰生物艺术与设计奖的资助和荷兰法医基因组学协会的合作下，这位艺术家开发了一个样本，并用以不同速度发射的子弹进行了测试。该样本成功地阻止了发射时速度部分减慢的子弹，所有这些都被埃塞蒂用生动的图像拍摄了下来。除了项目的形式和技术元素外，最有趣的一点还在于人类安全工程形式的可能性。

可以看到，技术进步在加强和消除我们的安全感之间交替进行，产生了一种被媒体耸人听闻的报道放大的“鞭打效应”。《防弹皮肤》可能预示着在不久的将来，随着生物技术的发展，生物技术将为改变和增强我们的身体提供巨大的可能性。但是，在技术飞速发展的同时，我们可能需要停下来问一问它们在面对社会化功能障碍时的意义：为什么我们需要先向人们发射子弹？

在 2012 年的作品《谱写生命》（*Composing Life*）中，埃塞蒂探索了人类对时间、节奏与和谐的感知的起源。在这一作品中，她从培养的人类细胞开始，通过激光辐射脉冲监测它们在音乐环境下生长的变化。众所周知，某些类型的辐射可以对细胞生长、排列、活力和增殖产生积极的影响。在其创造的受控的环境中，这位艺术家旨在探索我们称之为“音乐”的模式是否会对与人类神经系统无关的组织产生生理影响。

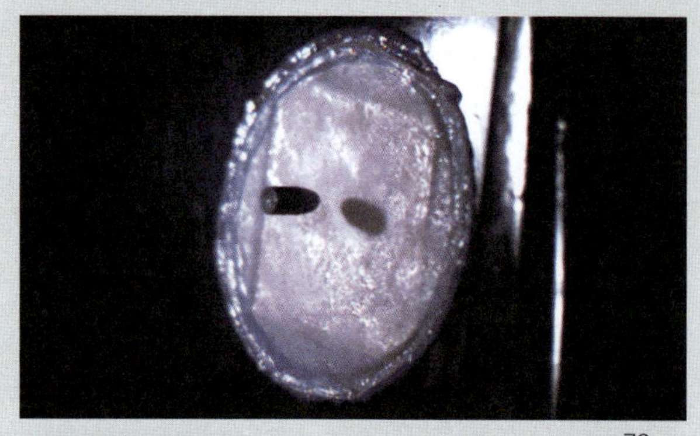

72

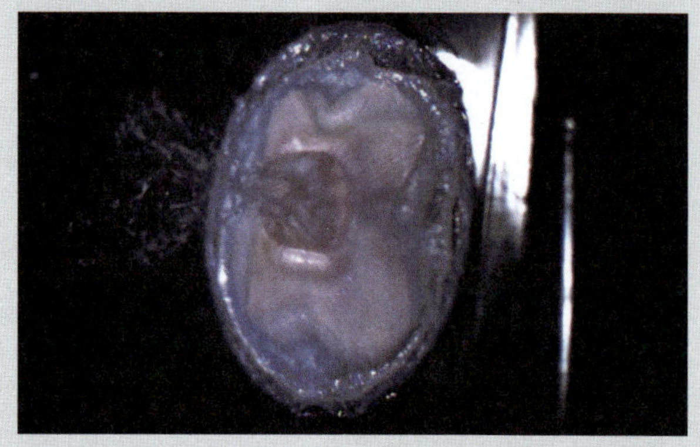

73

72–74　《防弹皮肤》或《2.6g 329m/s》，2011 年
与荷兰法医基因组学联盟、犹他州立大学、莱顿大学医学中心、荷兰法医研究所合作
由转基因山羊和蚕制成的蜘蛛丝，人类纤维细胞和角质细胞，子弹

75　《谱写生命》，2012 年
人类成纤维细胞、音乐、氩 / 氪离子激光

74

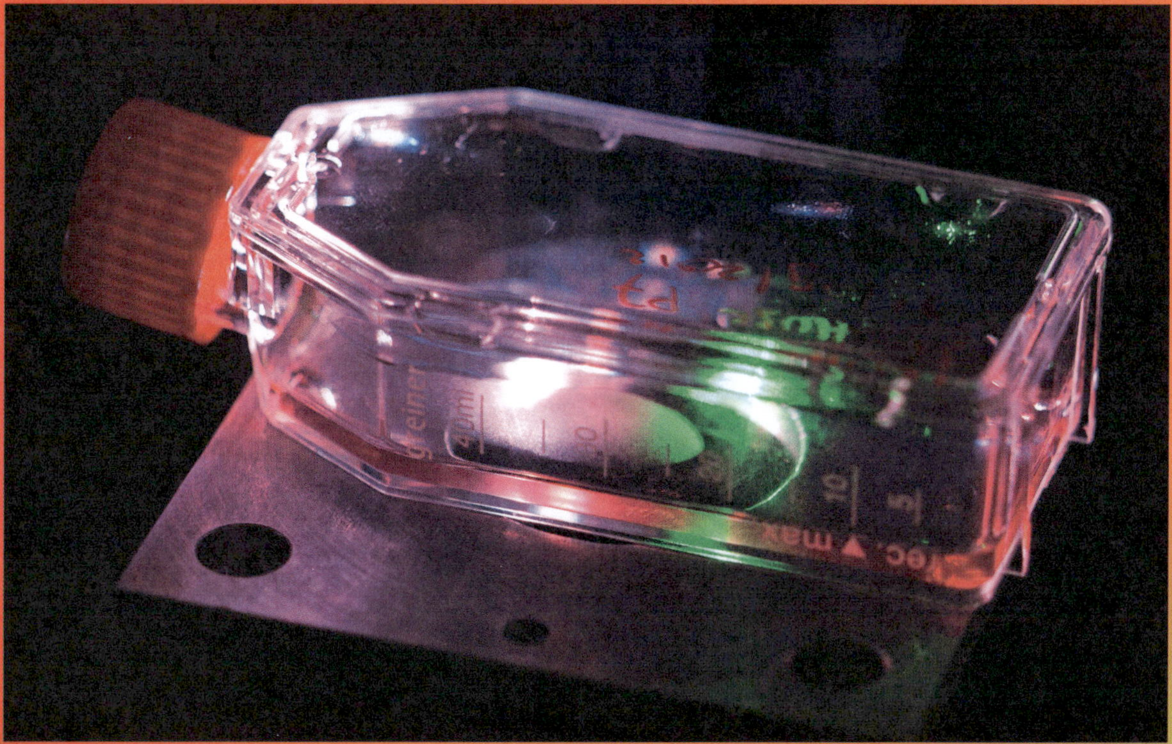

75

卡特林·舒夫

76

舒夫是一位驻柏林的传播设计师，她的工作包括个人艺术实践和商业项目。她的项目范围从书籍设计和艺术装置到为维也纳的媒体建筑双年展设计图形标识。舒夫对视觉语言的流畅驾驭，造就了其简洁明了的风格。这种对本质形式的还原倾向，反过来又成为她的艺术项目的特征，即对自然的表现。

关注景观的浪漫主义肯定了景观的美丽与危险，这也是舒夫的作品《天堂全景》（*Paradise Panorama*，2008年）的出发点。与作品主题的规模一致，这件作品由巨大的图像组成，旨在作为户外公共空间的投影幻灯片而用于展示。如浪漫主义画家卡斯帕·大卫·弗里德里希（Caspar David Friedrich）的作品，舒夫的作品中全景图的使用，展示了其通过风景唤起崇高感的尝试，但在本作中，使用了一种在技术上更新的方式，同时也借鉴了坎普美学。舒夫并没有刻意地去追求逼真的效果，而是展现她的创作过程和技巧，同时还设法传达出一种孤独与神秘的融合。即使是未经训练的眼睛也能察觉到数字操作的技巧在起着作用，但这些图像仍能作为一种符号拼贴而引发共鸣。流行文化以其独特的魔力，让我们接受了田园诗般的暗示。艺术家所说的“真实和虚拟景观的华丽图像”，反映了自然界不断变化的本质，也是我们不断定义的视觉体验，它们也确实是人工的作品。

《马乔里》（*Ma Jolie*，2010 年），也称《我的美人》，是一个从摄影研究开始的墙面装饰系列产品。这位艺术家将照片简化成剪影，并开始将它们重新排列和调整组合成一种原型。最终形成的形状让人想起 19 世纪末和 20 世纪初新艺术风格的花饰及其变体。像《天堂全景》一样，《马乔里》在一个彻底机械化和数字化的世界中传达了对自然的全新理解和对有机形态的渴望。舒夫还对她的装饰做了一些变动，加入了鲜艳的色彩，并将它们排列成幻灯片，形成了她所谓的“波普艺术表演”。

76　《天堂全景》，2008 年
数字化修改的图像，幻灯片放映

77–79　《马乔里》，2010 年
剪影、数字图像、网站展示

77

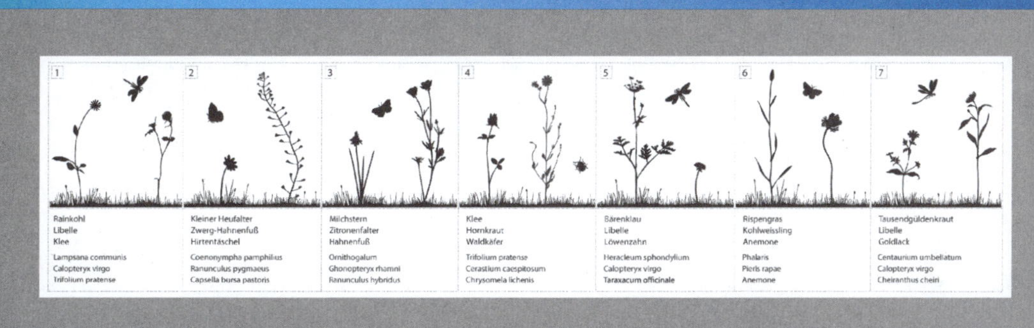
1
Rainkohl
Libelle
Klee
Lampsana communis
Calopteryx virgo
Trifolium pratense
2
Kleiner Heufalter
Zwerg-Hahnenfuß
Hirtentäschel
Coenonympha pamphilus
Ranunculus pygmaeus
Capsella bursa pastoris
3
Milchstern
Zitronenfalter
Hahnenfuß
Ornithogalum
Ghonopteryx rhamni
Ranunculus hybridus
4
Klee
Hornkraut
Waldkäfer
Trifolium pratense
Cerastium caespitosum
Chrysomela lichenis
5
Bärenklau
Libelle
Löwenzahn
Heracleum sphondylium
Calopteryx virgo
Taraxacum officinale
6
Rispengras
Kohlweissling
Anemone
Phalaris
Pieris rapae
Anemone
7
Tausendgüldenkraut
Libelle
Goldlack
Centaurium umbellatum
Calopteryx virgo
Cheiranthus cheiri
78

79

第2章

重新定义生命

乌利·韦斯特法尔（Uli Westphal）（德国）
伊夫·吉列（Yves Gellie）（法国）
亨利克·斯波勒（Henrik Spohler）（德国）
安提·莱蒂宁（Antti Laitinen）（芬兰）
朱塞佩·利卡里（Giuseppe Licari）（意大利）
BLC小组（多个国家）
斯佩拉·彼得里奇（Špela Petrič）（斯洛文尼亚）
马克·迪翁（Mark Dion）（美国）
马腾·范登·艾恩德（Maarten Vanden Eynde）（比利时）
博·查普尔（Boo Chapple）（澳大利亚）
瑞秋·苏斯曼（Rachel Sussman）（美国）
尼基·罗曼尼洛（Nikki Romanello）（美国）
玛拉·哈塞尔廷（Mara Haseltine）（美国）
亚历克西斯·洛克曼（Alexis Rockman）（美国）

生物技术改变了生物的内涵。[1]

——汉娜·兰德克（Hannah Landecker），2007年

哲学家让·鲍德里亚（Jean Baudrillard）认为，迪士尼乐园是一个独特的地方，它掩盖了整个美国实际上就是一个迪士尼乐园的事实。基于这一观点，科学历史家凯伦·A. 雷德（Karen A. Rader）写道“实验室老鼠的存在是为了掩盖人类也是老鼠这一事实”[2]，实验室的老鼠是一种生物，但也是一种研究工具和潜在商品——一种可以被购买、出售和不断重新设计的东西。随着时间的推移，这种生物工程已经在更为精细的尺度上进行，使人类不仅像实验室里的老鼠，也成为组织、干细胞和基因（所有这些都是潜在的商品）的来源。生物技术改变了生物学的含义。兰德克的说法，尽管是事实，却假定我们知道“具有生物学特征”曾经意味着什么。

事实上，关于生命 / 非生命、自然 / 非自然、商品 / 非商品的通俗概念已经困扰我们一段时间了，例如，玛丽·雪莱（Mary Shelley）于 1818 年出版的《弗兰肯斯坦》（*Frankenstein*），而专业定义的境遇也好不到哪里去。当诺贝尔奖获得者物理学家埃尔温·薛定谔（Erwin Schrödinger）在 1944 年写了一本关于生物学的畅销书《生命是什么》（*What is Life?*）时，他的问题并不是在反问。这个赤裸裸的问题看起来如此简单，几乎不会让我们产生任何的情绪波动，然而我们越是思考它，它的潜在答案就越让我们觉得矛盾、不充分和充满历史的偶然性。亚里士多德（Aristotle）眼中的生命不是圣·奥古斯丁（St. Augustine）或先知穆罕默德（Muhammad）眼中的生命，也不是沃森（Watson）和克里克（Crick）

眼中的生命。如果生命是一种流动、自我复制和意识的功能，那么机器人就是有生命的，但细胞组织培养物没有。如果生命是一种以亚里士多德的灵魂或宗教信仰者与神的联系的功能，那么机器人和细胞组织培养物都不是有生命的（除非有一个机器神……）。如果生命与产生它的非生命过程密不可分，并且当它的生命终止时，它又被分解成基本的器官，那么从某种意义上说，整个地球是有生命的吗？

我们对“生命”的定义，以及我们选择在哪里设定其边界，对法律、经济和人类文化的其他方面有着深远的影响。然而，生物技术引发的最有趣的问题不是本体论的（什么是生命？），而是伦理的：我们对生物和非生物负有什么责任？例如，你能“杀死”一个机器人，或只是破坏它，或是关闭它？在欣赏伊夫・吉列关于人形机器人的摄影杰作《人类版本》（*Human Version*，2007—2009 年）时，我们可能会回想起关于“生命起始”的确切时刻的辩论，并产生这样的疑问：在机器人被组装或创建的每个阶段，机器人专家对这些栩栩如生的智能创造物负有什么责任？《人类版本》讨论了这样一个概念，即要使某物具有生命力，它必须具有生物学意义上的“生命”。新技术及其开启的美学——或许应该说是对美学的需求——不仅迫使我们重新考虑生物和工具之间、人类和非人类之间的明确区别，而且还迫使我们承认，如果生物可以成为工具，那么也许工具也可以拥有一种生命。

回到实验室的话题，你能“杀死”一个经过抗生素处理的培养皿上培养的各种细胞吗，即使这些细胞（无论是人类的还是非人类的）都无法在培养皿之外的环境中存活？我能培养并拥有和出售你身体的组织吗？而且，正如 BLC 小组在他们的作品《共同之花 / 花之共享空间》（*Common Flowers/Flower Commons*，2012 年）——一个将转基因康乃馨“释放”到野外的项目——中提出的问题，当经过改造的、商品化的生命离开市场，再次变得“自然”时，会发生什么呢？是什么让非转基因的生命如此特别？是什么让人类的生命变得特殊，而不是一种商品或伦理工程的对象？是什么让我们的生活环境变得如此不特殊，从而可以使之商品化，即使这样的商品化实际上对我们有害？

生物艺术与生物技术和人类世的概念一同发展，以许多深刻的方式解决了这些问题。自从人类居住在洞穴以后，我们就开始创作关于人类和非人类身体的艺术，尤其是自启蒙运动以来，解剖学或医学艺术一直蓬勃发展。但生物艺术并不认为“身体”是理所当然的，正如尼基·罗曼尼洛所展示的那样，她严格地将身体融合在一起，创造出有趣的混合体，比如她的皂骨化石（《混合体》（*Anthybrids*），2013 年）和“外来化石”，或具有外星生物化学特征的奇异生物的残骸（《天体生物学》（*Astrobiology*），2013 年）。

马克·迪翁的许多独特的作品，如《恐怖库房》（*The Macabre Treasury*，2013 年），一个后现代的奇珍异宝陈列柜，也将生物和非生物混合起来，并增加了时间维度。迪翁的博物馆式装置作品把生命和非生命交织在一起，将定义生命的古老方式嵌入当代画廊中，并质疑这些空间的单一审美功能。迪翁最著名的作品《纽科姆生物馆》（*Neukom Vivarium*，2007 年），完全打破了这些区别。《纽科姆生物馆》是一根巨大的原木，在艺术空间内由一个新的初生森林或旧森林的一部分组成。各种微生物、真菌、昆虫和植物在作品里诞生、生活和死亡，参观者不得不将这些元素视为生态系统中和艺术品中的元素。

这种关于生存环境的颠覆性审美活动正在兴起。风景画、环境艺术和生态艺术当然都早于生物艺术，但是生物艺术带来了对环境的工业开发的特别忧虑。朱塞佩·利卡里的作品《注册：景观主题》（*Registered: Il Paesaggio Oggetto*，2013 年）由雕刻在托斯卡纳山丘上的注册商标符号“®”组成，该作品提出了耐人寻味的问题。这些山丘的主人是谁？有多少观众了解人类对这些山丘进行了多长时间的塑造和改造（拥有、购买和出售）？这些山丘怎么可能是“自然”的呢？还有，不管这些山丘作为自然 - 工程混合体的地位如何，我们怎么能继续盲目地购买和出售它们呢？我们怎么能把养活我们的土地仅仅当作一种产品，而不是一种塑造我们并以意想不到的方式反作用于我们的媒介呢？

利卡里的另一件场地特定的艺术作品《公共房间》（*Public Room*，2013 年），将一个画廊变成了一个城市公园，里面充满了活生生的鸟类和树木，强调了“自然”本质上的合成性质，博·查普尔的作品《绿色清洗》（*Greenwashing*，2008—2010 年）也是如此，它对一家自助洗衣店进行了充满政治色彩的外部侵入内部的处理方式。让我们调转方向，将艺术画廊带离市中心，斯佩拉·彼得里奇的《海军凝视》（*Naval Gazing*，2014 年），由一系列模块化的“海上花园”组成，还有玛拉·哈塞尔廷的《牡蛎岛》（*Oyster Island*，2010 年），一个充满活力的人工牡蛎礁，它既是艺术作品又是一种生态干预。这类新的混合艺术 / 激进主义声明作品，除去其他主题外，还强调了人类造成的生物多样性迅速丧失问题：人类世灭绝事件。

这些艺术家是历史上的例外。自从现代性诞生以来（无论你将其追溯到工业革命、第一次世界大战还是其他事件），大多数艺术家都乐于将生命视为生物学家和生物哲学家的领域。直到现在，在玛丽·雪莱的科幻小说问世近二百年以后，在艾萨克·阿西莫夫（Isaac Asimov）的科幻小说问世数十年后，在人类基因组计划和克隆羊多莉问世数年后，许多艺术家才最终转向生物技术、生态工程和其他挑战我们关于生命是什么的最基本概念的实践。正如微观物理学导致人们将生物学归为化学的一个分支，然后又归为物理学的一个分支，以及归为分子美学一样，对无视肆意破坏生物世界所带来的危险的重新内化，或许会带来一种新的美学，这种美学可能既不是“生物的”和“生态的”，也不是“技术的”，而是对所有这些生命尺度概念的某种新的融合。

生物艺术家或许正在重新定义生命，或许并没有，但他们在强调一个事实，即在他们周围，生命已经被社会重新定义，而且在很大程度上是无意识的。这些艺术家扭转了这种势态，赋予人类支配生命的强大力量（我们实际上决定了生命的界限），并在赋予这种权力的同时赋予了一种新的责任，即让人类更明智地去掌控生命。这些艺术家说，请重新定义生命，但不再只是为了短期的企业利润。

文字：怀特·马歇尔（Wythe Marschall）

1　汉娜·兰德克，《培养生命：细胞如何成为技术》（*Culturing Life: How Cells Became Technologies*），哈佛大学出版社，2007年，223-224。

2　凯伦·A. 雷德，《制造小鼠：美国生物医学研究的标准化动物，1900—1955》（*Making Mice: Standardizing Animals for American Biomedical Research, 1900—1955*），普林斯顿大学出版社，2004年，267页。

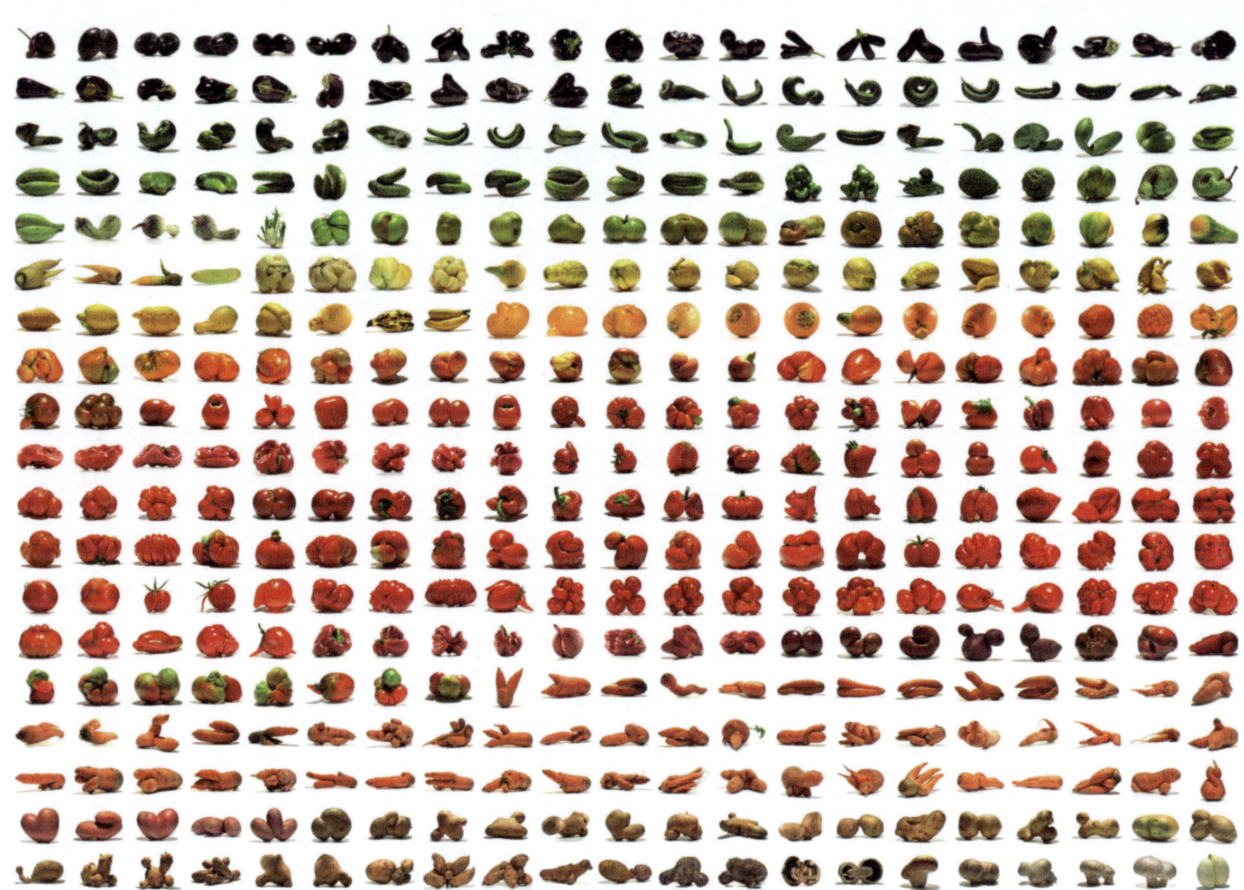

乌利·韦斯特法尔

韦斯特法尔的作品强调了我们对自然，特别是对农业的假设是荒谬的。虽然进化可能是形式和功能的最巧妙的生成器，但它当然不是一个设计过程，因为它不符合任何总体计划或理想。韦斯特法尔从这一观察出发，将突变和多形态视为确保变异和生存的基本自然机制。这些强大的力量数十亿年来一直在发挥作用，通过偶然的突变慢慢地塑造了形式，这些突变带来了微小的生存优势。但自然变异已经让位于标准化：人类将农业机械化，导致根茎、水果和蔬菜遵循一些人为设定的完美标准。我们在超市里遇到了这些被精挑细选但本质上是人造的产品，超市也许是我们与自然最后的也是最薄弱的连接点。韦斯特法尔的作品直面这些现实，因为它在思考“人类感知、描绘和改造自然世界的方式”。

《睦邻友好》（*Mutatoes*，2006 年）展示了一些生物变异“幸存者”的图像；日常块茎或真菌以大多数人无法辨认的形式出现。这些突变品种是从柏林的农贸市场收集的，并被精心地拍摄。由此产生的图像为作品主题提供了通常只用于雕塑作品或奢侈消费品的焦点和戏剧性。其达到的效果是向那些人们认为不适合在绝大多数超市中销售的地球产品表达了近乎崇拜的尊重。色彩鲜艳的曲线造型让人想起抽象表现主义的活力和独特风格，但网格和色彩光谱的有序排列赋予作品一种非常优美的、几乎工业化的品质。这种风格的融合体现了当代农业的内在矛盾，创造了一个整体性的和不可持续的设计作品。

韦斯特法尔的作品《番茄》（*Lycopersicum*，2014 年）顺理成章地延续了《睦邻友好》，其名称来自番茄物种的拉丁名。这件作品是对这种植物所能实现的惊人多样性的致敬；这种植物的正常状态是圆形和鲜红的，重约 100 克。现代农业抑制了番茄的变异和多态性，但仍有相当一部分的品种经受住了这种抑制的考验，并提供了丰富的口味、质地和颜色。从番茄植物也可以追寻历史的变迁轨迹：它在中美洲被广泛使用，接着可能在 16 世纪被埃尔南·科尔特斯（Hernán Cortés）带到欧洲，那里的地中海土壤很适合它们迅速生长。在随后的几个世纪里，它慢慢地从观赏植物转变为食品原料。19 世纪中叶，随着农业机械化和大规模生产的普及，人们发现的一种全红和同步成熟的番茄品种开始占据主要地位，从此，番茄开始向我们今天所熟知的统一品种发展。如今，随着厨师和园丁对稀有品种以及这种曾经被称为“金苹果”的番茄的原有色泽、风味和触觉需求的日益增长，《番茄》正迎来一场复兴。

《超自然》（*Supernatural*，2010 年）将食品包装图像中人工描绘的自然景象融合在一起，然后将其呈现为一个荒谬的微缩模型。这些理想化的、孤立的且多重的形式产生了一种令人不适的效果，它提醒我们，我们随身携带的图像，我们声称要珍视和保护的自然世界的表现，实际上可能是愤世嫉俗的谎言。而这又会如何影响我们对环境的理解呢？包装设计师为我们的良知提供了一种安慰，让我们想到一群快乐的奶牛和比例匀称的鸡在干净和郁郁葱葱的草地上的场景，而不是黑暗的现实。我们看待自然的这种方式也是《奇玛拉玛》（*Chimaerama*，2004 年）的主题，这件作品是对扭曲的另一种思考。为了这幅作品，艺术家收集了一百多幅维多利亚时代的动物插图，他将这些插图切割成三段，然后摆放它们的头部和身体，让每个头和每个身体相匹配，每个身体和每个尾巴相匹配。通过三个开关，单个片段可以重新组合成无数种新的生物。

1　《睦邻友好》，2006 年
数码照片

2

2　《番茄 III》（栽培品种系列的一部分），2014 年
照片安装在 3 毫米厚的铝塑板上，密封在 2 毫米厚的丙烯酸玻璃下

3　《当前版本》（*Current Version*）（《奇玛拉玛》第 9 号），2014 年
HTML/jQuery，3 通道互动视频循环

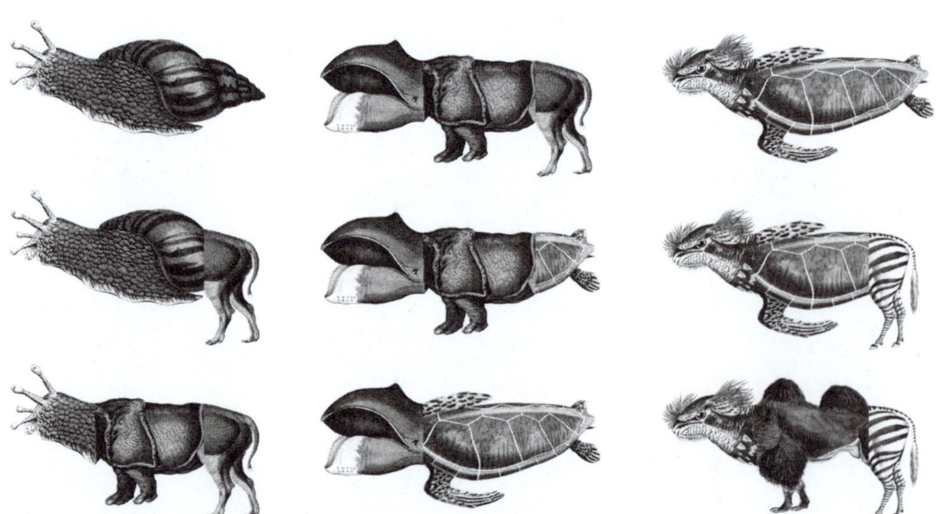

3

4

5

6

4–6　《超自然》中的内托（Netto）、阿尔迪（Aldi）和艾伯森（Albertsons）的透视画，2010 年
木材、荧光灯、玻璃、铝、背光胶片上的颜料墨水

伊夫·吉列

吉列作为一名拥有二十多年工作经验的摄影记者，拍摄了关于归属、争端和友好的场景。他在发展中国家花费了大量时间，记录了索马里战争和哥伦比亚可卡因生产等事件中不断上演的人间戏剧。他最近的关注点是将纪录片与当代艺术相融合。他经常设法拍摄稀松平常的环境，如教室、社区浴室或工厂车间，并赋予它们一种似乎永恒的感觉：我们看到的是几千年来一直重复的人、行为和环境。从这个意义上来说，吉列在字面上构建了一个抽象的框架，并以无可挑剔的技术执行力将其呈现给我们。其产生的结果是富有诗意和吸引力的。然而，这位艺术家的其他作品在融入不熟悉的事物时，呈现出一种引人深思的新的维度，因为他的主题传达了一种平凡但又令人不安的真实。

这一怪诞的思路出现在艺术家的系列作品《鹿的跟踪》（*Deer Stalking*，2011 年）中，该作品大量记录了苏格兰北部私人庄园里的狩猎聚会，那里的庄园主保留了数千公顷的土地用于猎鹿。吉列总共拍摄了 15 幅生动的场面，描绘了狩猎过程中不同阶段的群体，这些场景与附近城堡墙壁上的艺术品相呼应。在原始的风景和庄严的人物中间，狩猎的暴力似乎也是宁静的一部分，是与生俱来的，也是不可避免的。

只要我们能将一片土地作为血腥游戏的场地，我们就会满怀爱意地保护它，这难道是人类的本性吗？但这些人对他们的行为既没有恶意也没有喜悦；他们似乎更像是在举行一种仪式，并在付出相当大的努力后获得了神圣的平静。

在《人类版本》（2007—2009 年）系列作品中，关于人性和新兴非自然的建议得到了重视，为此，摄影师周游世界，捕捉实验室中研究人形机器人的情景。在这里，平凡与深刻交织在一起：成捆的电缆，杂乱无章的工作站，日常的装饰围绕着可能是探索人类未来的实验。在我们这个时代，自动化的兴起，特别是学习机器的兴起，正在颠覆我们对职业生涯的期望，这一点已经得到了充分的证明。在这个系列中，我们将直面新兴机器人技术惊人的逼真性，以及它对如何不仅仅是取代工人而且还可能取代我们的恋人和朋友的逻辑暗示。如果我们能设计出一个更高级的生命，我们为什么不希望它陪伴我们呢？这不正充分体现了我们人类的自私天性的最高程度，或是逻辑上的必然结论吗？机器人可能标志着人类的傲慢，它是人类最新的救世主，也可能是人类的替代者。吉列捕捉到了这些存在所代表的令人兴奋但又令人不安的现实，他说：“我们既着迷又恐惧。”

7

7-8　《鹿的跟踪》，2011 年
兰姆达印刷品

9

9–10　《人类版本》，2007—2009 年
兰姆达印刷品

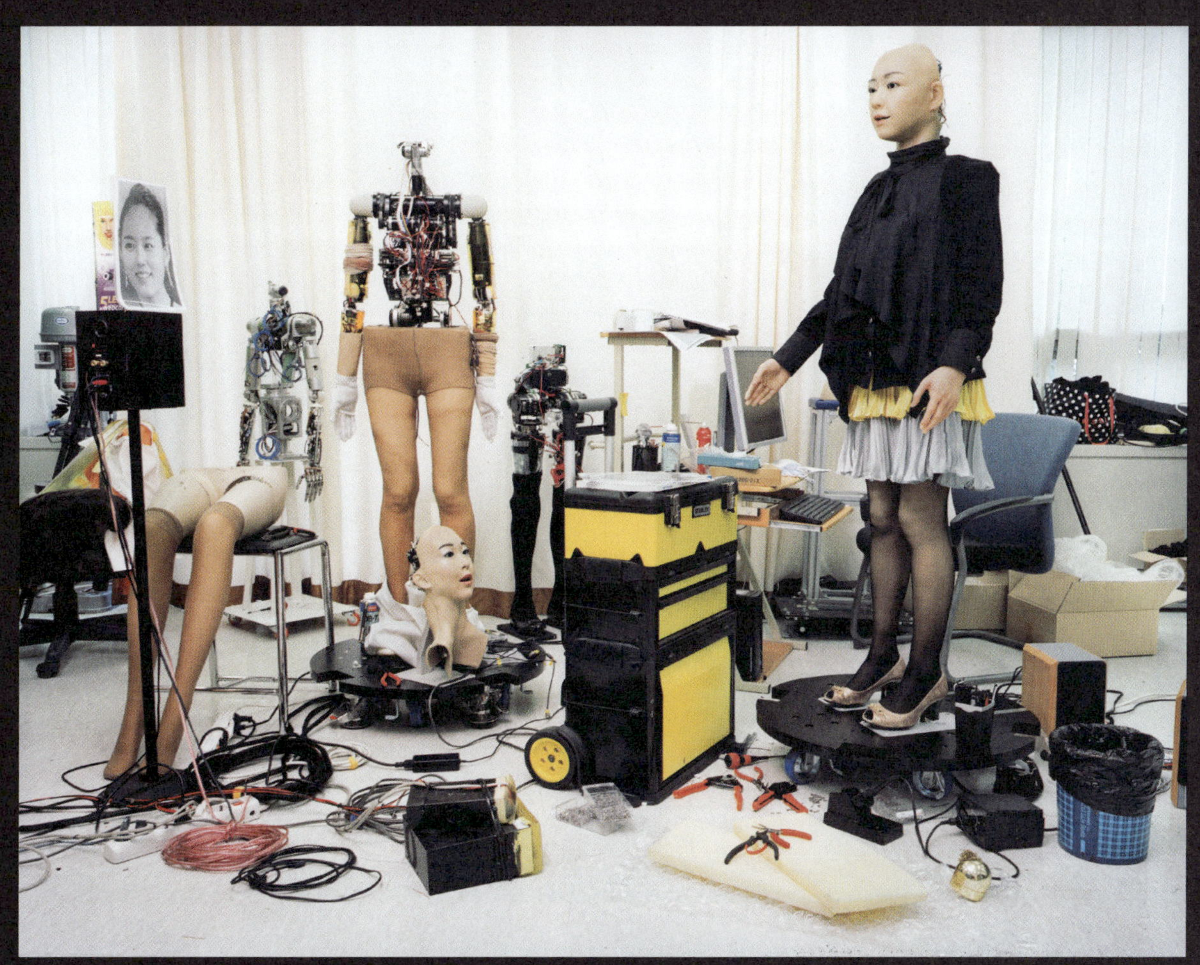

亨利克·斯波勒

12

11　《其间》，2014 年
摄影、书籍、展览

12–13　《0/1 数据流》，2001 年
摄影、书籍、展览

斯波勒以宏大的尺度拍摄了人类机械工程和有机种植的图像。他的照片中蕴含的静谧与构图平衡，掩盖了其主题的加速发展和雄心壮志：全球经济组织的构件。在作品《其间》（*In Between*，2014 年）中，服务器室的冷酷精密，机械化温室中的基因工程作物，以及像沉积物一样排列的海运集装箱，既清楚又抽象，既让人熟悉又毫无特色，而且总是没有人的身影。这种空虚反映了当代商业基础交易中的人性缺失；死气沉沉的血液几乎瞬间便注入并涌出世界的每一个角落。有意思的是，艺术家引用了同为摄影师的 F. C. 冈德拉克（F. C. Gundlach）的话："荒谬的是，人类正在自我毁灭。"的确，那些可能被视为人类或自然的东西，似乎正在逐渐地被这些美丽而黑暗的图像记录所取代。

《全球灵魂》（*Global Soul*，2001 年）记录了现代制造业的无处不在和其存在的独特方式——既无所不在又无处可寻，其机械美学如此完整，以至于没有明确的文化线索。这一系列在不同地点拍摄的 41 张图片是关于纯粹的生产的档案，没有为任何为人类的尺度、温情或连通性而设计的冲动。这些图像勾勒出的模糊和简明的场所显然是没有灵魂的。尽管如此，这些工厂的碎片也可以被解读为人类智慧和努力的见证。它们是由技术力量引导的理性的、奇特而矛盾的胜利。

技术成就的主题在《0/1 数据流》（*0/1 Dataflow*，2001 年）中体现得更加明显，这是一系列服务器中心和用于数据处理的标准化控制室的图像。这样的地方在三十年前根本不存在，然而现在它们就像几千年来的道路一样普遍并且不可或缺。这种无声的结构通常是不易被察觉的，但像大脑一样蕴含着数十亿比特的信息。尽管这是人类的伟大创造，但其在很大程度上是为了日常而存在；正如这位艺术家所写的，它们用于"支付六双网球袜的费用……或者发送一份中高级德语的学期论文——谁知道呢？"也许这些技术进步在本质上使机器更像人类，更好地反映了真正消耗人类思维的东西：平庸。

《第三日》（*The Third Day*，2013 年）呈现了美国、西班牙和荷兰等地大规模农业经营的画面，它们将科技与有机体最为直接地联系在一起。其中包括转基因作物，以及用于监测和测试它们合适属性的设施。在这里，人们，或者说至少是他们推动的经济力量，被视为扮演了创造者的角色。"第三日"引用《创世纪》中的一段话："上帝说，让大地生出草木，草木结出种子，果树结出果子，果子又包裹着果核，万事就是如此。"图像中有机物质的自然变化和不对称性与它们在理性、标准的重复中的刻意安排形成对比。这种效果让观众感到困惑，因为他们看到的是一个由生物和非生物力量组成的令人着迷的矩阵，这些力量为了一个单一的目的而汇聚在一个工厂里。

14–15　《第三日》，2013 年
摄影、书籍、展览

14

15

安提・莱蒂宁

16

16–17 《这是我的岛》，2007 年
视频，C 型印刷品

“我为自己建了一个岛。”

莱蒂宁将他的作品描述为古代斯巴达人可能回忆起的一场战斗。然而，他简洁优雅的言辞和对表演的细致记录，只暗示了过程中的大量劳动。汗水、失误和对表演的调整是显而易见的，也是他们雄心壮志的必然成果。通过我们富有想象力的同理心，我们可以看到、嗅到和听到艺术家在荒野中砍伐树木、游泳、挖掘或挨饿。与一些最复杂的行为艺术作品一样，我们被邀请去观摩艺术家的沉思。随之而来的形式是对行为本身的微弱呼应，并且由于它与我们这个时代的文化破坏有关，而具有了更进一步的意义。莱蒂宁的作品反映了当代关于景观、气候、身份和消费的思考的状况。这位艺术家展现出的自信令人印象深刻，这源于同为行为艺术家的玛丽娜・阿布拉莫维奇（Marina Abramović）宣言中所体现的那种自我肯定，“我非常相信行为表演的力量，我不想说服别人。”

在《这是我的岛》（*It's My Island*，2007 年）中，莱蒂宁亲手用沙袋建造了一个岛。纪实照片显示，这位艺术家坚定地拖着沙袋，坐在它的中心，旁边似乎有一棵树。艺术家创造的微型国度可以从以下几个方面来看待：每个艺术家最终都必须创造的美学宇宙；对当代边界或岛屿控制权争议的荒谬的评论；甚至是对即将到来的未来的反思，其中海平面的上升将我们困在一个荒凉和松软的沙漠中。这个小人国岛在云雾、海浪和阳光中的意象也可能会使我们想起虚无主义的绘画，因为它们象征着人类努力的徒劳和大自然的冷漠。类似的主题也出现在《咆哮者》（*Growler*，

18

19

2009年）中，艺术家在冬天为该作品保存了7立方米的冰块，将其装在一个泡沫盒里，然后在夏天到来时带着它去旅行。当莱蒂宁划船将冰块带到海上时，冰块很快就融化了，然后轻柔地与环境重新融合。在这种毫无意义地让冰块在水中溶解的想法中，黑色幽默和荒谬相互碰撞，随着气候迅速变暖和冰盖融化，我们每天都在大规模和集体性地参与着这种活动。

《森林广场》（*Forest Square*）是艺术家为2013年威尼斯双年展创作的作品，其中包括从他家乡芬兰100平方米的森林中收集的木材。这片景观被移除和解构，并被精心分类整理成包括苔藓、土壤、松果以及不同尺寸、种类和颜色的木材在内的组成部分。这些元素在双年展上被重建成一个二维的方形组合，覆盖了与材料收集区域相同的区域；有点像皮特·蒙德里安（Piet Mondrian）的木雕画。这件作品散发着芬兰景观的浓郁气味和触感，当然，它的去情境化被夸大到了荒谬的程度。其结果是将三维土地描绘为二维视觉体验，同时批判了将自然转化为文化的行为，并对原始材料进行了虔诚颂扬。

20

18–20　《森林广场》，2013年
C型印刷品，录像，各种材料

21–22　《咆哮者》，2009年
视频，C型印刷品

21

22

朱塞佩·利卡里

“……气场存在时艺术就存在，而艺术只有在与气场同时存在之时才存在。”

利卡里构建的情境和环境，既与观众积极互动，又依赖观众来完成它们。他遵循的形式被称为“社会实践”，这是一种创造体验和可以促进社会交换的手段。对利卡里而言，这意味着可以在画廊内、人行道上或托斯卡纳如画的风景中进行干预，每一次干预都会打破参观者对特定空间的期望，包括这些空间是如何被拥有、改变和控制的。因此，利卡里的作品很难在其实际存在之外进行复制或描述，即其“气场”存在的时间和地点是很难复制的。

作为一名关注人类互动和观念变化的艺术家，利卡里展示了放大的或非自然的户外空间，以引发人们的回应。《注册：景观主题》（2013 年）是作为“流体物质项目”的一部分而创作的，利卡里为此进行了为期一年的现场的干预，旨在探讨意大利自然景观是如何被发展和农业所影响的。这件作品被雕刻在托斯卡纳锡耶纳周围的山上，参加了卡斯蒂利翁切洛·德尔特罗（Castiglioncello del Trinoro）的 Per Aspera ad Astra 艺术节，此后成为当地人和好奇游客的关注焦点。它以一个雕刻在土地上的“注册”符号 ® 为特色，迫使观众去思考“拥有”自然景观之美的含义，并思考这些美丽的地方是如何被商品化的。这种观念暗示着未来将会有更多的生物都被注册和为人所拥有，这也可能凸显出一个人们尚缺乏了解的问题，即许多人们认为是自然的景观实际上是无数代人刻意干预的结果。

《公共房间》（2013 年）是利卡里的另一件唤起人们对自然景观关注的作品，这一次他将观众带入室内。一个传统的白色立方体画廊，这是一个具有排他性的领域，被改造成一个拥有青草、泥土、野餐桌、树木、鸟儿和蝴蝶的公园。该装置还用于举办各种活动，讨论城市发展和生态的各个方面。观众坐在草地上用手机聊天，品尝葡萄酒和卡布奇诺，将室内私人空间“公共化”。《公共房间》打破了艺术界和画廊展览的惯例；观众不再安静地站在一片干净整洁和几何图形的空间中，而是冒着衣服被弄脏的风险，孩子们在泥土中玩耍，审美体验在一定程度上取决于与其他“公园”游客交谈的质量。利卡里作品的每一次迭代都会产生不同的效果，其结果都是不同的。观众决定他们自己的参与程度。通过这种方式，艺术有意向所有参与者开放，在共融中创造作品的意义。

23

23　《注册：景观主题》，2013 年
奥尔恰谷（Val d'Orcia）的耕地

文字：茱莉娅·邦坦

24

25

24–25 《公共房间》，2013 年
塑料箔、胶带、木屑、土壤、草、
树、鸟、蝴蝶、长凳、野餐桌

26

27

26–27 《共同之花 / 花之共享空间》，2012 年
转基因康乃馨
康乃馨、植物培养工具

28 《未知之地》，2008 年
福原志保，得到伦敦 Ambient.Vista 艺术家驻地项目的支持
装置包括视频和照片

BLC小组

福原志保（Shiho Fukuhara）
乔治·特雷梅尔（Georg Tremmel）
尤溪（Yuki Yoashioka）
菲利普·博英（Philipp Boeing）

28

BLC 小组是一个合作性组织，旨在创建一个“艺术研究框架”，探索快速发展的生物技术背后的社会影响。它的活动融合了干预、社会黑客行为和基础研究。其项目以许多文化中熟悉的媒介为基础，如鲜花、文身、水、酒和废弃物。BLC 小组的工作通常具有明确和紧迫的关联性问题，例如生物剽窃、遗传信息的所有权、北太平洋塑料废物环流的威胁，或者传统信仰体系与科学方法之间的紧张关系。他们的探索成果有助于阐明我们这个时代正在发生的重要文化变迁的各个层面。艺术家在不同文化中生活的一系列经历及其在艺术表现技巧和基础科学研究方面的熟练掌握，也为他们的研究提供了便利。

作品《共同之花 / 花之共享空间》（2012 年）是对第一种商业化转基因花的颠覆性回应，这种花是由芙莱吉恩（Florigene）有限公司利用矮牵牛花的遗传物质开发的蓝色月尘康乃馨。这些植物在哥伦比亚种植，然后在日本饮料公司三得利的管理下，作为切花被运往全球各地的市场。他们使用植物组织培养方法种植并在技术上克隆出新花朵，使用厨房日常用具和可轻松从超市购买到的材料盗用了专利生物，据此 BLC 小组颠覆了这两家公司控制此类改良物种的意图。

艺术家们指出，这些植物被官方认为是“无害的”，因此他们将这些植物投放到环境中。通过将这些花引入当地环境，该作品提出了与遗传物质有关的知识产权法的现状，以及生物盗版可能产生的影响等问题。与此相关的作品《共同之花 / 修正液》（*Common Flowers / White Out*，2013 年）对同样的蓝色月尘康乃馨进行了干预：他们使用一种被称为 RNA 干扰（RNAi）的方法，引入了一种本质上“不开放”的遗传密码，以阻断矮牵牛花基因编码与其颜色相关的特定蛋白质，使康乃馨恢复到其最初的白色形态。就像在打字机时代用修正液涂抹一样，它可以掩盖和覆盖错误，这种干预在技术上似乎不够优雅，但它提出了关于自然性和真实性的基本问题：一旦被改造，花朵还能再次变得“自然”吗？我们如何看待隐藏在下面的错误或损伤呢？

《未知之地》（*Parts Unknown*，2008 年）是一个充满诗意而又令人不安的视频作品，主要由展示水中塑料垃圾的一组镜头以及关于北太平洋环流的旁白组成，作品将其描述为一个新的国度。它的“移民”是来自各个国家的塑料废弃物，它们融合在一起，分裂并重组为一个无声但又危险的群体，其面积比美国还要大得多。这个环流是这些“难民”经历了数百万年旅程的终点，它们从植物性物质转变为石油，再到塑料制品，最终成为常见的废物。就像艾玛·拉扎勒斯（Emma Lazarus）刻在纽约自由女神像底座上的那首诗一样，若隐若现的环流发出邀请：“把海岸上那些无家可归的暴风雨中的弃儿送到我这里来。”正如艺术家所称的“新亚特兰蒂斯”，这的确是一个灯塔，但不是希望或庇护所的象征；相反，这个环流代表着“从全球消费者单一文化中创造出一种新的聚合性自然”。

斯佩拉·彼得里奇

29

彼得里奇的作品突出了人类傲慢的维度，并挑战了传统的寻求真理、解决问题和与自然相关的过程。这位艺术家的实践植根于其作为一名科学家的训练，除了学习哲学和艺术史外，她还取得了生物化学的博士学位。因此，彼得里奇利用她对实验室规划和当代科学实践现实的熟悉，以及随之而来的出版或盈利的压力，将其作为更广泛的知识建设过程中的一部分。其结果是，这些作品既高度情境化，又具有批判性，对于科学家而言，这些作品是严谨的，但又被个人立场所复杂化，同时内化了艺术和科学的冲动。这位艺术家嘲讽我们对科技的崇拜和无力拯救自然的尝试——她为植物提出了性玩具，并通过将水产养殖作为殖民主义的类比，揭示了人类在追求征服海洋的最后一块未受干扰的生物学飞地时所穿的荒谬伪装。正如这位艺术家所说："克服人类中心主义是徒劳的终极实践，却能富有成效地产生挑战西方世界观的观念。"

乍一看，《太阳能位移》(*Solar Displacement*，2013年）似乎阐释了浮士德式的交易，即当代生活强加给人们的压力，迫使人们在昼夜节律之外保持清醒、礼貌和高效。艺术家将这种冲突描述为文化规范和生物学之间的"持续谈判"。在这项研究中，老鼠作为人类受试者的替代品，被暴露在由人类受试者日常生活中携带的传感器所决定的光照亮度水平下。结果，被密切观察的老鼠的昼夜节律发生了变化，它们随后被转向使用兴奋剂，社会行为也发生了变化。但这位艺术家解释说，这件作品并不是一种关于对更"自然"生活的浪漫向往。相反，它凸显了我们的有机适应性与我们快速社会进步的"时差"，但这是人类进化旅程中的一个演化步骤，是通往"下一个版本人类"过程中的一个阶段。

《PSX 咨询公司》(*PSX Consultancy*，2014 年）提出应该为植物设计性玩具，为静默的开花物种提供性治疗服务。这是对科学家、艺术家和设计师关于我们如何"为"其他物种思考并相信我们有能力知道它们"想要"什么的许多工作假设的荒诞控诉。该作品作为卢布尔雅那 BIO 50 设计双年展的产品，其背景使得幽默感更加复杂。合作团队成员包括林培英（Pei-Ying Lin）、迪米特罗斯·斯塔马蒂斯（Dimitros Stamatis）和雅斯米娜·韦斯（Jasmina Weiss），他们不断被认真地问到，他们的想法是否可以应用于拯救濒危物种。

彼得里奇在艺术家与荷兰皇家海洋研究所（NIOZ）合作的项目《海军凝视》（2014 年）中，进一步研究了非

人类的功利主义对象的悖论。这个作品设计了一个类似风车的结构，被投放到北海；其附加装置的四面体形状旨在捕捉风力，并推动它沿着一条平缓但不可预测的路径前进。最终，这件作品会积累海洋植物、双壳类动物以及其他决定在此安家的生物，到那时，新生物的重量将使其下沉。这件作品与荷兰海军历史、殖民主义以及利用风车筑堤“造田”有着密切的联系。基于一家研究水产养殖（海洋养殖）研究机构的背景，该作品有助于提出这样一个问题：“人类能否理解对人类非功利性的结构和过程的投资？”

Sarracenia

The Picther Plant's Food and Sex Pest

Sarracenia purpurea

PLANT STATEMENT

"Like our plant nature, we don't hunt, it's too much trouble. We seduce."

THE PROBLEM

"When we flower, and bear seeds, most efforts will be put into reproduction, while other parts of our body won't be our priority. In my case, I won't be able to digest as well as I normally do, since all my efforts are put into sex. Also, the bugs that pollinate me mustn't get trapped by the pitchers. I need a strategy to maintain resources and attract the pollinators to the flower."

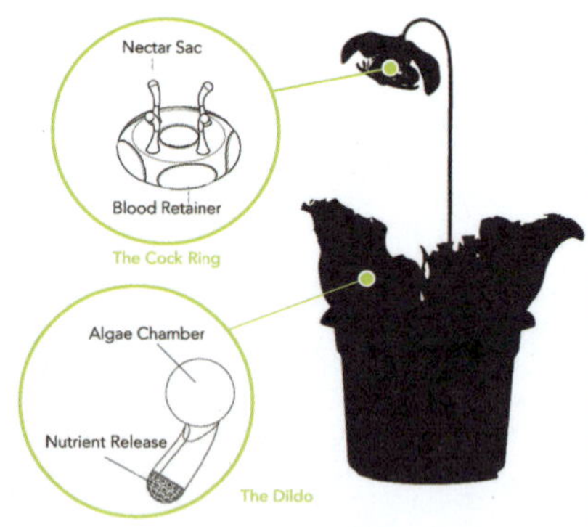

THE SOLUTION

The pitchers are supplemented with an augmentation, which provides an alternative food source that's generated by algae through photosynthesis. The structure containing algae directly blocks Sarracenia's mouth to avoid it from eating pollinators. An additional augmentation on the flower carries sacs with blood to attract mosquitoes and nectar to attract the bees, drawing them away from the pitchers.

29　《太阳能位移》，2013 年
木材、有机玻璃、开源电子原型平台 Arduino、树莓派、LED 灯、热像仪、压电传感器、实验用鼠、安卓手机应用程序

30-31　《PSX 咨询公司》，2014 年
与林培英、迪米特罗斯・斯塔马蒂斯和雅斯米娜・韦斯合作
三维打印、玻璃、数码打印、石竹、紫云英、姜荷花、苘麻、仙客来、美人蕉等

32　《海军凝视》，2014 年
与荷兰皇家海洋研究所合作，由荷兰卫生研究与发展组织 ZonMW 的生物艺术和设计奖资助
铝、PVC 塑料、渔网、海藻、莼菜、其他海洋生物

马克·迪翁

迪翁在艺术和科学的交叉领域工作了二十多年，致力于探索公众对自然的看法。在这个过程中，他创作了一系列广泛的作品，这些作品经常挑战人们构建自然知识的机制：他曾经将一棵树置于“生命维持”状态，让它缓缓地进入来世。那棵西部铁杉，是艺术家著名的作品之一《纽科姆生物馆》的焦点。1996 年，迪翁和他的团队在西雅图郊外发现了这棵 60 英尺（约 18.3 米）高的树，它已经倒下了，奄奄一息。11 年后，《纽科姆生物馆》成为西雅图奥林匹克雕塑公园的永久性户外装置，在那里，一个专门建造的综合体保持着空气、水和土壤，使生命能够在其周围生长。迪翁在人工环境中为这棵树建造了一个类似于临终关怀的家，以说明人类无论拥有多少资源或技能，都无法成功地复制一个自然系统。他建造了他所说的“失败之作”，以激发人们讨论这些荒野及其退化（如西部铁杉的原始家园）代表着什么。

迪翁的大部分作品旨在发起对话，并阐明科学知识的积累与公众理解之间的鸿沟。与此同时，他开始质疑科学的权威作用和惯例，他在他的几部作品中模拟了这一点，这些作品以传统的博物馆形式排列和展示了看似自然的人工制品。但我们可以察觉到一些不对劲的地方，这些改动被推到了最重要的位置，正如他在《三亿年的飞行》（*300 Million Years of Flight*，2012 年）和装置作品《恐怖库房》（2013 年）中看到的那样。通过在纽约现代艺术博物馆（MoMA）、伦敦泰特美术馆（Tate Gallery）和迈阿密艺术博物馆（Miami Art Museum）等场所展出他的作品，这位艺术家有意识地接触广泛的观众，试图解决他所认为的“信息鸿沟”，即公众和科学家之间的脱节。科学家们经常避开聚光灯，结果，公众几乎没有办法获得必要的信息，从而无法与自然界互动，做出积极有效的决策。迪翁为此哀叹，但他也在作品中利用了这一差距，使他在原本严肃的话题中找到幽默与讽刺。从本质上讲，这些作品通过描述人类经验的共同目标将科学和艺术结合起来。

迪翁 2012 年的装置作品《巢穴》（*Den*）是他在追溯过去的艺术家和探险家的足迹时创作的。该作品引用了 19 世纪初挪威浪漫主义风景画家克里斯蒂安·达尔（Christian Dahl）的旅程。达尔经常探索未被开发的土地，并于 1825 年开始认真地寻找棕熊。迪翁以一种强调变化与不变的方式回顾了这一活动。《巢穴》坐落在挪威的国家旅游路线上，它展示了一只在人类垃圾堆上冬眠的熊。那些陈旧过时的技术产品——维京人的古董和熊用来做床的日常家居用品——暗示着这样一种观点：从人类寿命的角度来看待自然过程是远远不够的，并且对自然世界是一种伤害。迪翁的作品暗示了荒野无处不在，无论我们人类如何看待它的发展。冬眠的熊正在沉睡，它最终会以其他的自然循环的方式醒来。无论是否有人类的参与，它们都将继续繁荣发展。

通过利用艺术和科学作为表达媒介的优势，迪翁适当地运用了科学方法论的某些方面，并且以易于接受的形式和环境来展示它们。这位艺术家认为科学是一个动态的和进化的过程，它植根于知识的产生本身就是一个目标的信念。但是，社会渴望确定性和真相，这是危险的；科学及其所有验证过程似乎都不情愿提供这些要素。就像他探索的其他方面一样，迪翁遇到了这个潜在的障碍。从本质上讲，艺术家通过弥合理解和感知的鸿沟来推进他的实践。

文字：玛丽亚姆·阿尔达希

33　《三亿年的飞行》，2012 年
纸上丝印

34

35

36

34–36　《恐怖库房》，2013 年
荷兰梦之城（Het Domein）博物馆的装置
混合媒体

37　《纽科姆生物馆》，2007 年
西雅图奥林匹克雕塑公园的永久装置
混合媒体

38　《巢穴》，2012 年
挪威旅游路线计划的永久装置
混合媒体

37

38

MUSEUM OF FORGOTTEN HISTORY

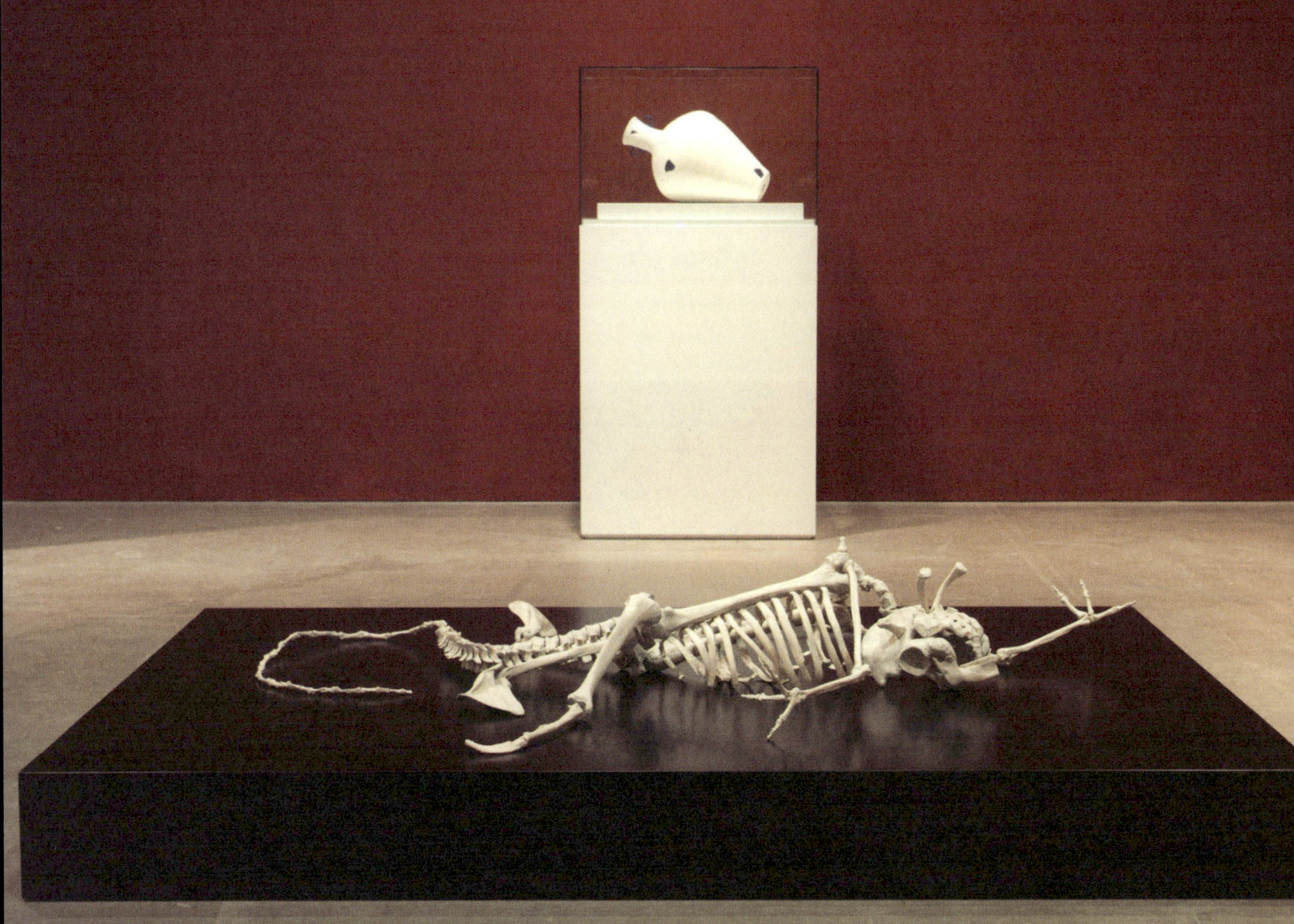

马腾・范登・艾恩德

范登・艾恩德的作品包括雕塑、故事、表演、装置和视频，这些作品经常通过被改变的过去来展示可能的未来。他利用进化论、地质年代和神话创造等概念，聚焦于当下独特且经常令人不安的现实。然而，这位艺术家避免进行道德评判，他更感兴趣的是文明独特成果的永恒性。范登・艾恩德说他的意图是“让时钟停止，并试图解开时间的过程和结果”。在一件作品中，这位艺术家闯入了罗马的一个考古遗址，把一个宜家的茶杯埋在那里，等待后人发现；这一举动比乍看起来更有先见之明。目前，宜家目录是世界上每年复制量众多的文本之一，自2001年以来，它的年印刷量一直都超过《圣经》。在未来几千年后的博物馆里，这家瑞典家具制造商设计的文物一定会非常丰富。

在作品《愚蠢的智人》（*Homo Stupidus Stupidus*，2009年）中，范登・艾恩德无视人体解剖学的知识，重新组装了一具人体骨骼，由此创造出一只看起来巨大的硬化的蜥蜴。它作为“被遗忘的历史博物馆”的一部分，在比利时根特大学考古学和人类学系的多米尼加图书馆展出。这个图书馆收藏了大量的旧书和绝版书，并将其陈列在玻璃后面，可以说是对无法接触到的知识的展示和保存。信息的保护与失真，以及何为持久、何为短暂，都在这副骨架中被具体化了。它就像一个手工制作的进化过程，无法被证明，但可能对未来的历史学家有用，他们将会“回顾过去以发现未来”。

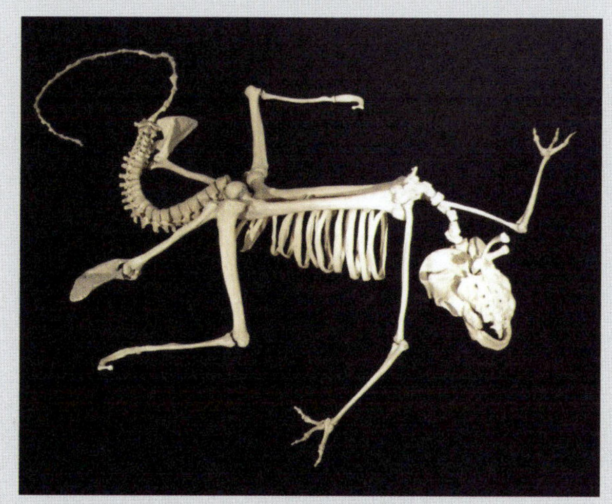

40

39–40 《愚蠢的智人》，2009年
呈现在“被遗忘的历史博物馆 ”的装置中，2011年
混合媒体，包括人体骨架

《油峰》（*Oil Peak*，2006—2013年）由一系列沥青雕塑组成，这些雕塑经过熔化和塑形后看起来像是从地下涌出的石油。在它的便携版本中，它从一个容器中喷涌而出，这是一个普通的作为底座或花盆的桶，这让它看起来像一种植物。这些凝固的发亮的黑色液体被放置在地面上，看起来像是临时的神龛或供人膜拜的小型纪念碑。它们精致而诱人，但又有点令人不安。考虑到未来珍贵化石燃料可能会变得稀缺，对于晚期资本主义信徒而言，《油峰》可能代表着一个田园诗般的地方：一个象征着希望、财富和廉价燃料的石油间歇泉。

范登・艾恩德在他的著作中引用了米歇尔・福柯（Michel Foucault）关于认识论的概念：每个时代都带有某些认识论的假设，这些假设决定了科学话语的领域，并为思想设定了界限。我们可能会认为艺术家的作品就是为了被误读而创作的，这种或任何其他可能的解释或启示都会随着时间的推移而消失，让位于一种新的意义。但也许时间的存在并不比意义更稳定；正如圣奥古斯丁在4世纪的《忏悔录》（*Confessions*），中所写的那样：“我们不能真正地说时间存在，除非它趋向于不存在。”

41 《油峰》，2006—2013 年
沥青、金属

42 《P.O.P. / 便携式石油峰值》，2010 年
沥青、金属

41

博 · 查普尔

43

44

查普尔的艺术作品难以被简单地分类或总结，其作品类型涵盖视频装置、现场表演、声音、雕塑和绘画等多种形式。其媒介、主题和技法的选择就像艺术家生动的散文一样欢快地跳跃，但在查普尔对因循守旧而产生的荒谬批评立场中，可以发现一个统一的主题。通常情况下，这些作品通过放大消费的现实、品位的随意性、气候危机和市场资本主义在全球根深蒂固的主导地位，揭示和陶醉于荒谬之中。

《绿色清洗》（2008—2010 年）的场景设定于“自动清洁的城市圣地”——自助洗衣店。在这里，植物被洗涤，洗衣机也被清洁。这些行为源于这样的观察：这些机器将清洗变得仪式化和自动化，从而满足了我们对掌控和卫生的癖好。清除污垢不仅仅是为了保持清洁，也是更新过程中的必要步骤，它能促进进一步的消费，同时也是一种心理上的净化。用艺术家的话说，有助于维持“我们是独立个体的错觉……这样，我们就没有必要参与我们与物质世界互动的结果”。这种对消费的自我欺骗的当代反思也出现在《整体包装》（*The Whole Package*，2014 年）中，这是一系列探索“本体论营销”或包装信息的图像，为购买者提供了积极的身份认同感。

《白色覆盖》（*WhiteOut*，2009—2013 年）也有类似的表演性元素，并通过消费来免罪。在这件作品中，查普尔设计了一系列白色的帽子，以回应在全球范围内应对气候变化的荒谬的建议：将地球的大部分覆盖在白色中，以反射太阳的光线。因此，时尚配饰和负责任的行动主义以一种愚蠢的方式结合在一起，它与许多真正的产品营销一样有着令人不安的相似性，让人咬牙切齿。通过我们对幽默的理解，我们有效地卷入了这部作品所呈现的批判中。

查普尔 2009 年的作品《消费品》（*Consumables*），通过物品和文字对一个手机兼具食物功能的世界进行了详尽的叙述。艺术家认为，这种结合将是非常实用的，可以为污水增加价值，使穷人可以从污水中开采零件，并催生全新的产业和更多的消费，因为人们每周都会吃掉旧手机并购买新手机。在这种推测的愿景背后是一个令人震惊的现实：如今被丢弃的手机可能会成为导致人们遭受巨大痛苦的来源，因为人们试图从这些手机中榨取价值。成千上万的工人手工拆解旧手机，以提取其中微量的有价值的材料，在这个过程中，他们暴露在危险的毒素中。

查普尔的作品最近发生了一种引人入胜的转变，即关注新兴的表观遗传学领域（研究影响基因表达的因素）。

45

这个角色以受雇派发促销样品的销售人员为原型，活泼、热情且略带天真。

她携带一个与她的帽子相配的白色小册子样品盒，穿着整洁而休闲。

白帽子（样品派送员）

46

这个角色是教会中的一位女性，贞洁，衣着传统。

“让世界末日降临在自作自受的罪人身上吧。我们应该相信上帝会拯救正直的人，而不是像白帽子这样轻浮的时尚。”

黑帽子（凉鞋）

47

43-44　《绿色清洗》，2008—2010 年
视频

45-47　《白色覆盖》，2009—2013 年
混合媒体

48

最近发现，人类的基因可以受到外部刺激的影响，从而产生对几代人有着重大影响的效应。举例来说，一个人经历的战争或饥荒等创伤可能会以某种方式影响他们的基因，并将其传递给后代。在《继承的沉思》（*Meditations on Inheritance*，2014 年）中，查普尔一直在创作图像，并开始撰写反乌托邦的故事，捕捉表现遗传学的重要性：

> “欧洲将开展一场公共卫生运动，劝告妇女不要与肥胖的男性生育，因为父亲不良饮食习惯的负面影响可能会遗传给后代，并给公共卫生系统带来过重的负担。在美国，有几个州将推出立法，要求妇女在购买酒类时出示身份证，以证明自己年满 55 岁……有些人会争辩说，任何被发现饮食不健康的人都应该受到起诉，但玉米糖浆行业的游说者将占上风。”

48-49　《消费品》，2009 年
混合媒体

50　《整体包装》，2014 年
混合媒体，包括产品包装

49

I COULD
A PERFECT SQU
CHICKENS WHO ARE ALLOWED TO
ACT LIKE PIGS & COWS
YUMMMM
EVERY MORNING
CARNITAS
BUT WITHOUT CHIPS, HOW WOULD WE EAT SALSA?
SO INCONSEQUENTIAL.
GOOD FOR THE ENVIRON-
MENT
THERE WOULD BE LESS WAR?
IT'S WORTH A SHIT
BEANS
CHILI SALSA
TOMATILLO
MORE BURRITOS
GOOD IDEAS
HANGING
OTHER COWS
BURRITO EVER
ADOBO

瑞秋·苏斯曼

文明正在使自己陷入一种病态的短视状态……需要对这种短视进行某种平衡纠正——某种鼓励人们从长计议和承担长期责任的机制或神话，其中的“长期”至少以世纪为单位。

——斯特沃特·布兰德（Stewart Brand）

长远未来基金会（The Long Now Foundation）

1998 年

La Llareta #0308-23B26 (Up to 3,000 years old; Atacama Desert, Chile)

51

苏斯曼的作品创造了她所描述的过程、主题和未来之间的“时间张力”。在她最具影响力的作品《世界上最古老的生物》(*The Oldest Living Things In The World*, 2004 年) 中，收集了 2000 多年前的生物体肖像。艺术家前往世界各地拜访这些“幸存物种”，然后用胶片和手动相机拍摄它们，这一过程使得图像制作的动作变得更缓慢和深思熟虑。得益于与科学家的合作以及生命科学研究的稳步发展，这项工作成为可能，而生命科学研究正在开发更可靠的年代测定技术。苏斯曼也遵循浪漫主义的传统，在气候危机的时代，颂扬尚未被破坏的荒野之美。

拍摄自公元前就存在的生物体，有助于为人类取得的成就提供新的视角。我们可以看到南非的一棵树，它在罗马帝国灭亡和人类基因组测序期间都存在。我们怎能忽视一万年前云杉见证了人类将第一颗种子播撒在土地上，并开始了新石器时代的革命呢？值得注意的是，由于人类对气候的影响，这种位于瑞典西部山地高原上的云杉正在迅速退化。这位艺术家自称为环保活动家，并对她的创作对象深表关切，她曾多次回到她的创作对象身边，目睹它们明显的衰败。在一个特殊的例子中，位于佛罗里达州朗伍德的一棵有 3500 年历史的树，是世界上最古老的池柏，也曾经是塞米诺尔美洲原住民的地标，它在 2012 年不幸被一个年轻吸毒者纵火焚毁，现在已经成为现代生物废墟。

苏斯曼在她的职业生涯中，花费十多年的时间致力于寻找和拍摄这些脆弱的古老幸存者。这促使这位艺术家环游世界，在夏威夷、格陵兰岛、南极洲、斯里兰卡、新西兰和日本等地停留。她作品中的技术细节，结合构图平衡和主题的戏剧性，与 19 世纪由托马斯·科尔（Thomas Cole）和弗雷德里克·埃德温·丘奇（Frederic Edwin Church）等艺术家领导的哈德逊河画派的作品有相似之处。我们可以像欣赏科尔的《帝国的进程》（*The Course of Empire*，1833—1836 年）一样，看到苏斯曼对消失物种的记录，其中帝国的田园阶段最终让位于毁灭和荒凉。我们目前的帝国或世界秩序有可能将同样崩溃，但这可能是环境恶化而非战争的结果；最古老的生命形式的消失很可能是毁灭的预兆。理查德·米斯拉赫（Richard Misrach）的项目《石化美国》（*Petrochemical America*，2012 年）记录了密西西比河沿岸石化生产的遗留问题，苏斯曼以诱人但哀伤的美感传达了一个不详的信息，即历史即将迎来黑暗转折点。

Stromatolites #1211-0512 (2,000-3,000 years old; Carbla Station, Western Australia)

52

51　《拉雷塔 #0308-23B26》（*La Llareta #0308-23B26*），2008 年
摘自《世界上最古老的生物》（2004 年）
有 3000 年历史；智利，阿塔卡马沙漠
用中画幅底片制作的档案级颜料印刷品

52　《叠层石 #1211-0512》（*Stromatolites #1211-0512*），2011 年
摘自《世界上最古老的生物》（2004 年）
2000—3000 年的历史；西澳大利亚，卡布拉车站
用中画幅底片制作的档案级颜料印刷品

53

54

尼基·罗曼尼洛

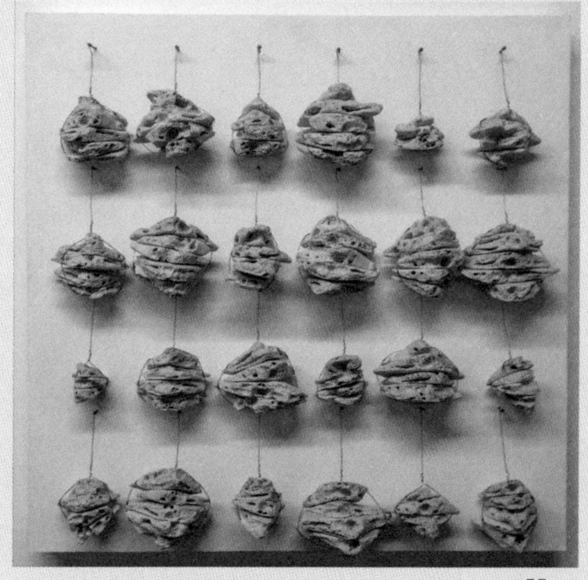

55

53　《天体生物学》中的第 2 号化石，2013 年
铋和阴模铸造

54　《混合体》，2013 年
透明甘油皂和铝

55　《阿波利纳里斯·托利（沙币）》，2012 年
腐蚀的沙币和铁丝

罗曼尼洛的作品基于进化、衰变和石化的概念。它通过展望未来和回顾过去的时间，来评价人类对地球及其物种的影响：不同的历史和可能的未来。这位艺术家的作品表达了她小时候在得克萨斯州达拉斯收集动物骨骼的热情，并将这种动手的好奇心转化为当代雕塑实践。罗曼尼洛在进行艺术学习的同时，还在实验室工作，这让她同时进入了科学和艺术的世界。

艺术家的大体量作品《混合体》（2013 年）由混合动物骨骼组成。这些雕刻的骨头展示了可能存在的动物和尚未出现的动物。它们被浇铸在甘油皂中，这种媒介像幽灵一样，向那些永远不适应进化的动物致敬，其不稳定的状态与面临灭绝的真实的动物遥相呼应。这些甘油骨骼被放置在漂浮的铝制展示架上，让人联想到实验室的检查台，供人们检查、欣赏和哀悼。一看到《混合体》，人们就会感到惊奇，并留下许多疑问：这种动物活着的时候会是什么样子？它的行为举止如何？而且，据美国国家海洋服务局估计，我们对世界海洋的探索还不到 5%，那么在我们的星球上还有多少新物种有待发现？在像《阿波利纳里斯·托利（沙币）》（*Apollinaris Tholi (Sand Dollars)*，2012 年）这样的研究中，我们得以一窥这个相对知名的海胆家族中的变异是如何导致其形态与我们的预期截然不同的。

艺术家最近的系列作品《天体生物学》（2013 年），仰望天空，寻找邻近行星的生命痕迹。在她描绘的尚未被访问的行星场景立体模型中，我们看到了生物发光真菌、新矿物和陆生化石。《天体生物学》为我们人类的太空探索描绘了一个乐观的未来，在这个场景中，我们实现了最尖端的科学技术的梦想，并发现了看起来与我们自己惊人相似的外星动物化石。

罗曼尼洛的作品提供了另外一种历史，并展望了我们的未来，她强调了自然和人为压力对生命的影响，并帮助我们更清楚地看到我们在塑造这些压力中的作用。进而，她提出了一个紧迫的问题：我们是否希望最终在其他星球上找到生命？如果发现我们在宇宙中并不孤单，那将是一种既谦卑又极具启示性的令人不安的体验；当然，这将使太空探索重新成为国际优先事项。然而，我们能确定我们发现的生命最终不会成为我们已灭绝物种化石收藏的一部分吗？

文字：茱莉娅·邦坦

玛拉·哈塞尔廷

哈塞尔廷主要从事雕塑和电影创作，她宣称自己的出发点是“我们的生物和文化进化之间的联系”。当然，这种联系存在问题，因为文化发展在很大程度上意味着对其他物种及其栖息地的破坏。哈塞尔廷在保留希望和幽默感的同时，将这种关系的各个方面和它对人类迫在眉睫的后果形象化和戏剧化。她将自己的审美描述为有点像“蒂姆·伯顿（Tim Burton）和亚历山大·麦昆（Alexander McQueen）的混合”。除了物品和媒体的制作，哈塞尔廷还是海洋栖息地恢复的积极倡导者，也是地质疗法研究所（Geotherapy Institute）的创始人，这是一个社区组织，旨在促进对生态环境产生有积极影响的艺术创作。

《牡蛎岛：未来水生生物的潜水基质》（*Oyster Island: A Submersible Substrate for Future Aquatic Life*，2010 年）（以下简称《牡蛎岛》）对纽约港曾经茂密肥沃的牡蛎礁的消失发出感叹。这个漂浮装置由瓷器、大理石和彩色玻璃制成，既是对全天然礁石修复方法的展示，也是一种可视化手段，有助于向纽约当地观众传达这样的信息：这种努力并不复杂，也不会造成破坏。作品的各个部分都经过精心设计，以便它们可以安全和永久地沉入港口，作为牡蛎幼虫附着、生长、成熟和繁衍新一代的立足点。牡蛎被生物学家称为“基石物种”，这意味着它们产生了许多其他物种，并为它们提供了栖息地。与此同时，牡蛎在进食的同时还能清洁水质，减缓海洋酸化，这是一个由碳排放而引起的日益严重的问题。事实上，很少有物种能释放出如此良性的环境效益循环，这加剧了它们在世界各地河口数量不断减少的悲剧。

哈塞尔廷 2013 年的作品《波希米亚人：濒危海洋的肖像》（*La Bohème: Portrait of Our Oceans in Peril*）（以下简称《波希米亚人》）源于在“塔拉海洋”号双桅帆船上进行的实践研究。这位艺术家在许多地方提取了密布浮游生物的海水样本，并发现每一个样本都含有不幸的生物体，这些生物体与光降解的塑料碎片缠绕在一起。与《牡蛎岛》一样，艺术家在这里回应了一个令人担忧的环境问题：浮游生物提供了地球上大约一半的氧气，这是几乎所有海洋生物的基础。在《波希米亚人》中，哈塞尔廷将这些微小的生物体转化为玻璃雕塑，在塑料碎片的怀抱中纠缠不清。它们的悲剧性结合，以及延伸到人类与海洋生物的结合，唤起了一部凄凉的歌剧，该作品的标题和相关表演强化了这一想法。强烈的歌剧式悲鸣的另一个源头可能来自艺术家自己与海洋的关系：对重病爱人的深情。

56

56 《牡蛎岛：未来水生生物的潜水基质》，2010 年
碎大理石、金属、太阳能电池板、玻璃、铸瓷牡蛎壳、筏子

57 《波希米亚人：濒危海洋的肖像》第二部分（2013）
手工吹制的注铀玻璃、金属树脂

亚历克西斯·洛克曼

在 9595 年，我有些怀疑人类是否还能存在，
他（人类）已经拿走了这个古老地球所能给予的
一切，却没有回报任何东西。
——《在2525年》，扎格和埃文斯，1969年

洛克曼的作品清晰地向广大观众表达了自己的观点，展示出易懂和生动的图像，提出了紧迫的主题。这位艺术家从许多方面汲取灵感，尤其是自然历史、科幻电影，以及 19 世纪和 20 世纪初的绘画，包括哈德逊河画派和超现实主义的作品。洛克曼认为他的作品是波普艺术，他利用自然历史元素作为图像，为它们注入了戏剧性和精心平衡的构图。这位艺术家最有力的作品预示着一个昏暗而无法辨识的未来，其特点是进化的奇异转变、生态毁灭和人类的消失。总而言之，洛克曼为我们描绘了文明走向灾难的轨迹。

作品《布朗克斯动物园》（*Bronx Zoo*，2013 年）是环境退化和人类浪费行为的戏剧性象征。其中所展示的动物都是濒危物种的代表；用艺术家的话来说，这是“人类世难民的清单”。空啤酒瓶、购物车、动物园的废墟和远处曼哈顿的天际线，都毫无疑问地暗示着人类帝国的衰落正在迫近。洛克曼通过细致的研究来支撑他的作品：这幅逼真的动物画作附带一个关键说明，标注了所描绘的不幸物种的名字。

《农场》（*Farm*，2000 年）描绘了 21 世纪因基因改造而被扩大的生产活动，这种生产结果是怪异的物种。DNA、选择性育种和细胞分裂的符号被强烈地印在构图中，辅以卡通色彩和形状的动物。这种效果类似于萨尔瓦多·达利或伊夫·唐吉的作品，他们都将形式、灯光和视角的真实性与浮夸的滑稽性融合在一起。在这幅画完成后的几年里，基因改造与新的育种技术相结合，使《农场》中所描述的一些怪胎成为现实，动物被扭曲变形，还创造出了像水母一样会发光的金鱼等宠物。

《霜冻》（*Hoarfrost*，2014 年）的标题指的是露珠微妙而短暂地形成冰晶的过程。这是一种瞬息即逝的自然之美，与洛克曼画作中人类主体的脆弱宁静相映成趣。这幅作品描绘了一幅由漠不关心的滑冰者和风车组成的风景画，而潜伏在表面之下的威胁性生物则与早期尼德兰画家耶罗尼米斯·博什（Hieronymus Bosch）的独特作品相呼应，后者借助对幻想生物的描绘来评论道德、宗教和来世。然而，洛克曼的动机并非如此，他的热情和创造力旨在让人类意识到，他们面临着环境保护和毁灭之间的选择。

58–59　《布朗克斯动物园》，2013 年
木板上的油画和醇酸树脂
2.1 米 × 4.3 米

58

Bronx Zoo

1. Sumatran Orangutan (Pongo abelii)
2. Panda (Ailuropoda melanoleuca)
3. Polar Bear (Ursus maritimus)
4. Roseate Spoonbill (Platalea ajaja)
5. Proboscis Monkey (Nasalis larvatus)
6. Black-and-white ruffed lemur (Varecia variegata)
7. Tamarin (Saguinus bicolor)
8. Fire Ant (Solenopsis invicta buren)
9. Marabou Stork (Leptoptilos crumeniferus)
10. Virginia Opossum (Didelphis virginian)
11. Feral Cat (Felis catus)
12. Dog (Canis lupus familiaris)
13. Norway Rat (Rattus norvegicus)
14. Hyacinth Macaw (Anodorhynchus hyacinthinus)
15. Sulphur-Crested Cockatoo (Cacatua galerita)
16. Snow leopard (Panthera uncia)
17. Grévy's Zebra (Equus grevyi)
18. Silverback Gorilla (Beringei beringei)
19. Monk Parakeet (Myiopsitta monachus)
20. Ailanthus
21. Ring Neck Pheasant (Phasianus colchicus)
22. Hippopotamus (Hippopotamus amphibius)
23. Chinese Alligator (Alligator sinensis)
24. Indian Elephant (Elephas maximus indicus)
25. Okapi (Okapia johnstoni)
26. Bee Eater (Merops sp)
27. Tibetan Antelope (Pantholops hodgsonii)
28. Red Bird-of-Paradise (Paradisaea rubra)
29. Ioiwi (Vestiaria coccinea)
30. Chestnut-Mandibled Toucan (Ramphastos ambiguus swainsonii)
31. Green Bee-Eater (Merops orientalis)
32. Banded Mongoose (Mungos mungo)
33. Japanese Giant Salamander (Andrias japonicus)
34. Ploughshare Tortoise (Astrochelys yniphora)
35. Bengal Tiger (Panthera tigris tigris)
36. Pine Barrens Tree Frog (Hyla andersonii)
37. Hula Painted Frog (Discoglossus nigriventer)
38. Table Mountain Ghost Frog (Heleophryne rosei)
39. Blue Poison Dart Frog (Dendrobates azureus)
40. Harlequin Mantella (Mantella cowani)
41. Lehmann's Poison Frog (Oophaga lehmanni)
42. Panamanian Golden Frog (Atelopus zeteki)
43. Southern Corroboree Frog (Pseudophryne corroboree)
44. Splendid Leaf frog (Cruziohyla calcarifer)
45. Golden Mantella (Mantella aurantiaca)
46. Harlequin Frog (Atelopus chiriquiensis)
47. Tacaruna Atelopus
48. Purple Gallinule (Porphyrio martinicus)
49. Tiger Mosquito (Stegomyia albopicta)
50. Dragonfly (Anisoptera sp)
51. Green Bottle Fly (Calliphora vomitoria)
52. Greater Flamingo (Phoenicopterus roseus)
53. Indian Rhinoceros (Rhinoceros unicornis)
54. Common Dandelion (Taraxacum officinale)
55. Kudzu (Pueraria lobata)
56. Phragmites (Phragmites australis)
57. Poison Ivy (Toxicodendron radicans)
58. Goldenrod (Asteraceae sp)
59. Purple Thistle (Cirsium)
60. Lionsmane Jellyfish (Cyanea capillata)
61. Beroe's comb Jelly (Beroe cucumis)
62. Atlantic Sea Nettle (Chrysaora quinquecirrha)
63. Cannonball Jellyfish (Stompolophus meleagris)

59

60

60　《农场》，2000 年
木板上的油画和丙烯酸
2.4 米 × 3 米

61　《霜冻》，2014 年
木板上的油和醇酸树脂
1.4 米 × 1.1 米

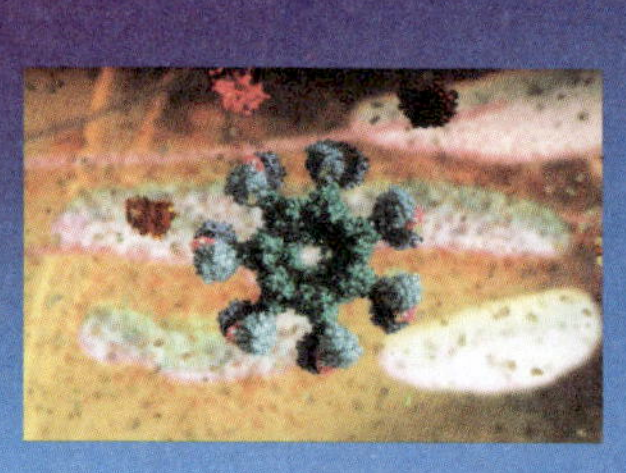

SUSANA
MIKE

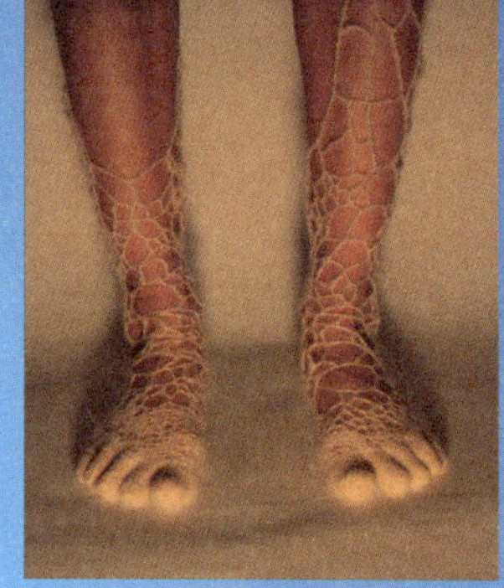

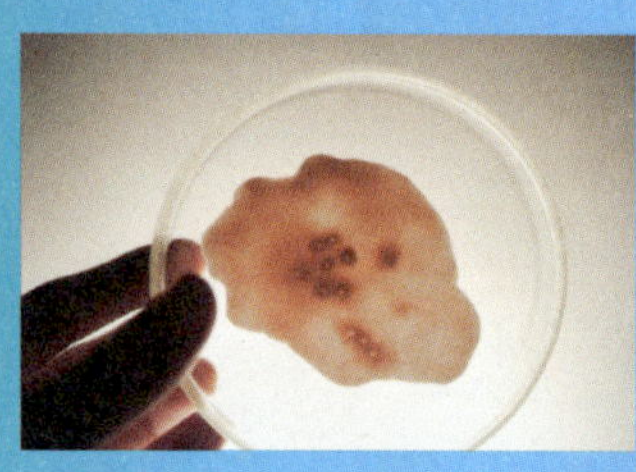
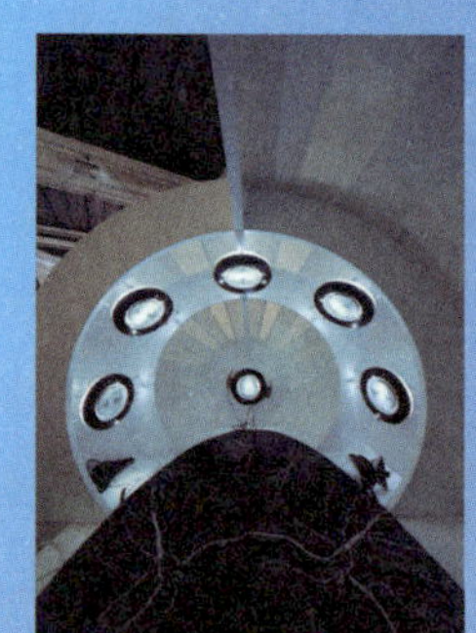
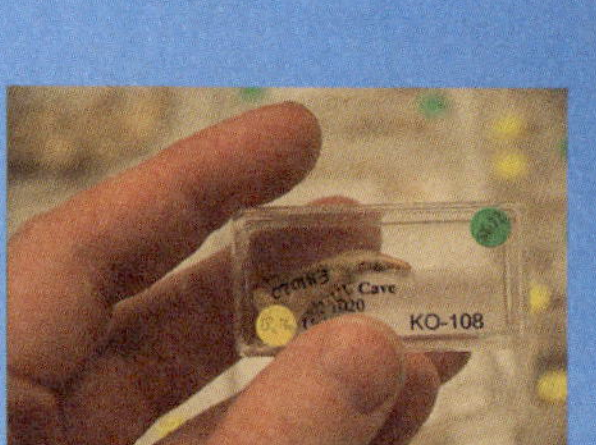
KO-108
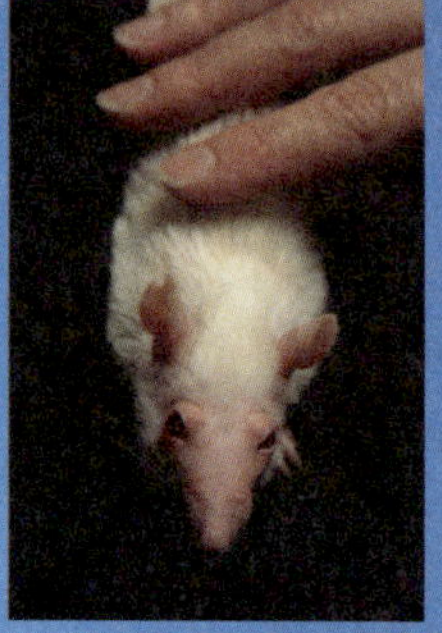
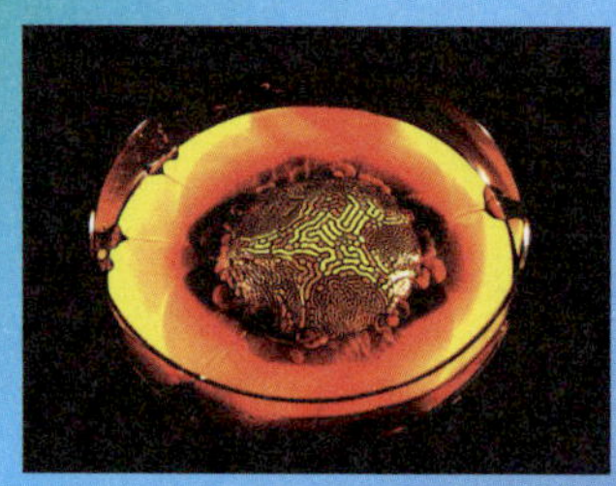
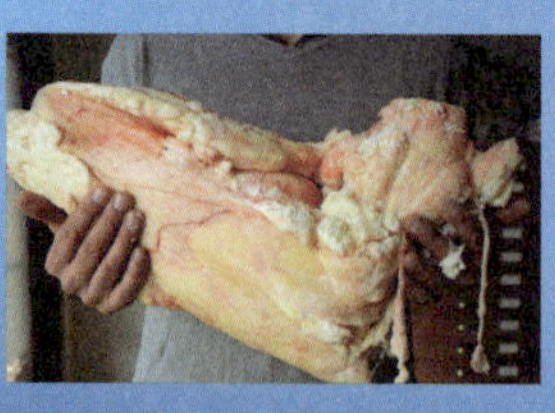

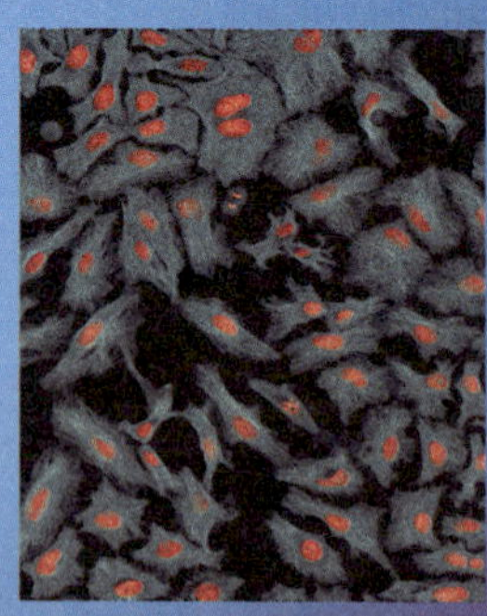

第3章

规模和范围的可视化

思想对撞机（Thought Collider）［麦克·汤普森（Mike Thompson）和苏珊娜·卡马拉·莱雷特（Susana Cámara Leret）］（英国和西班牙）

萨沙·斯帕查尔（Saša Spačal）（斯洛文尼亚）

希瑟·杜威-哈格伯格（Heather Dewey-Hagborg）（美国）

德鲁·贝里（Drew Berry）（澳大利亚）

生物可视化（Bio Visualizations）（美国）

索尼娅·博伊梅尔（Sonja Bäumel）（澳大利亚）

希瑟·巴尼特（Heather Barnett）（英国）

林培英（Pei-Ying Lin）（中国台湾）

凯西·海（Kathy High）（美国）

盖尔·怀特（Gail Wight）（美国）

朱利安·沃斯-安德烈（Julian Voss-Andreae）（德国）

罗比·安森·邓肯（Robbie Anson Duncan）（英国）

根据定义，艺术是一种人类学的实践……艺术家的作用是揭开文化中尚未被阐明的密码……寻找已知但尚未被理解的新形式[1]

——苏珊 · 希勒，1996年

最近的研究和新兴技术越来越多地结合起来，将资料数据转化为经验。仅仅观察、确认、反思和存档已经不够了；21 世纪的信息在瞬间与世界各地的其他数据和计算系统共享、标记和集成。暂且不谈这种变化背后的主要驱动力——数据的商业化，我们可以看到，新的翻译工具为艺术家提供了重要的机会，让他们去实验、学习和设计新的审美体验。这样的艺术作品可以帮助人们打开感知的大门，照亮新的思考和感受方式。

人类的感官限制是恒定的，但也越来越易变了。从古老的图解式地图到从太空拍摄的第一张地球照片，可视化一直是最直接和最引人瞩目的转译形式。充满力量的图像通过使我们无法期望以其他方式去体验的东西变得清晰，扩展了我们对存在的理解。这是一项古老的美术任务，但随着显微镜、遗传分析与合成、生物建模、天文分析和算法渲染等领域的进步，这项任务具有了新的潜力。这些应用程序为我们提供了一种手段，使科学发现具有了学术界和实验室之外的与广大公众相关的意义。

1966 年，年轻的斯图尔特·布兰德开始制作印有“为什么我们还没有见过一张整个地球的照片”字样的纽扣。布兰德热衷于观察文化潮流，并出版了《全球目录》（*Whole Earth Catalog*）。1968 年，阿波罗 8 号宇航员拍摄的地球从月球表面升起的照片——这是人类历史上非常知名和被广泛复制的照片之一——可能已经回答了这个问题，但更重要的是，它激发了数十亿人对人类脆弱而宏伟家园的不同思考。我们被邀请去思考“我们都坐在虚空中的一个蓝色圆点上”，这既美丽又恐怖。阿波罗 8 号的图像被广泛地认为在接下来的几十年里引导了我们的集体思考，并最终让我们采取了保护环境的行动。

今天，艺术家们正在努力绘制下一张具有类似影响力的图像，这很可能是对太阳系外新发现的行星的精确描绘。这一任务面临诸多挑战，包括缺乏有用的数据或图像作为起点。然而，随着开普勒空间观测站和其他仪器不断发现新的系外行星（太阳系外行星），这种图像制作的艺术和工艺正在迅速发展：在撰写本文时，已发现 1000 多颗系外行星。利用新的仪器和积累的数据，预计在未来十年内有望突破我们目前的观测限制，并制作出能够为未来思考地球上的生命及其在其他地方的生存潜能提供依据的图像。到那时，或许我们在太阳系内的众多探测器中将发现令人信服的地外微生物生命的证据，从而进一步拓宽我们的视野。因此，我们可能会将资源重新分配给更深入的人类太空探索活动和相关研究。

与此相反，在以地球为基础的生物学世界中，在理解和说明新发现方面在过去 15 年中取得了很大进展。具体来说，艺术家和研究人员正在以前所未有的方式将细胞的内部运作进行可视化和动画化。例如，德鲁·贝里的技术是基于已证实的科学数据，然后运用声音、动作和颜色加以扩展。就像电影导演可能会通过演员和布景来说明剧本一样，贝里用戏剧性和叙事性手法赋予数据生命，在准确性和修饰性之间巧妙地游走，同时又始终遵循科学的剧本。他的动画传达了身体内一直在发生的类似机器般复杂的过程，帮助受教育程度不同的人理解基本的生物学功能。这些将生物现象转化为视觉体验的作品，让人想起恩斯特·海克尔在《自然界的艺术形态》（1904 年，见第 11 页）中的虹吸虫和硅藻图像，这是一本对几代艺术家和设计师产生影响的书。然而，贝里的作品特点是更多的技术技巧和严谨的准确性。其他的研究人员拓宽了这一领域的边界，其中包括汤姆·迪林克（Tom Deerinck），他专注于结构的成像，以及费尔南·费德里奇（Fernan Federici），他的工作是探索植物组织。

除了图片和视频这些传统的单向信息传递方式之外，还有一个不断扩展的交互设计领域，涉及设计交互产品、系统和服务。“交互设计”一词最早出现在 20 世纪 80 年代，并于 1994 年在美国的卡内基梅隆大学（Carnegie Mellon University）首次成为学术界关注的焦点。今天，全世界有几十所大学提供针对这一领域的培训，并培养出了各种类型的毕业生，从那些自称为工程师并继续在科技公司工作的人，到建立 DIY 生物实验室的实践艺术家。这种培训促进了跨学科的合作，并引导学生同时考虑新兴技术的应用和影响。

拉斯·马施迈尔（Russ Maschmeyer）的作品很好地代表了这种项目所产生的转化技术。马施迈尔从纽约视觉艺术学院毕业，受雇于脸书（Facebook），他创建了 MOTIV，即一个通过微软 Kinect 传感器将动作转换为音乐变化的界面。他在一首音乐中确定了三个可测量的维度——节奏、音符速度和强度，当这些元素以一定的变化排布时，它们已被证明可引起听众的情感共鸣。利用这些信息，马施迈尔将一段音乐的变化元素映射到 Kinect 检测到的身体运动上。其结果是，只要个体的动作有足够的变化，就可以用身体来创作原创音乐，有效地让我们听到有人跳舞。像白南准等艺术家早在 20 世纪 60 年代和 70 年代就通过视频和表演作品预见到了这种令人惊讶的事情（见第 12 页）。

越来越多的艺术家尝试将界面技术和人类或非人类生命结合起来。其中最突出的是迈克·汤普森和苏珊娜·卡马拉·莱雷特，他们通过他们的工作室思想对撞机创作了暴露或放大生物信号的作品，这些信号通常来自长期被忽视或人们知之甚少的来源，例如人体尿液或身体发出的光子。萨沙·斯帕查尔精心设计了交互装置，为我们周围看不见的但必不可少的生物发声，从植物光合作用和真菌生长到复杂的人类微生物群。这类作品利用感官媒介来揭示和翻译生物现象的特征，从而产生令人耳目一新的新内容。随着这些新工具让创造性表达成为可能，我们取得了可喜的进展，因为它们可以用来对抗界面技术可能破坏隐私或削弱情感联系的方式。

1 芭芭拉·艾因齐格（Barbara Einzig）编著，《思考艺术：与苏珊·希勒的对话》（*Thinking about Art: Conversations with Susan Hiller*），曼彻斯特大学出版社（Manchester University Press），1996年，第214页。

思想对撞机

迈克·汤普森和苏珊娜·卡马拉·莱雷特

粒子对撞机，比如位于法国和瑞士边境的欧洲核子研究中心的大型强子对撞机，能够将粒子加速到接近光速，然后让它们对撞，释放出亚原子粒子，并创造出罕见的物质状态。这使得物理学家能够观察到早在大爆炸后一毫秒就存在的现象，并检验关于物质、能量和创造本质的新假设。这是一个强有力的隐喻，隐含在由汤普森和卡马拉·莱雷特创立的批判性艺术和设计研究工作室“思想对撞机”的名字中。他们的作品以自己的方式将概念、猜想、新兴技术和审美体验相互加速碰撞，从而对生物体、物体和信息的本质产生全新见解。

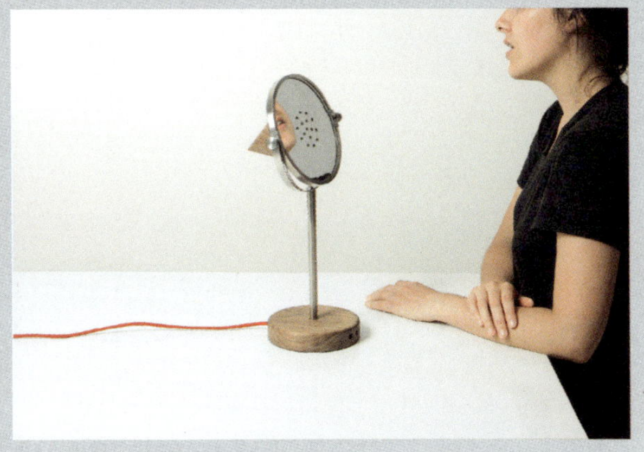

1

由多个部分组成的作品《水之生命》（*Aqua Vita*，2012 年）将身体视为一个不断进化的、有韧性的系统。这项研究的出发点是观察到基因密码是一种有限的、线性的隐喻，这种隐喻限制了我们对生命和身体的理解。《水之生命》选择的分析对象是人体尿液，这是一种富含人体状态信息的生物液体，而且它在医学史上有着惊人的深厚渊源。在中世纪的欧洲，人们检测尿液的颜色、气味，甚至味道的变化，并将其作为一种诊断方法。在六周的时间里，艺术家们收集并分析了自己的尿液，使用光谱仪来读取代谢物的存在和浓度。这些数据被依次绘制出来，并与基于传统中医的自我报告的问题答案相关联，中医旨在描述疾病发展的进程。研究结果呈现在一个名为“代谢绘画”的交互式计算机的可视化视图上。作为对这一演示的补充，还有一个液体分析仪，一个用于唾液和尿液样本的家用检测器，以及一个语音响应式调查设备“回声”。这样做的目的是，某一天将这些物体组合起来使用，以便对个人的健康状况进行定期监测。

《生命的节奏》（*The Rhythm of Life*，2014 年）是思想对撞机、媒体艺术家大卫·杨（David Young）和荷兰代谢组学中心（Netherlands Metabolomics Center）的合作作品。该作品邀请观众“将个人生物数据捐赠给科学研究，以聆听他们身体传递的电化学信息”。实验使用的媒介是生物光子：这是一种在生物过程中发出的光，用于植物、细菌和动物的细胞交流。参观者将他们的手放在一个装有实验性医疗设备［该设备被称为光子倍增管（PMT）］的房间里，可以检测到从皮肤发出的生物光子。随后，这些读数被转换成个性化的复杂打击节奏，并实时播放给参观者。

在项目《脂肪堡》（FATBERG，2014 年）中，汤普森与另一位艺术家阿恩·亨德里克斯合作。这件作品的灵感来自 2013 年在伦敦的下水道系统中发现并最终移除的公共汽车大小的一堆脂肪物质。这一堵塞物是人类活动和消费的一种指标，同时也是一件人工制品和一种象征，表明在我们的现代世界中，脂肪最初储存能量以备不时之需的目的已经发生了巨大变化。艺术家们开始探索脂肪的现代概念，他们的方法是计划创造他们自己的“冰山”，最

2

1-3　《水之生命》中的物品，2012 年
回声调查装置、尿液收集瓶和尿液色轮
与荷兰代谢组学中心、中荷预防和个性化医学中心合作，并得到设计师和艺术家基因组学奖的支持
尿液、玻璃、木材、金属、电子、定制软件

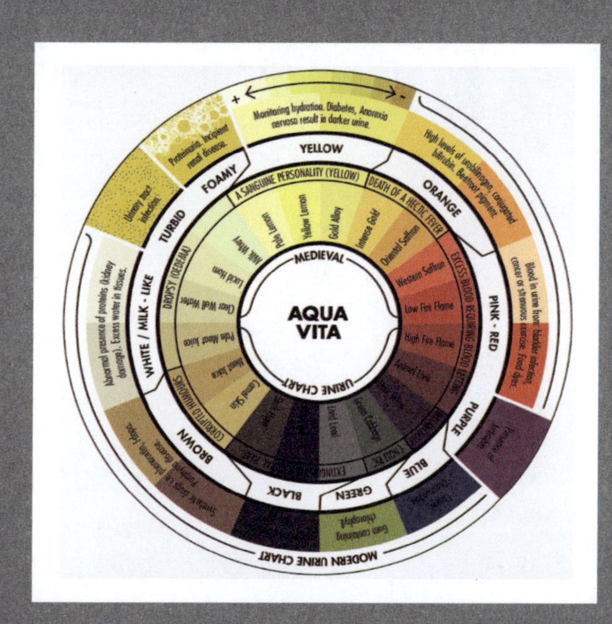

3

4

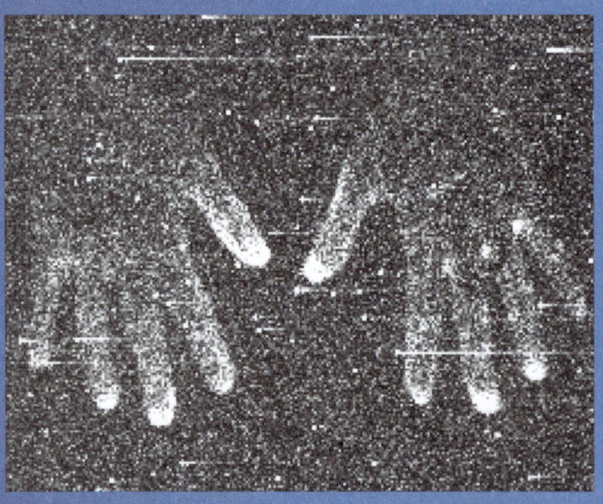

5

4–5　《生命的节奏》，2014 年
与大卫 · 杨和荷兰代谢组学中心合作
荷兰创意产业基金（Stimuleringsfonds Creatieve Industrie），信息和通信技术与艺术连接欧盟委员会（ICT and Art Connect European Commission），以及 Stichting DOEN 基金会支持
光电倍增管、钢、青铜、有机玻璃、电子设备、软件

6–8　《脂肪堡》，2014 年
迈克 · 汤普森与阿恩 · 亨德里克斯合作
各种动物的脂肪、玻璃、有机玻璃、钢、木材、数字印刷品、视频

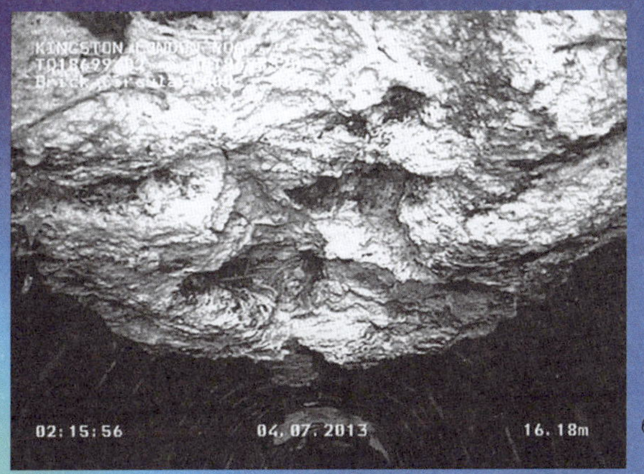

6

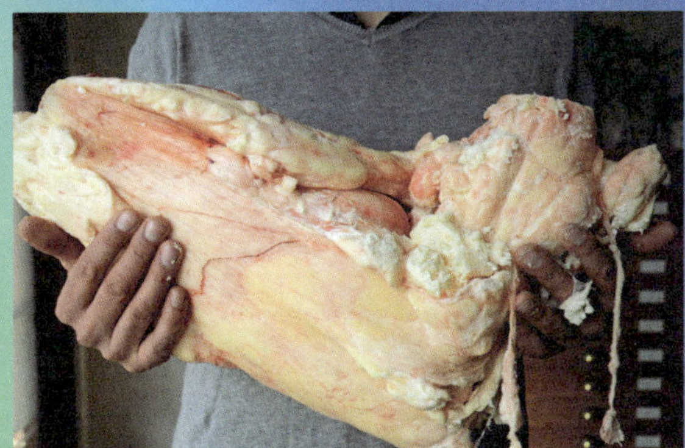
7

8

终将其放到海上。通过一系列将脂肪浸入水中的工作坊和实验，艺术家们将脂肪的文化、科学和社会现实相互碰撞。他们的初步研究结果表明：

> 随着脂肪失去其作为功能性储备的作用，我们也失去了时间作为能量函数的具体预期。它变成了一种文化。它为自己而存在。脂肪现在以一种全新的方式为我们提供能量。不是作为燃料，而是作为自我实现的媒介。脂肪使我们变胖。《脂肪堡》既是囤积能量的本能需求和这样做的实际过程的结果，也是关于脂肪渴望增殖的文化表达。

萨沙·斯帕查尔

9

斯帕查尔创造的交互装置和可视化效果，将生物学与技术联系起来。这位艺术家认为这两者都是生命系统，人类是其中的一员，而不是主权者。她的互动作品经常使用声音，这源于她与瑟里米迪（Theremidi）管弦乐团的合作，瑟里米迪乐团是一个致力于创造实验性界面以产生声音的团体。通过感官参与和高度依赖观众，斯帕查尔的装置成为表演：它们的形式和意义随着每个人的生物节律或行为（如心率或触摸的强度）而改变。

《霉风——尤尼森》（*Mycophone_unison*，2013 年）始于这样的观察：人类是一个由众多微生物组成的“多元生命”，从而成为一个整体。这一观察通过人类微生物组的研究得到了证实。该作品的界面包含来自斯帕查尔和她的两位合作者的活体微生物，它们被放置在培养皿中，并通过电极来连接。该装置发送的信号将样本之间的差异转化为音调的改变。随着时间的推移，声音的质量随着样本的发展而变化，反映了所有构成我们生命的、协作的但又不断变化的部分。

相比之下，《妙趣横生》（*Myconnect*，2013 年）作为物种间的连接器，试图在人与真菌菌丝体之间建立一种原始但动态的体验交流。观众进入一个房间，在这里其心跳被传感器检测并放大，但这种声音会根据房间里的活菌丝体的同步活动而变化。具体来说，真菌的自然化学反应被读取，这些数据被用来调节人类心跳的放大效果，这反过来又会巧妙地影响观众的神经系统和心率。其结果是形成了一个感官反馈循环，这是一种不同的共生关系，凸显了真菌等生命的卑微得几乎看不见的状态。

作品《7K：新的生命形式》（*7K: new life form*，2010 年）是对生物学领域中有限的六界生命组织的回应。斯帕查尔看到了由人类的思想、工具和社会组织组成的生命物质的第七个王国：技术王国。该作品通过视觉投影和

10

11

9–11　《水之生命》中的物品，2012 年
回声调查装置、尿液收集瓶和尿液色轮
与荷兰代谢组学中心、中荷预防和个性化医学中心合作，并得到设计师和艺术家基因组学奖的支持
尿液、玻璃、木材、金属、电子、定制软件

12-13　《7K：新的生命形式》，2010 年
由乔比·哈丁（Joby Harding）、塔德伊·德罗尔克（Tadej Droljc）和阿列斯·克拉德尼克（Aleš Kladnik）提供技术支持
森林下层植被、亚克力穹顶、超声波传感器、二氧化碳传感器、软件、投影仪

14-15　《妙趣横生》，2013 年
与米扬·斯瓦格利和阿尼尔·波德戈尼克合作
木质结构、黑木耳真菌、电子设备、振动电机、音响系统、灯光

声音来表达生命的过程，将这一新增的“生命形式”具象化。在一个室内空间监测二氧化碳水平，其变化控制着相应投影中显示的生物体的浓度和运动，以及产生的声音元素。当观众接近这个装置时，他或她的存在会被检测到，并触发投影中显示的生物种群中的纳米生物的出现。除了为光合作用和其他生物过程提供声音和视觉效果外，该装置还反映了技术与生物学之间复杂而日益增强的相互依存关系。

12

13

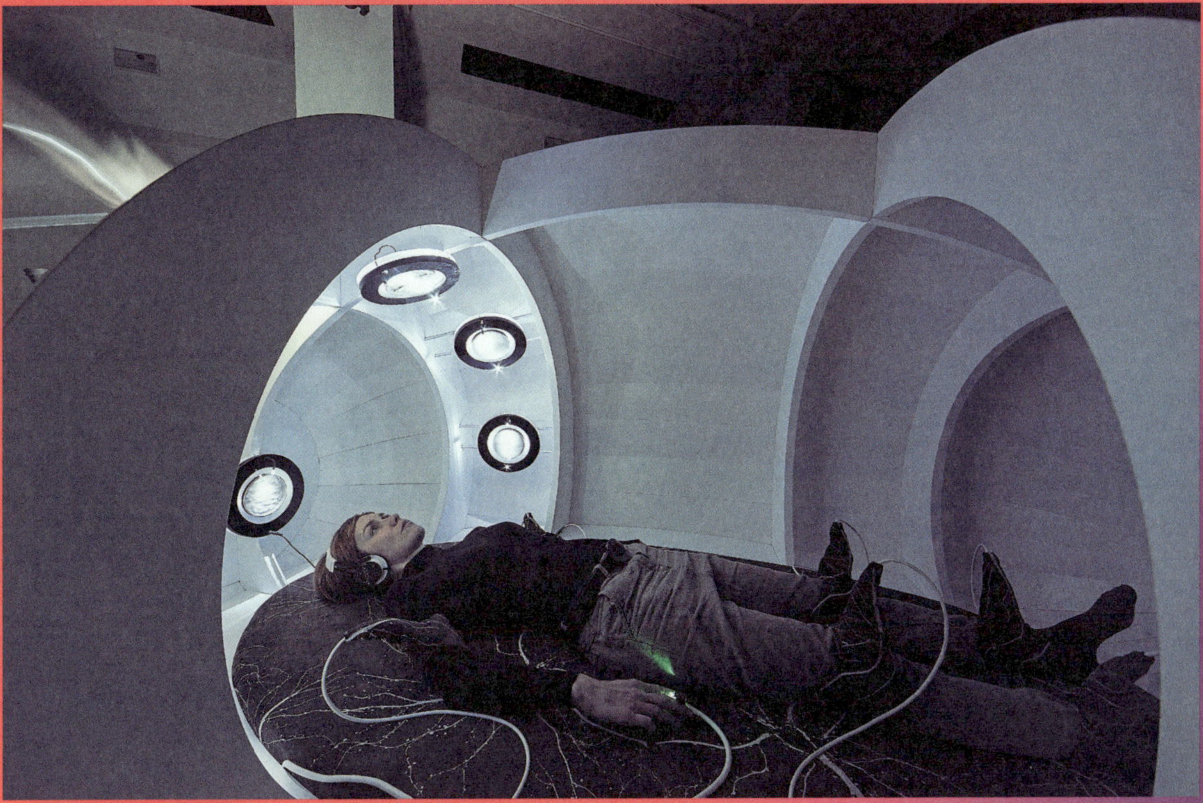

14

15

希瑟·杜威-哈格伯格

作为一个跨学科的艺术家，杜威 - 哈格伯格的作品包括声音装置、雕塑、摄影、表演和可销售的产品。艺术家在交互式通信和电子艺术方面的训练构成了她作品的基础，自 2001 年以来，她一直从事科学题材的工作。她是 DIY/ 公民生物学运动（DIY/citizen biology movement）的活跃成员，致力于利用科学工具来探索当前的文化趋势，包括发展关于基因所有权的想法，以及对人工智能和监控的普遍矛盾心理。杜威 - 哈格伯格没有在这些激烈争论的问题中站在任何一边，而是在两者之间游走，既肯定技术，又质疑她研究对象的伦理问题。

《陌异之相》（*Stranger Visions*，2013 年）可能是杜威 - 哈格伯格最为知名的作品。这位艺术家收集了一些物品，比如丢弃的烟头、口香糖，然后把这些“基因物证”拿到实验室里进行分析。利用法医表型分析技术，她使用 3D 打印机重建了那些留下遗传物质的人的脸。这些面孔被悬挂在墙上，俯视着观众，它们在技术上令人印象深刻，却也令人深感不安。这些 3D 肖像拥有匿名性的力量。《陌异之相》不仅突出了容易获得的 DNA 数量，而且强调了基因监视和隐私侵犯的潜在风险。作品《DNA 欺骗》（*DNA Spoofing*，2013 年）通过视频表演，展示了如何通过故意植入遗传物质来进行反监视，从而弥补了这一漏洞。

在她最近的作品中，杜威 - 哈格伯格再次谈到了基因隐私问题，但这一次是从保护的角度出发的。该艺术家在《隐形》（*Invisible*，2014 年）作品中的宣传语是这样写的：“不被追踪、分析或克隆。”DNA 不仅是个人的“条形码”，它还包含了一个人的祖先和健康风险的信息，正如艺术家在《陌异之相》中向我们展示的那样，我们在不知不觉中在所到之处留下了 DNA。BioGenFutures 是杜威 - 哈格伯格代理的公司，也是《隐形》的生产商，它为个人提供保护，防范潜在的筛选、歧视和偏见。作为在纽约新博物馆商店出售的产品，杜威 - 哈格伯格的基因安全套件包括标有“擦除”和“替换”的喷雾剂。通过《隐形》，个人可以抹去他们的 DNA 痕迹，然后用一个被扰乱的样本来替换它，以确保完全不可追溯。

16

16–17　《陌异之相》，2013年
发现的遗传材料、定制软件、3D 打印

虽然杜威 - 哈格伯格在她的作品中提出的大多数问题似乎都来自遥远的奥威尔式的未来，但她的作品也体现了生活在这样一个世界里，留下一根头发、一块口香糖或用过的杯子，其上的 DNA 都可能会造成危害。美国国家安全局（NSA）的监控丑闻首次披露了该机构对日常通信的监控程度，因此她的作品非常及时。然而，杜威 - 哈格伯格的作品不仅仅是一个警示，它还旨在鼓励一种创造性的和 DIY 的精神，以适应我们不断进步的技术中有时会出现的问题。

文字：茱莉娅·邦坦

erase
replace
replace
erase

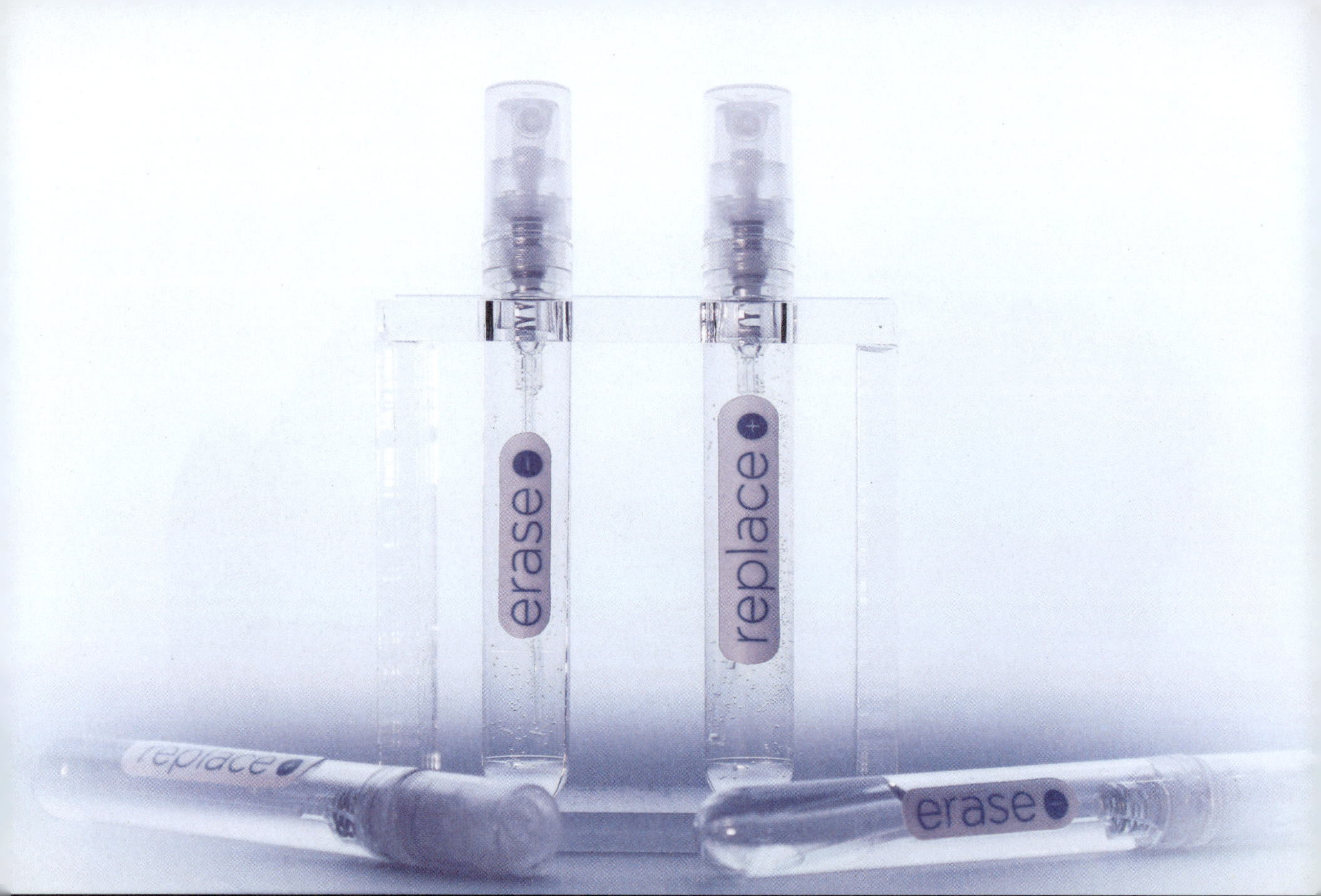

18

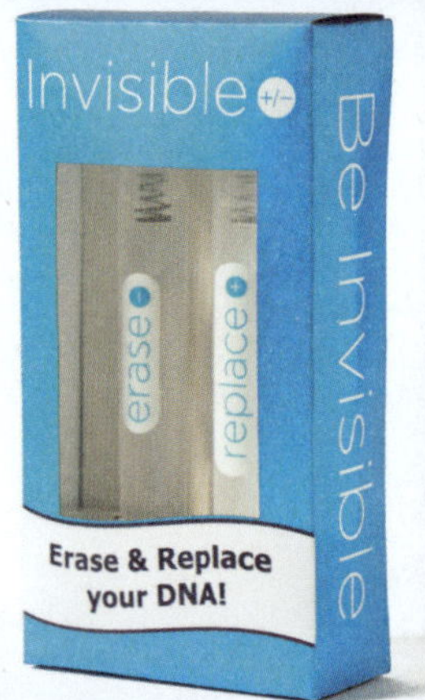

Invisible +/-
Be Invisible
erase
replace
Erase & Replace
your DNA!

19

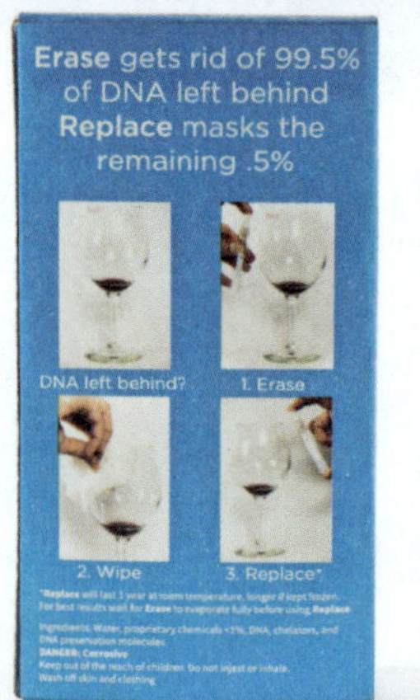

Erase gets rid of 99.5%
of DNA left behind
Replace masks the
remaining .5%
DNA left behind?
1. Erase
2. Wipe
3. Replace*

20

18-20　《隐形》，2014 年
塑料瓶、包装、水、专有化学品、DNA、螯合剂、DNA 保存分子

21-23　《DNA 欺骗》，2013 年
与奥莱利亚·莫泽（Aurelia Moser）、艾莉森·伯奇（Allison Burtch）和亚当·哈维（Adam Harvey）合作
视频

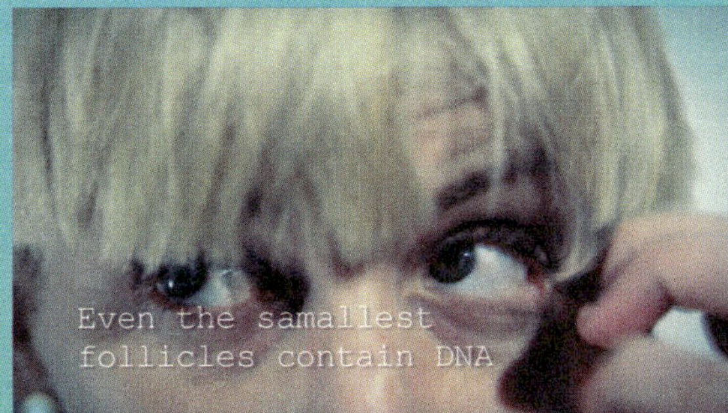

21

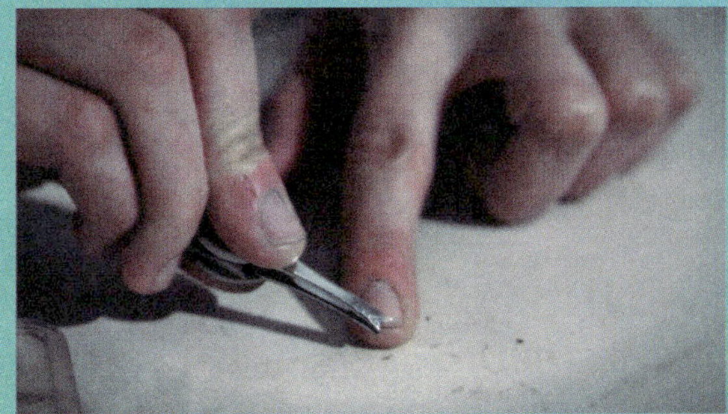
22

23

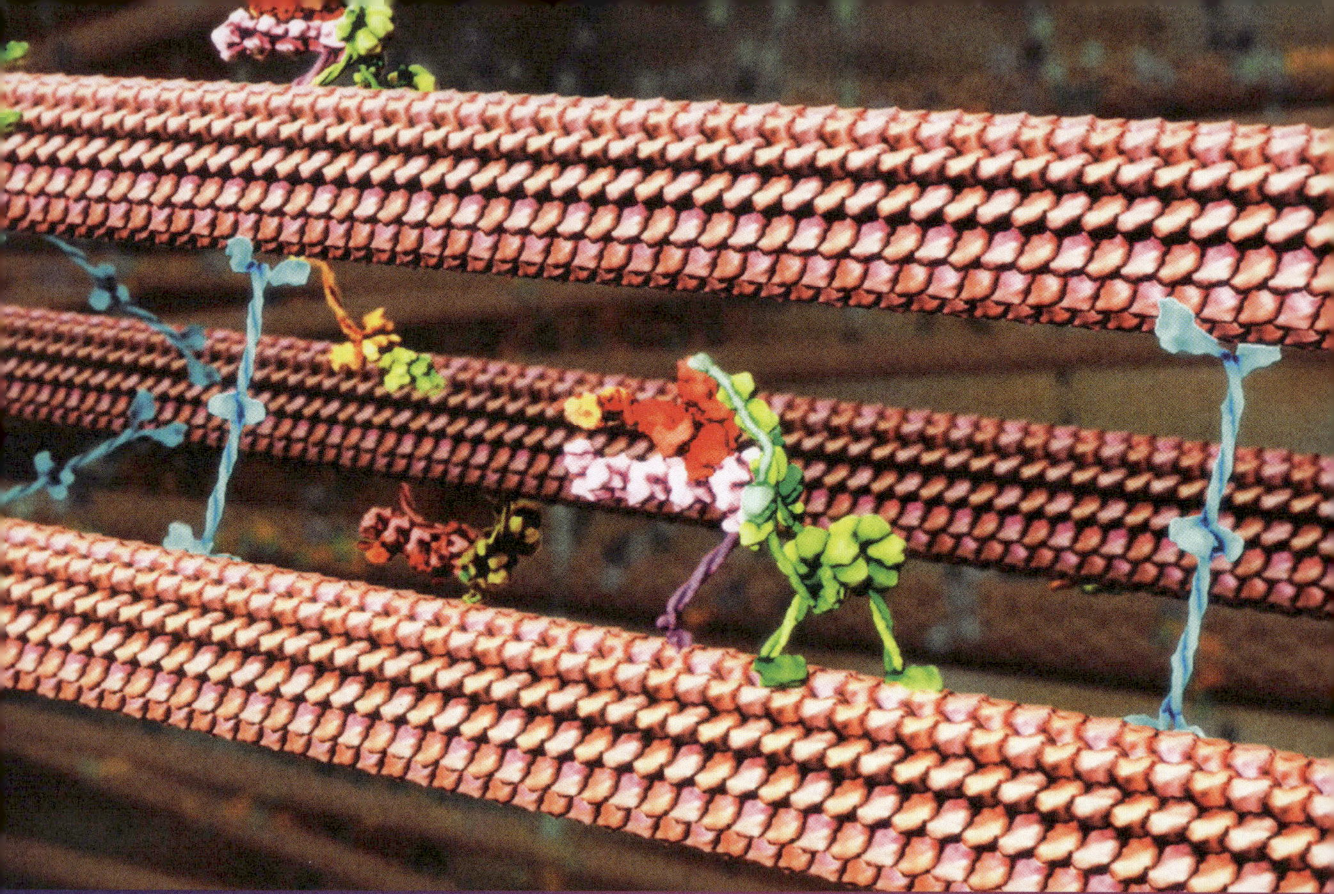

24

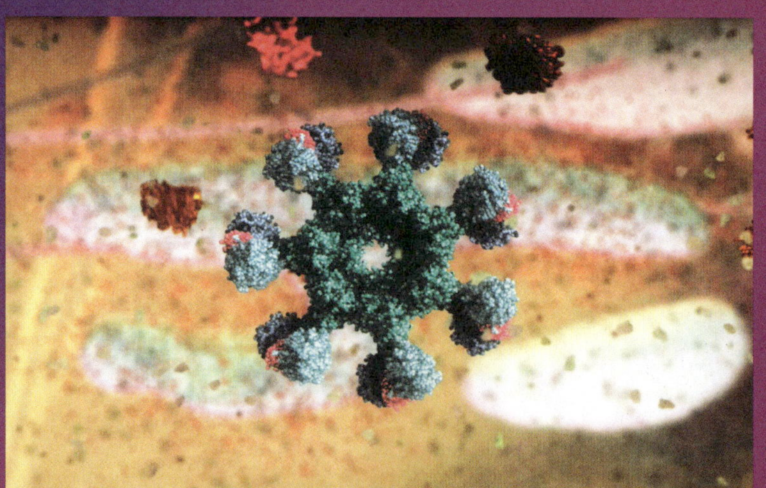

25

24–25　《创造你血肉之躯的分子机器》，2013 年
比约克音乐的电影合集

26–29　《疟疾的生命周期》，2006 年
电影剧照

德鲁·贝里

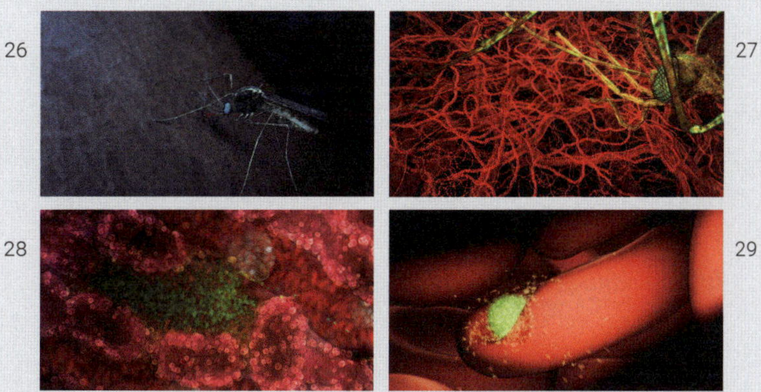

像许多艺术家一样，贝里也是一位天才转译者，他能将不同的数据转化为有意义的审美体验。他的原材料是细胞行为的技术描述、数据观察和适合科学期刊的枯燥抽象模型。通过这些材料，他创作出了复杂且有戏剧性动作的动画，这些动作每分钟在人体中发生数万亿次。尽管他将自己定位为生物医学动画师（他在澳大利亚墨尔本的沃尔特和伊丽莎·霍尔医学研究所担任的正式职务），但贝里所创作的生动而引人入胜的内容，使他坚定地成为一名继承了 19 世纪德国生物学家和插图画家恩斯特·海克尔传统的艺术家。不过，贝里的研究方法显然更新颖和更严谨：海克尔创造性地对自然形式进行美化，而贝里则严格遵守当代科学实践，以最大程度度地提高准确性。

如果在技术上可以将物体放大一亿倍，我们就可以直接观察到 DNA 分子世界的蠕动和动态了。遗憾的是，即使使用目前最先进的成像技术，最大的分子看起来也只是模糊的斑点。光线根本无法在这样的尺度上反射和表达形态。鉴于这一限制，科学家们依靠 X 射线晶体学等技术来绘制分子如何相互作用并完成其创造和维持生命的任务。根据生物医学研究和物理学的零散证据，贝里在整体上构建了他的动画，使其成为迄今为止细胞和分子世界最精确的可视化作品。

《创造你血肉之躯的分子机器》（*The clarity and detail of The molecular machines that create your flesh and blood*，2013 年）的清晰度和细节，恰如其分地反映了细胞和生物分子在生命基础层面执行基本任务的惊人复杂性。正如贝里所描述的那样：“通过在真实的科学数据基础上建立准确的可视化，动画就会变得栩栩如生，这可以吸引观众，并在解释科学原理方面发挥很大作用。”事实上，他的动画触发了人脑中的模式识别反射，满足我们对难以描述的事物进行叙述的渴求。他的作品有助于巩固一些难以理解的概念，如细胞复制的原理或宿主从蚊子到人类的疟疾生命周期的确切性质。像贝里这样的可视化的潜力早已为人所知，如流行病学的先驱约翰·斯诺（John Snow）1854 年在一幅伦敦地图上绘制了霍乱患者的位置，从而帮助确定了水是导致病原体传播的罪魁祸首。

生物可视化

加州科学院；美国东北大学刘易斯实验室（Lewis Lab）；汤姆·迪林克

长期以来，图像一直被用于阐明概念并激发我们的想象力，特别是当它们揭示了不可见的尺度或难以理解的距离时。可视化可以调整视角，就像隐喻性语言一样，突出那些似乎不存在的相似性或模式，并形成意义的桥梁。从天文学到城市规划，许多研究领域长期以来一直受益于可视化技术的使用，但尤其是生物学最近取得了许多进展，使图像制作既准确又经济实惠。

通常这些生物图像具有明显的美学特质：对比、变化、复杂性和类似分形的重复性，如卡尔·布劳斯菲尔德（Karl Blossfeldt）于 1929 年发表的植物照片，或国家同步辐射光源研究人员对核糖体进行的 X 射线晶体学研究，以及德鲁·贝里最近对细胞过程的视频渲染。在这些案例和其他一些案例中，视觉体验帮助我们将生物学理解为一组相互关联并且处于运动状态中的系统和结构。

以有趣的或视觉上令人愉悦的方式排列微观生命的传统，可以追溯到细胞放大的最早形式，这成为维多利亚时代英国受过教育的工匠的爱好。例如，为了美观而对硅藻（一组藻类）进行排列这一实验格外受欢迎，这是对生物进行严谨研究和分类的自然延伸，并且根据生物的来源或形态将其染色并保存在一起。A. L. 布里格（A. L. Brigger）是一位著名的硅藻科学家，他就进行了这样的排列。他曾在加州科学院担任助理研究员，并于 1977 年将他自己收集的海洋幻灯片捐赠给该学院，该学院继续研究这些幻灯片。布里格的排列通常具有径向对称性，反映了一些最复杂的圆形硅藻的形态；当这些生物被排列在一起时，它们既像彩色玻璃窗，又像微处理器的示意图。

在更小的尺度上，即微米（百万分之一米）尺度上，可视化技术使我们现在能够看到在一粒沙子的缝隙中产生的细菌军团：《沙粒上的生命》（*Life on a Grain of Sand*）。这些图像的来源是 2009 年由美国东北大学刘易斯实验室的研究人员在波士顿附近的海滩上收集的一粒沙子。它们之间戏剧性的、错综复杂的生物膜连接就像线一样缠绕在充满活力的重叠层次中。这些图像可能有助于强调微生物生命的顽强和坚韧特性，对它的研究不断拓展了宜居性的概念边界。

同样在细胞尺度上，汤姆·迪林克的可视化作品是在先进显微镜的帮助下实现的。在《HeLa 细胞》（*HeLa Cells*，2010 年）中，我们看到癌变的人类细胞被染色，显示出微管（青色）和细胞 DNA（红色）的分布。这些细胞表现出不朽的独特特性：在适当的条件下，它们会无限分裂，自从 1951 年从一位名叫亨丽埃塔·拉克斯（Henrietta Lacks）的癌症患者身上提取以来，它们一直被持续培养。事实证明，这些细胞对医学研究非常有用。截至 2009 年，已经发表了 6 万多篇与其研究有关的科学文章。《第一个合成生命体》（*The First Synthetic Life Form*，2010 年）是迪林克拍摄的另一张照片，展示了由 J. 克雷格·文特尔领导的团队的成果。这张图片是一个由人类设计和计算机制造的微生物；它的 DNA 是以支原体 DNA 为基础的，但被精简为最基本的生存和复制功能。据文特尔说，这是第一个以“计算机为父母的生物体”。

30　A. L. 布里格
《排列在显微镜玻片上的硅藻》，1952 年
在俄罗斯收集的硅藻

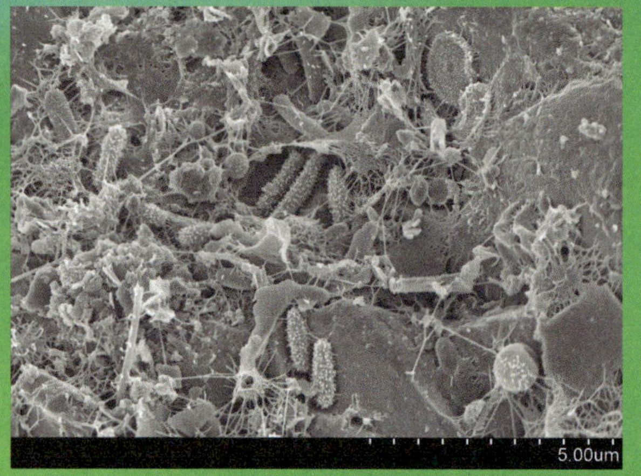

31

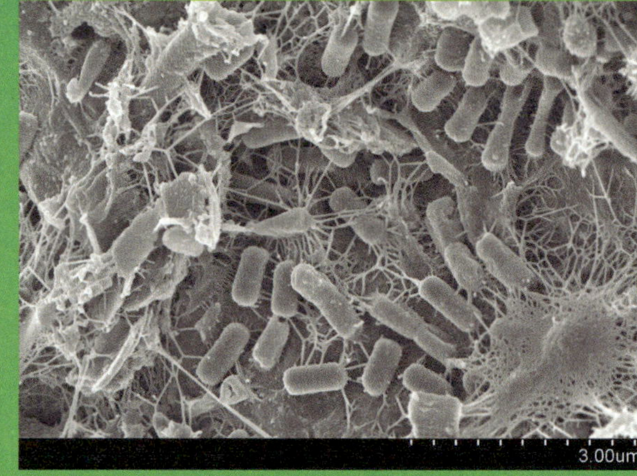

32

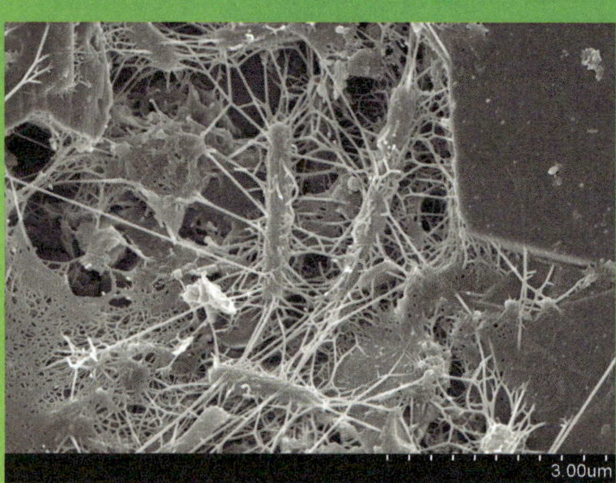

33

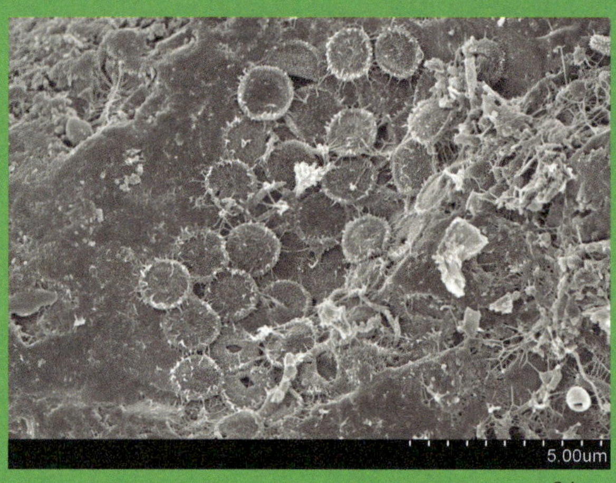

34

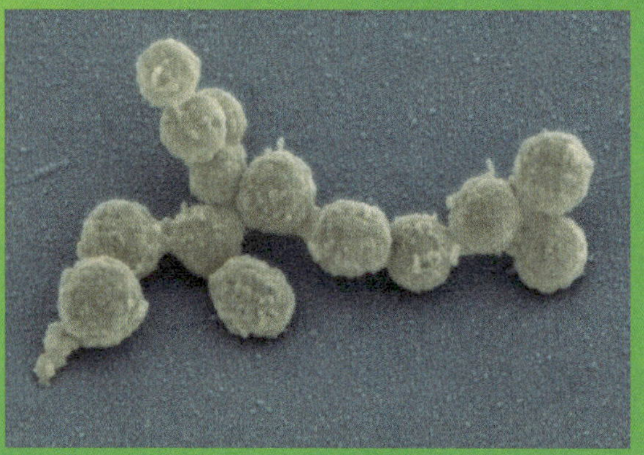
35

31–34　安东尼·达诺夫里奥（Anthony D'Onofrio），威廉·H·福尔（William H. Fowle），埃里克·J. 斯图尔特（Eric J. Stewart），基姆·刘易斯（Kim Lewis）（美国东北大学刘易斯实验室）
《沙粒上的生命》，2009 年
采集自波士顿附近海滩的潮间带沉积物
扫描电子显微镜（SEM）

35　汤姆·迪林克
《第一个合成生命体》，2010 年
由 J. 克雷格·文特尔开发
透射电子显微镜

36　汤姆·迪林克
《HeLa 细胞》，2010 年
多光子荧光显微镜

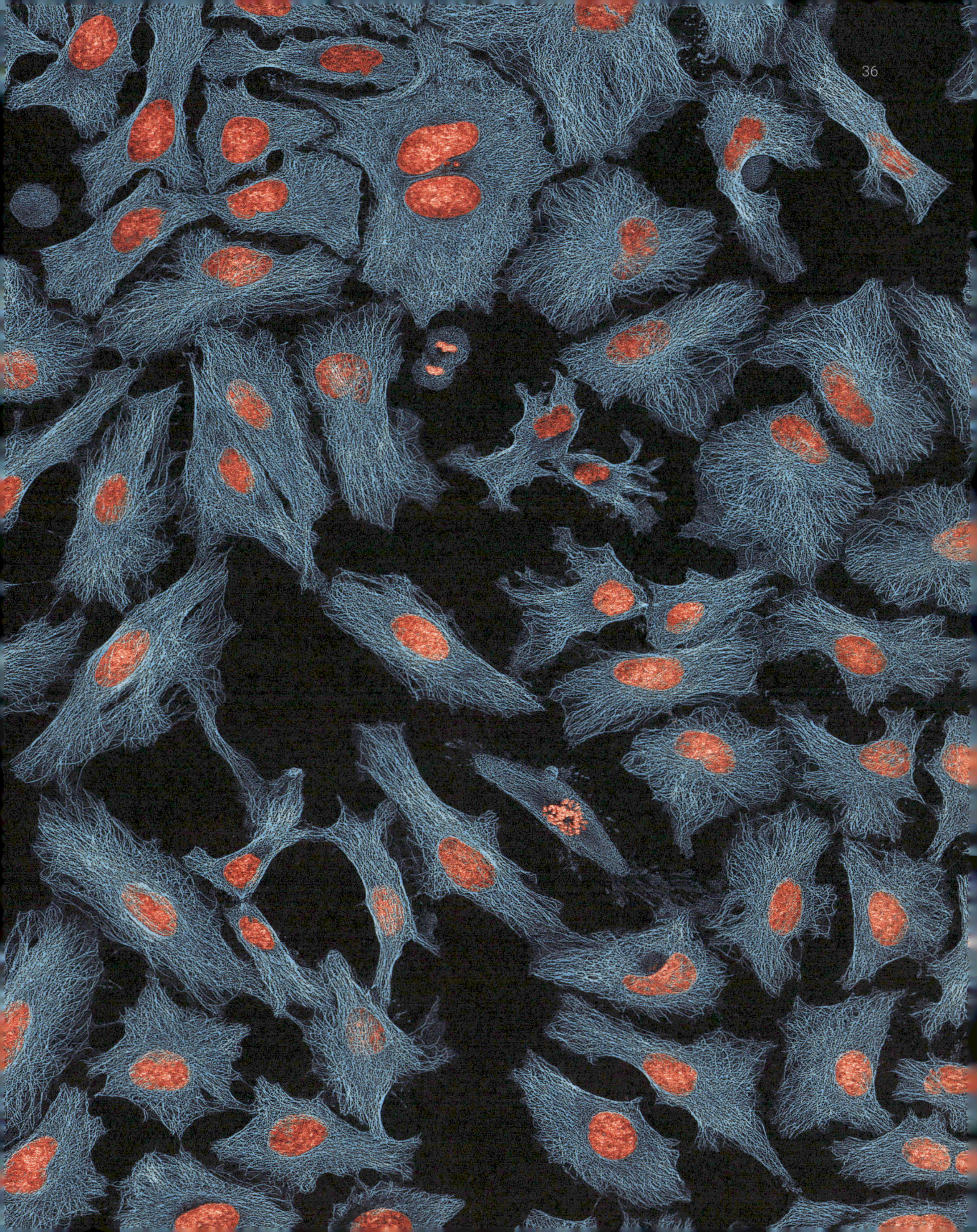

索尼娅·博伊梅尔

博伊梅尔创作的作品涉及与生物体的合作，并探索人类微生物组的潜力。这位艺术家也是一名设计师，采用多学科方法来处理项目，将精美的艺术工艺与实验室工具和协议相结合。对于博伊梅尔而言，灵感的一个重要来源是科学研究和关于人类作为宿主的数万亿微生物的知识的迅速发展。这些微生物群的数量是我们人体细胞的十倍，它们的遗传信息（它们共同拥有的独特基因数量）是人类细胞的一百倍。鉴于人类与这些生物一起进化，我们很可能以我们没有意识到的方式依赖于我们身体内外的这个巨大的遗传信息库。用《自然综述》（*Nature Reviews*）的高级编辑卡特里娜·雷（Katrina Ray）的话说，微生物组可以被比作一个“人体器官”。在博伊梅尔的手中，这一迷人领域的某些方面被捕捉、可视化，并为未来艺术和设计的推测奠定基础。

《（不）可见的膜》[（*In*）*visible Membrane*，2009 年] 是一个由多部分组成的项目，源于博伊梅尔在荷兰埃因霍温设计学院的硕士论文。嵌套在其中的子项目包括《钩织膜》《超大培养皿》《细菌纹理》《可见膜 I》《细菌织物》和《（不）可见膜》。在《超大培养皿》中，博伊梅尔与荷兰瓦格宁根大学的科学家合作，制作并准备了一个可以将自己的身体印在上面的培养皿。为此，她在培养皿中植入了自己的皮肤微生物组标本，随后对这些标本在 44 天内的生长过程进行了拍摄。出现的肖像是它自己的实体，但也从根本上与主题联系在一起。这件作品的表演元素及其最终形式与伊夫·克莱因（Yves Klein）在 20 世纪 50 年代和 60 年代初的人体测量学作品有着惊人的相似之处，在这些作品中，裸体模特被涂上蓝色颜料，成为人体印章和画笔。虽然在当代看来，克莱因的作品中蕴含着有问题的权力动态，但艺术家对这件作品的描述也同样适用于博伊梅尔的《超大培养皿》，作为对“被我们的感知所隐藏的真实宇宙”的揭示。

《钩织膜》提出了一种新型纺织品的概念，其编织方式可以对我们皮肤微生物群的数量和体温做出反应。材料会根据这些变化变薄或变厚，从而形成一种不断变化的形态。这个概念暗示了一种新形式的复杂生物信号，它将投射出动态变化中的自我。博伊梅尔将她对这一概念的意图描述为“在我们的身体上创造新的第二生命层”。

2013 年的作品《代谢》（*Metabodies*）通过可视化技术展示了三个不同时间取样对象的微生物组：性生活后、淋浴后和运动后。作品的目标不仅仅是培养这些时间点身体上的微生物，而是将这三种细菌群落通过化学信号发生的交流进行可视化。这种信号传递被称为“群体感应”，是一种当细菌菌落生长超过一定阈值时发生的现象。化学物质作为一种集体决策工具在细菌之间进行交换。博伊梅尔利用大肠杆菌使这些信号可见。这些大肠杆菌在培养皿中与人类来源的细菌种群一起生长，并在其 DNA 中加入了绿色荧光蛋白（GFP）的基因。它们作为一种传感器，随着时间的推移，显示信号的浓度。

37　《钩织膜》，来自《（不）可见的膜》，2009 年
钩织羊毛

38　《超大培养皿》，来自《（不）可见的膜》，2009 年
艺术家的皮肤微生物组

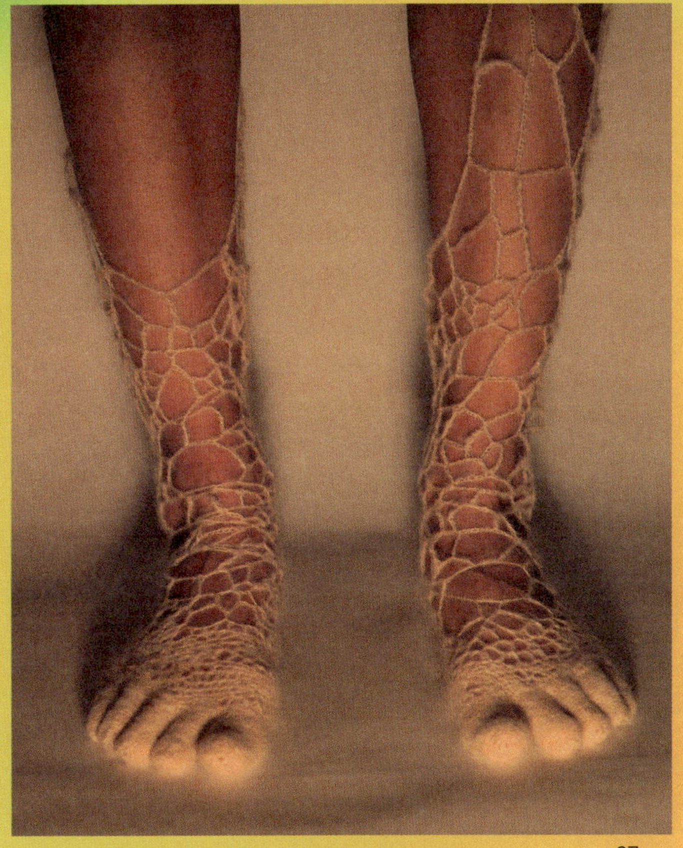

37

39　《代谢》，2013 年
与曼努埃尔・塞尔格（Manuel Selg）合作
在不同环境下拍摄的两个人的临时皮肤微生物群

38

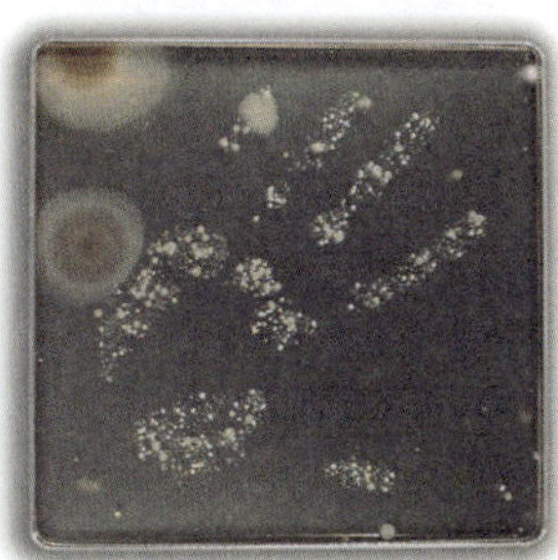

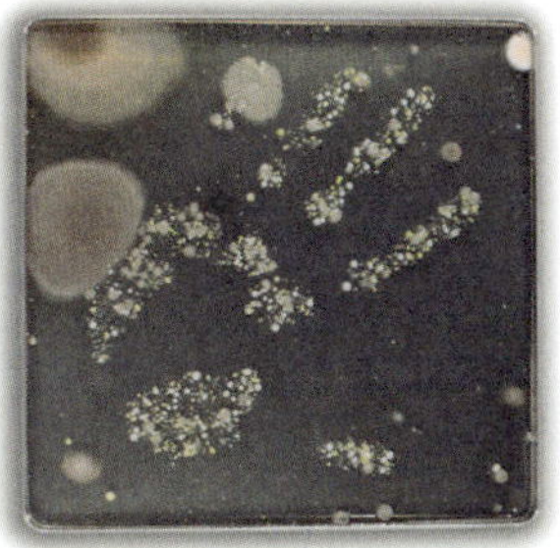

39

40

40–44　《黏菌实验》，2011 年
混合媒体，包括黏菌、琼脂、燕麦、有机玻璃、印刷品、
表演、定制软件、互动设计装置

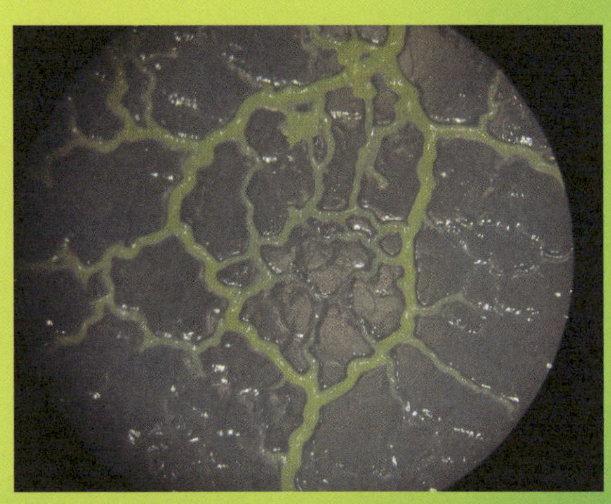

41

希瑟·巴尼特

42

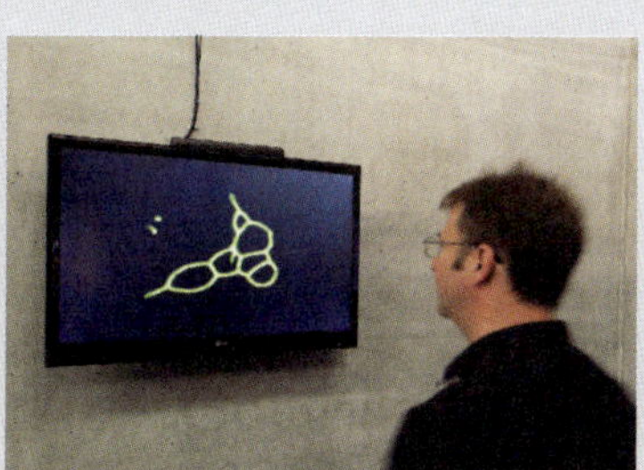

43

44

除了与学生合作和经常与科学家合作之外，巴尼特还创作了版画、视频、雕塑和参与式表演。然而，这位艺术家最不寻常的合作伙伴是其他物种，包括墨鱼、细菌和黏菌。艺术家的兴趣也催生了同样广泛的技术，其中包括为菌类建造迷宫，用许多植物创造一个“活”的室内空间，诱使墨鱼在标志性的艺术图像中伪装，以及将生物医学科学的进步转化为肖像实验。此外，巴尼特还涉足产品开发领域，从微生物的结构和地质现象中汲取形式上的灵感，设计出融合了威廉·莫里斯（William Morris）和恩斯特·海克尔传统的壁纸。如果可以命名一个统一的主题，那就是艺术家对那些不为人知或不被重视的生物过程的复杂性和戏剧性的迷恋。

项目《黏菌实验》（*The Physarum Experiments*，2011年）利用了潮湿林地的常见黏菌，其名字的意思是“多头黏菌”。它是一种表现出非凡能力的有机体，可以越过障碍物，保留并根据从环境中收集到的信息采取行动，且为外部资源管理创造最佳的生长模式。巴尼特将黏菌暴露在多种环境中，并仔细记录了结果。延时摄影揭示了其似乎确实拥有的原始的智能行为。黏菌创造的形式本身就具有令人印象深刻的美感；艺术家将其描述为“树枝状图案，让人联想到不同尺度的形式……从血管到树枝，从河流三角洲到神经网络”。在艺术作为对普遍形式和自然探测的传统中，黏菌在巴尼特的手中成为一种丰富的媒介，暗示着网络形成、记忆和问题解决的可能的进化起源。

另一个项目是《广阔视野》（*Broad Vision*，2010年），这是一个由伦敦威斯敏斯特大学发起的艺术/科学项目，由该艺术家发起并持续领导。这是一个致力于跨学科探索的项目，旨在解决与生物学、心理学和技术有关的问题。这个项目的成果包括展览、书籍、工作坊和研讨会。也许最重要的是，它是一项社会设计的工作，促进了社区的创建，并产生了更明智地在艺术中使用生物学的实验，反之亦然。最近一次展示《广阔视野》的工作采取了《未来人类》（*Future Human*）的形式，这是一系列学生作品，它们推测了未来可能出现的生物技术进步、环境灾难或人类进化。

《原子……元……内部……》（*Proto...Meta...Intra...*，2011年）是受英格兰的安格利亚鲁斯金大学切尔姆斯福德校区的研究生医学研究所委托创作的一组三件作品，它们将那里正在进行的生物医学研究的各个方面可视化。总体而言，这些作品将视角从分子层面转移到人体整体，通过成像技术展示了人体零散的或部分可见的内容。《原子……》由切割的不锈钢片组成，来自男性和女性的三维扫描，随着观众视角的变化，逐渐结合在一起。同样，《元……》将抽象与具象相结合，一系列的肖像被转化为复杂的磨砂线网，让人联想到生物的有机生长和计算机的几何建模。随着一天中光线的变化，这些图像被投射到建筑表面并显示出来。最后，《内部……》是一幅大型画布打印作品，它将其他两幅作品中的人体形态结合在一起，象征着在研究实验室和临床环境中工作的医疗专业人员的协作团体，他们团结一致，努力改善患者的诊断和治疗。

45

46

林培英

林的作品时而令人愉悦，时而令人恐惧，时而具有教育意义，时而具有挑战性。作为一名毕业于伦敦皇家艺术学院设计互动项目的艺术家兼设计师，她完全有能力研究和呈现关于新技术的应用和影响。虽然她的作品有时带有幽默感，但林更倾向于关注具有深远影响的问题，如营养、疾病和性。这位艺术家在进入艺术领域之前，在生命科学领域的学习为她的作品提供了足够的信息量，并且她的研究是在对科学如何发展和相互建立的基础上进行的。

《极简纳米饮食》（*Minimal Nano Diet*，2013 年）代表了一种将食物减少到其基本成分的尝试，并通过改变食物的规模和伴随的仪式来改变饮食体验。林设想了一个未来，氨基酸、脂肪、纤维素和其他推荐的营养物质可以被构建，并以精确的数量被消耗，作为一种通过清除废物来净化身体的方式。这将是某些专业人士的典型饮食标准："作为一名优秀的纳米科学家，我们应该抓住一切机会来探索我们与纳米世界的关系。"因此，在这里想象的未来，食客们会首先使用一种（尚未发明的）完美显微镜来察看他们的食物，这种显微镜可以使观者看到分子，然后他们会用特别设计的筷子精细地摄取他们所需的营养物质。

这种费力不讨好的进食过程让人想起历史上的设计作品，如约瑟夫·霍夫曼（Josef Hoffmann）1917 年设计的薄纱玻璃器皿，这种器皿做得很薄，一碰就弯，从而集中用户的注意力，增强饮酒体验。极简主义的饮食方式也表明了我们这个时代一个巨大而迫在眉睫的危机：粮食生产和消费传统的不可持续性。事实上，最近在旧金山，由企业家罗伯特·莱茵哈特（Robert Rhinehart）领导的团队开发了一种名为"Soylent"的极简纳米饮食。他们的饮食解决方案是一种高度工程化的、价格低廉且健康的粉末饮料，尽管味道平淡无奇，但它能让你以少量的饮食获得最大的效用。

《天花综合征》（*Smallpox Syndrome*，2011 年）是另一项推测性研究，专注于将疫苗接种与时尚相结合的潜力。作品的媒介是天花疫苗，所呈现的故事是，在不久的将来，由于恐怖主义或意外释放病毒档案的风险增加，可能需要再次为公众接种疫苗。世界卫生组织于 1979 年宣布天花已被根除，而许多国家，如美国，早在几年前就已停止为公众接种疫苗。接种疫苗通常会留下瘢痕，在林的研究中，科学家们致力于根据患者的意愿操纵和定制瘢痕的形成和图案。在一些国家，这种瘢痕的可见性和时尚潜力可能会帮助识别那些拒绝接种疫苗的不负责任的公民，从而避开他们。

在《分形微生物》（*Fractal Microorganisms*，2008 年）中，林创建了一个计算机脚本，可以将用户的涂鸦转换成类似于放射虫（具有复杂矿物骨架的原生动物，在 20 世纪初被恩斯特·海克尔等著名生物学家记录在案）的分形图案。该程序的输出结果会将这些形态以类似于海克尔的方式排列，但林的创作能以数字生命的形式活动和呼吸。用户能够控制数字放射虫的数量和繁殖类型，然后将它们保存到"动物园"的数据库中，与他人分享。

48–49　《极简纳米饮食》，2013 年
混合媒体，包括培养皿、显微镜、文本

48

49

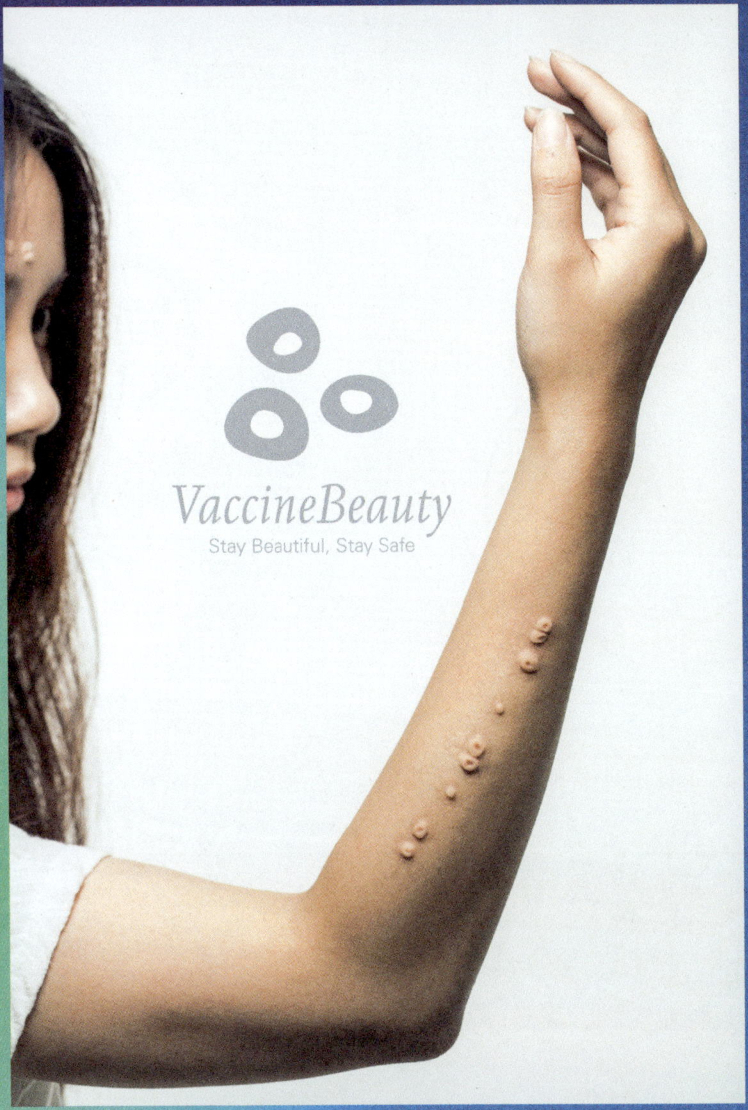

VaccineBeauty
Stay Beautiful, Stay Safe

50

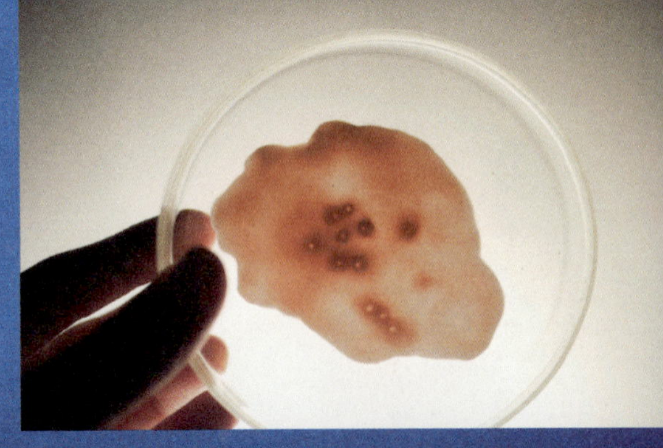

51

50–51 《天花综合征》，2011 年
与陈立伟和 FrenchFries.tw 合作
包括摄影在内的混合媒体

52 《分形微生物》，2008 年
计算机渲染

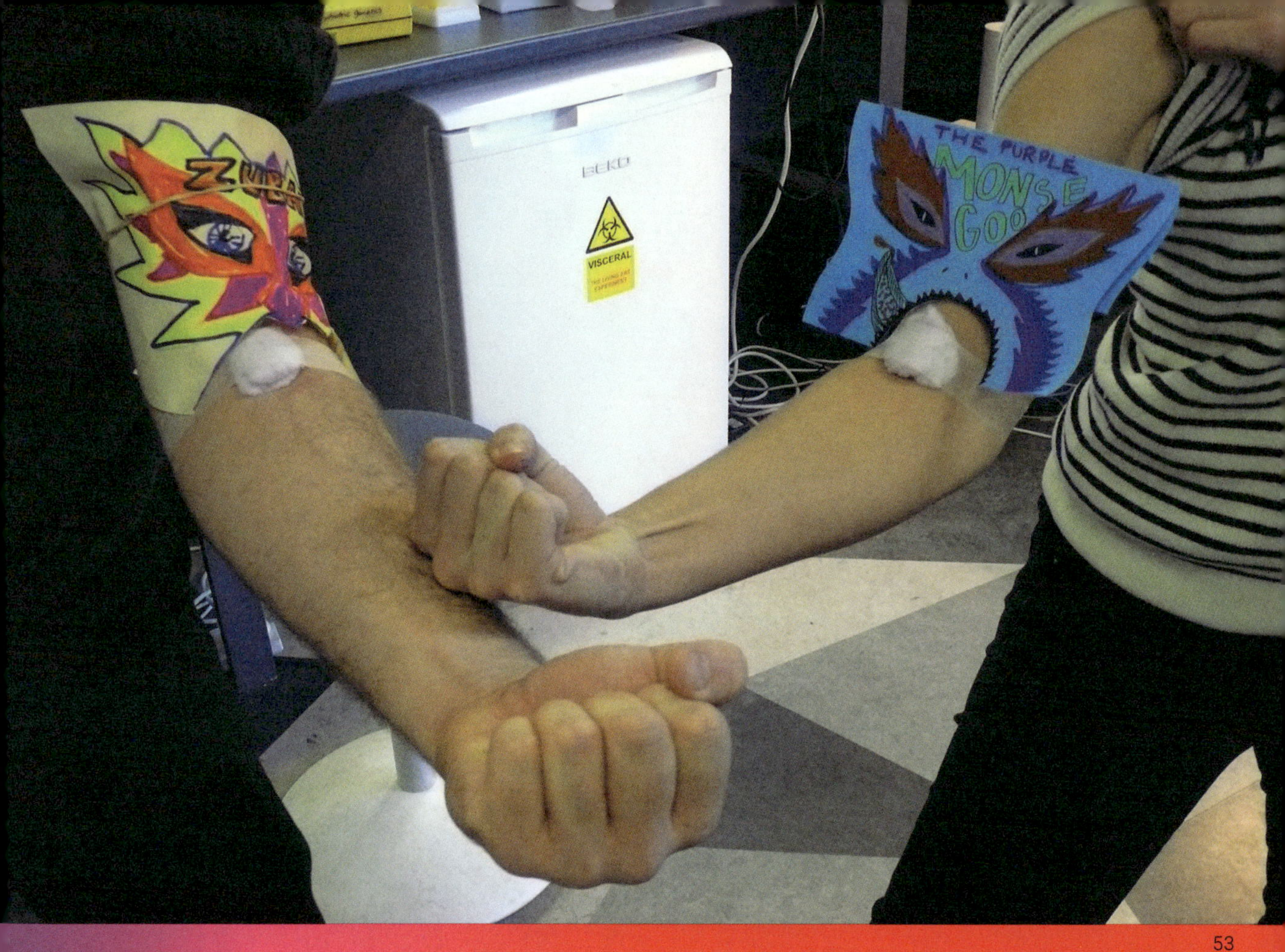

53-54　《血战》，2010 年
由共生体 A 和约翰·西蒙纪念古根海姆基金会支持
提取的人血、分离血液的实验室协议、化学品、显微镜、
照相机、用于延时成像的计算机、网站

凯西·海

跨学科艺术家凯西·海是一位实践性策展人，也是一位教育家，居住在纽约的特洛伊。她的作品融合了实验室，或类似实验室的实验，以及对生物医学研究和种间关系的研究。该艺术家的视频和装置作品引发了我们对他者的心理阈值的思考，因为它适用于实际的其他人或物种，也适用于我们自己的身体，包括所有的血、汗和疾病。作为一名教育工作者，凯西·海教授一系列丰富其作品的主题，包括推理小说、视频制作、写作和策展实践。从她的作品《拥抱动物》（*Embracing Animal*，2006 年）背后的一个动机中，可以看出该艺术家对几个项目的一个有说服力的综合方法，即“从联盟、关系、交流的角度，而不是从防御的角度，质疑、审视和理解这个过程”。这与对物质性的关注和在艺术项目中包括生物物质的倾向相结合；凯西·海认为这些材料可以“触动”观众。

作品《血战》（*Blood Wars*，2010 年）挖掘了我们竞争和好奇的天性，并指出我们大多数人对流淌在我们每个人体内的红色物质知之甚少。这个表演和装置的结构是一场比赛，在比赛中，两个人的白细胞为争夺主导权而决斗。从画廊的参与者身上收集样本，然后让他们在最亲密的层面上相互竞争——血液的混合长期以来一直是性行为的象征。但该项目所涉及的不仅仅是作为表演的混合液体；它还唤起并质疑了种族优越感、亲属关系、放血等概念，并将血与宗教会、反常和亵渎联系起来。事实上，这场血腥竞争的输赢取决于各种因素，如压力、前一天晚上的睡眠质量，以及你现在是否正在与感冒作斗争。

《拥抱动物》是一个围绕转基因实验鼠展开的特定地点的混合媒体装置，特别是 HLA-B27 大鼠。这些啮齿动物在胚胎时期就被注射了人类的遗传物质，这使得它们容易患上银屑病和炎症性肠病等疾病——在这些疾病中，身体基本上会误读信号并攻击自己。在开发针对人类的治疗方法的过程中，这样的动物可以用于医学实验。凯西·海能够切身地反思这些老鼠存在的意义以及它们是如何被使用的，因为她自己也长期忍受着自身免疫性疾病。在这个项目中，这位以前厌恶和害怕老鼠的艺术家，对她的实验对象精心照顾，“就像她的姐妹一样”。随后她把这些老鼠放在画廊里展示，邀请观众思考他们与老鼠的关系，并询问他们如何看待物种层面的身份和转变。有趣的是，老鼠和人类的基因有很大一部分是相同的，因为我们都起源于大约八千万年前的共同祖先。凯西·海的作品及其观察到的结果也对医学研究实践的方法和固有假设提出了质疑：拥有更多空间、充足食物、关注和玩耍时间的老鼠在健康方面比实验室标准条件下饲养的同类好得多。这项工作的延伸是网站 Trans-Tomagotchi（2008 年），该网站允许访问者选择并照顾一只虚拟的转基因老鼠。

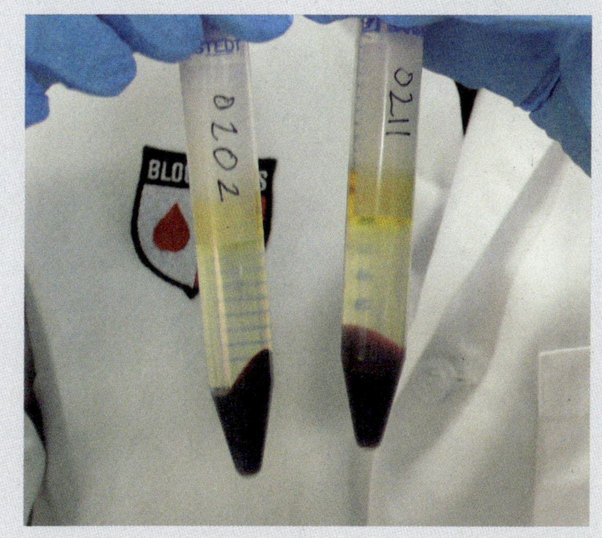

54

凯西·海的《软科学》（*Soft Science*，2003 年）有助于揭露媒体对生命科学研究和实验的可怕和无知的报道。通过视频和雕塑，该作品夸大了我们许多人对克隆和基因技术的内在恐惧感，揭露了持续影响身体政治的根深蒂固的权力结构，并邀请观众批判性地思考这些策略在过去是如何被利用的，如冷战时期或美国其他的“红色恐惧”时期。

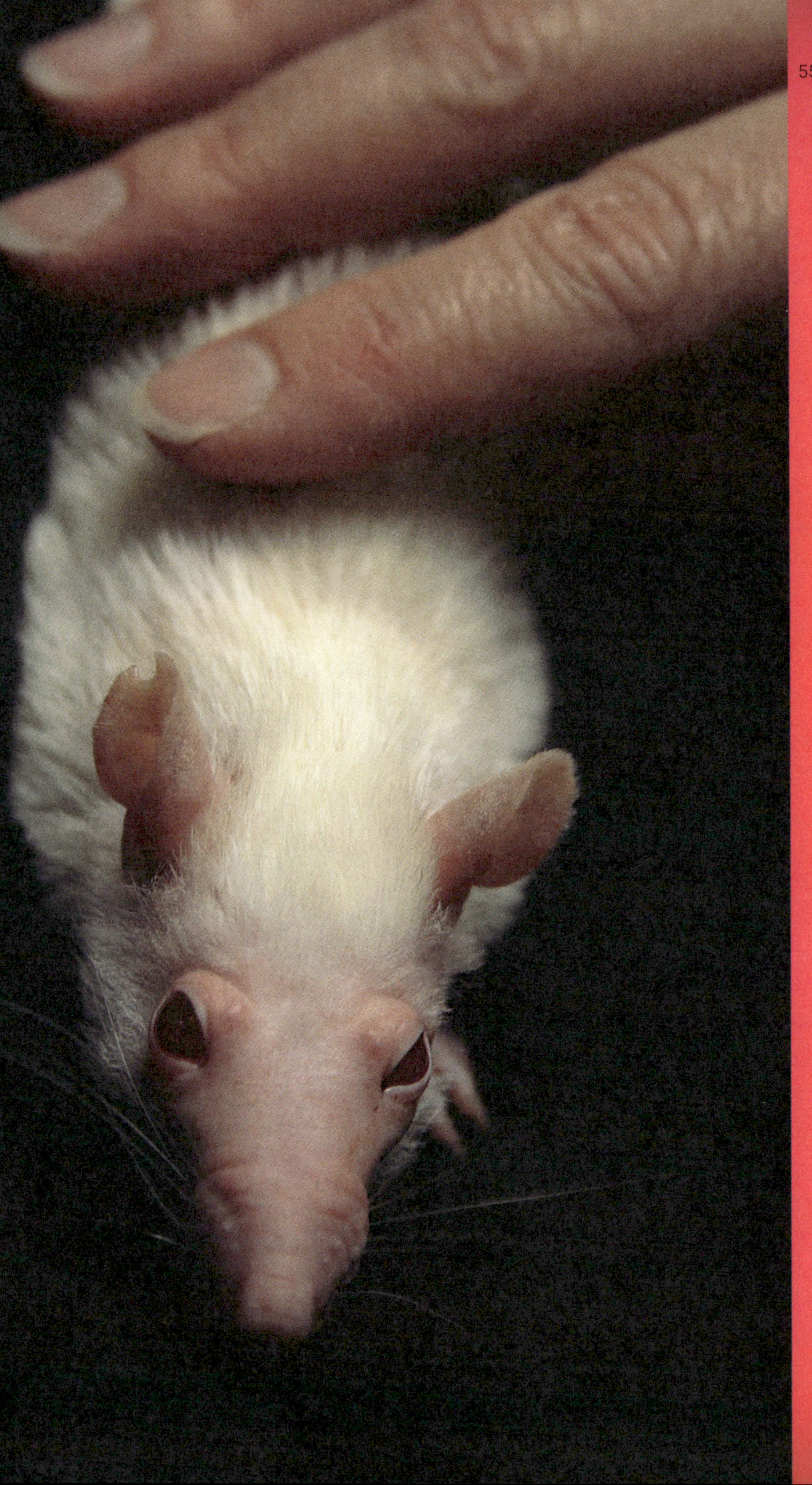

56

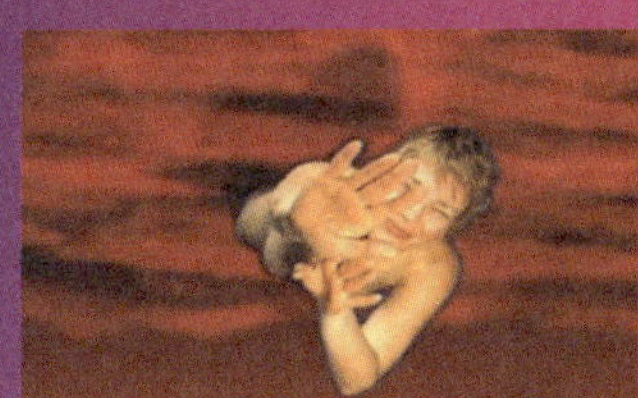

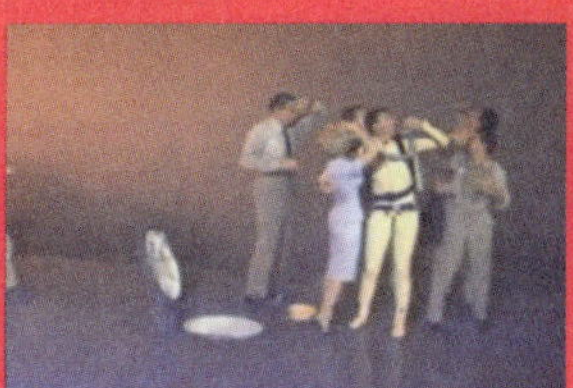

57

55 《拥抱动物》，2006 年
特定场所的混合媒体装置，包括玻璃管、视频、声音、在扩展的大鼠栖息地的活的转基因实验室大鼠、带有网站的计算机终端

56-57 《软科学》，2003 年
混合媒体，包括雕塑、录像

盖尔 · 怀特

怀特的艺术作品增强了我们对那些通常不可见但重要的事物的感知，无论是围绕科学探究的标准、档案工作者的技术、基因组学的道德含义，抑或是风。这些主题只是艺术家兴趣的一小部分，这引导她进行了丰富的研究，从解剖机器和设计人工智能到在她的身体上进行生化实验。她的作品经常涉及对“深层时间”的思考，即以数百万年为尺度的地质时间。从艺术的角度来看，深层时间代表了这样一种概念：我们的感知必然受到生物物理现实的限制，我们必须努力退后一步，考虑我们在一个有 45 亿年历史的星球上的位置和时间，或者是有 5500 万年连续的现代生命的长度。

《地平面》（*Ground Plane*，2008 年）是一件由照片组成的作品，这些照片按照精确的比例复制了由加利福尼亚斯坦福大学 Hadly 实验室收集的 1000 到 10 000 年的骨骼，怀特是该大学实验媒体艺术的教授。这些照片是按图案排列的，但每一个组成部分都是完全独特的，没有一张骨骼照片是重复的。图中是一个雪花和阿拉伯花纹的结合：从中心点辐射的生物生长。这些图像成为艺术家思考时间的一种方式，并将地壳视为“一个拥挤的时间记录，一个关于过去信息的渠道，以及我们现在生活所依赖的空间”。

2012 年的作品《向风致敬》（*Homage to the Wind*）在标题和形式上都直接参考了约瑟夫 · 亚伯斯（Losef Albers）的《向广场致敬》（*Homage to the Square*），该作品始于 1949 年，由数百幅不同颜色的嵌套方块的绘画和版画组成。怀特在她的作品中加入了时间和构图的维度：一个地方随时间的推移，随风而动，被安排在矩形片段中，类似于亚伯斯的作品。视频中出现的颜色之间的跳跃是虚幻的，是眼睛适应重叠运动的结果。怀特的《向风致敬》捕捉到了我们周围的悬浮物，通过将一种随着时间推移移动山脉和海洋的力量形象化，它也许能将我们的意识更全面地与人类干预下迅速变化的环境联系起来。

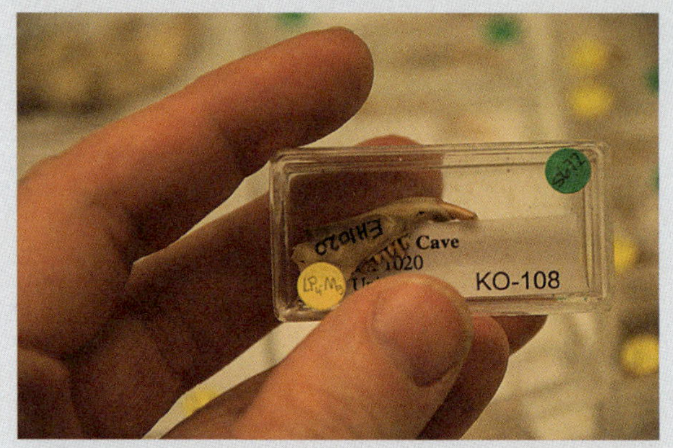

58

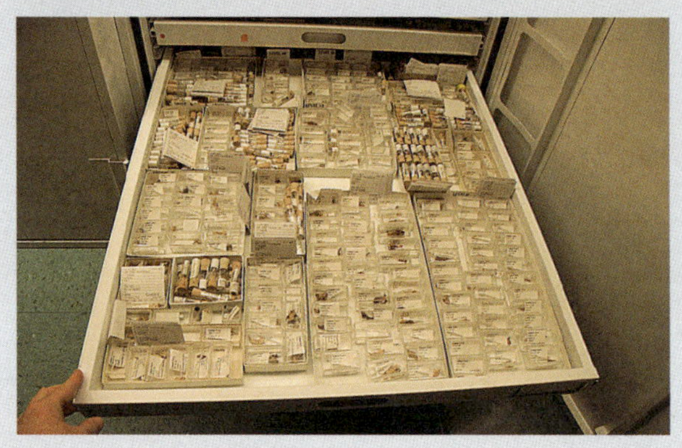

59

58–60 《地平面》，2008 年
超铬印刷品

怀特在《递归突变》（*Recursive Mutations*，2003 年）中采用了小鼠的进食方式来赋予作品形式。老鼠可以撕扯、重新排列或破坏印在宣纸上的 21 条染色体。它们由此产生的任意啃咬可能反映了我们自己在面对科技进步时的人类倾向，而科技进步总是超过社会进步。该作品提出了这样的问题：我们是谁，是否有资格运用基因组的力量？我们在这方面会比我们在分裂原子方面做得更好吗？

61

62

63

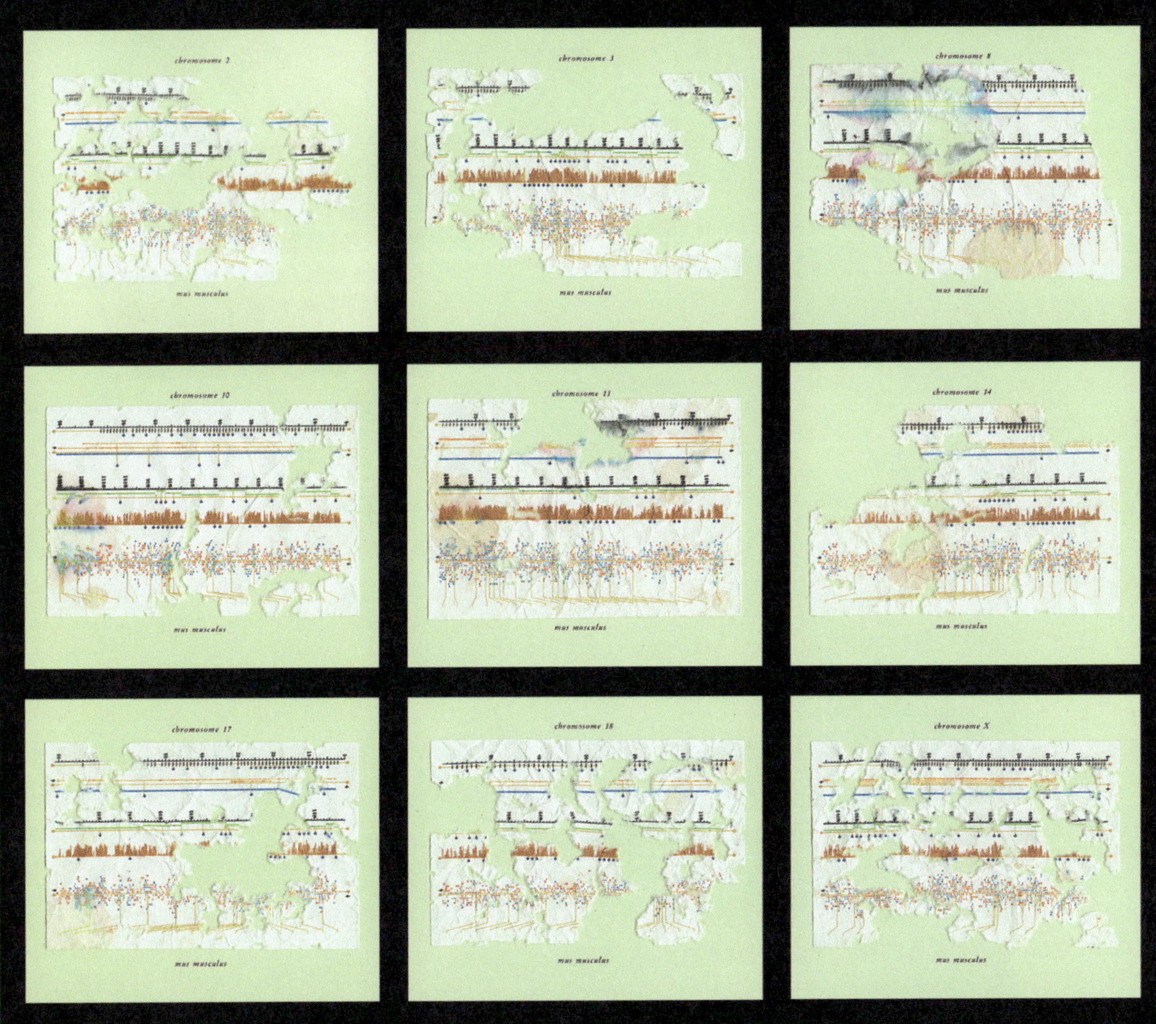

64

61-63　《向风致敬》，2012 年
高清视频

64　《递归突变》，2003 年
宣纸上被老鼠改变的喷墨打印作品

朱利安·沃斯-安德烈

65

沃斯 - 安德烈是一名雕塑家，他创造性地将复杂的科学概念可视化，如量子物理学定律和看不见的物质，而我们通常不得不抽象地考虑这些概念。这位艺术家将他在大学里接受的艺术和实验物理学方面的教育结合起来，创造并呈现出形式的过程，其规模往往堪比纪念性雕塑。通过将这些过程应用于实验室中观察到的数据集或使用数学推导出来的数据集，沃斯 - 安德烈使"触摸"蛋白质的褶皱成为可能。该艺术家尝试以形式作为翻译的媒介，如《量子人》（*Quantum Man*，2007 年），它由数百个垂直钢板以精确的相同角度排列组成，当观众改变视角时，这个人物形象就几乎消失了。这件作品类似于物质的波粒二象性，即量子力学中基本粒子既表现出粒子的特性，也表现出波的特性。因此，我们对维度的轻松把握，代替了我们对这些波或粒子的无能为力。

《生命的基石》（*The Building Blocks of Life*，2009 年）是三种肽（蛋白质的"骨架"）的小型雕塑版本，它们来自不同的领域：植物、动物和单细胞生物。蛋白质结构本质上是一条曲折的线或脊柱，从中伸出离散的分支，就像相连的原子的肢体一样。这可以表现为一条在三维空间中蜿蜒的线，就像一根缠在一起的单根电线。为了将这种形式转化为雕塑，艺术家设计了一个计算机程序，将这种蛋白质缠绕形式上的已知坐标转化为斜切雕塑的图表（这种技术通常应用于管道铺设或图像训练，以确保两点之间以一定角度相交）。与作品《协同作用》（*Synergy*，2013 年）一起，这些蛋白质雕塑清晰地呈现出复杂的、原本看不见的形式。

沃斯 - 安德烈的雕塑《一个想法的诞生》（*Birth of an Idea*，2007 年）设想了一个离子通道，这件作品是由罗德里克·麦金农（Roderick MacKinnon）委托创作的，他因描述这种通道的结构和机械特性而获得了 2003 年的诺贝尔奖。离子通道是充满水的隧道，调节离子穿过细胞膜的渗透性。在作品中使用的媒介和整体构图的混合与 20 世纪的现代主义雕塑相呼应，如大卫·史密斯（David Smith）、路易斯·布尔乔亚（Louise Bourgeois）和胡利·冈萨雷斯·佩利塞尔（Juli González i Pellicer）。沃斯 - 安德烈的作品《西方天使》（*Angel of the West*，2008 年）的灵感来自更久远的年代：15 世纪达·芬奇的钢笔墨水素描《维特鲁威人》（*Vitruvian Man*）。对于这项委托，沃斯 - 安德烈将抗体分子组成的片段排列成一个环状组合，包括与达·芬奇原作相匹配的焦点。此外，《西方天使》唤起了萨莫色雷斯的胜利女神（公元前 2 世纪）和安东尼·葛姆雷（Antony Gormley）的《北方天使》（*Angel of the North*，1998 年）的经典形式。这件作品提供了许多联系：抗体确实具有保护作用，是我们所依赖的神奇事物。这里的"西方"可能暗指启蒙运动和通过科学手段追求知识的西方传统。通过这些密集组成的一系列联想和引人注目的形式，艺术家成功地实现了他的目标，即提供一种"对构成我们物理存在基础的世界的感官体验，而这个世界通常只有通过我们的智力才能进入"。

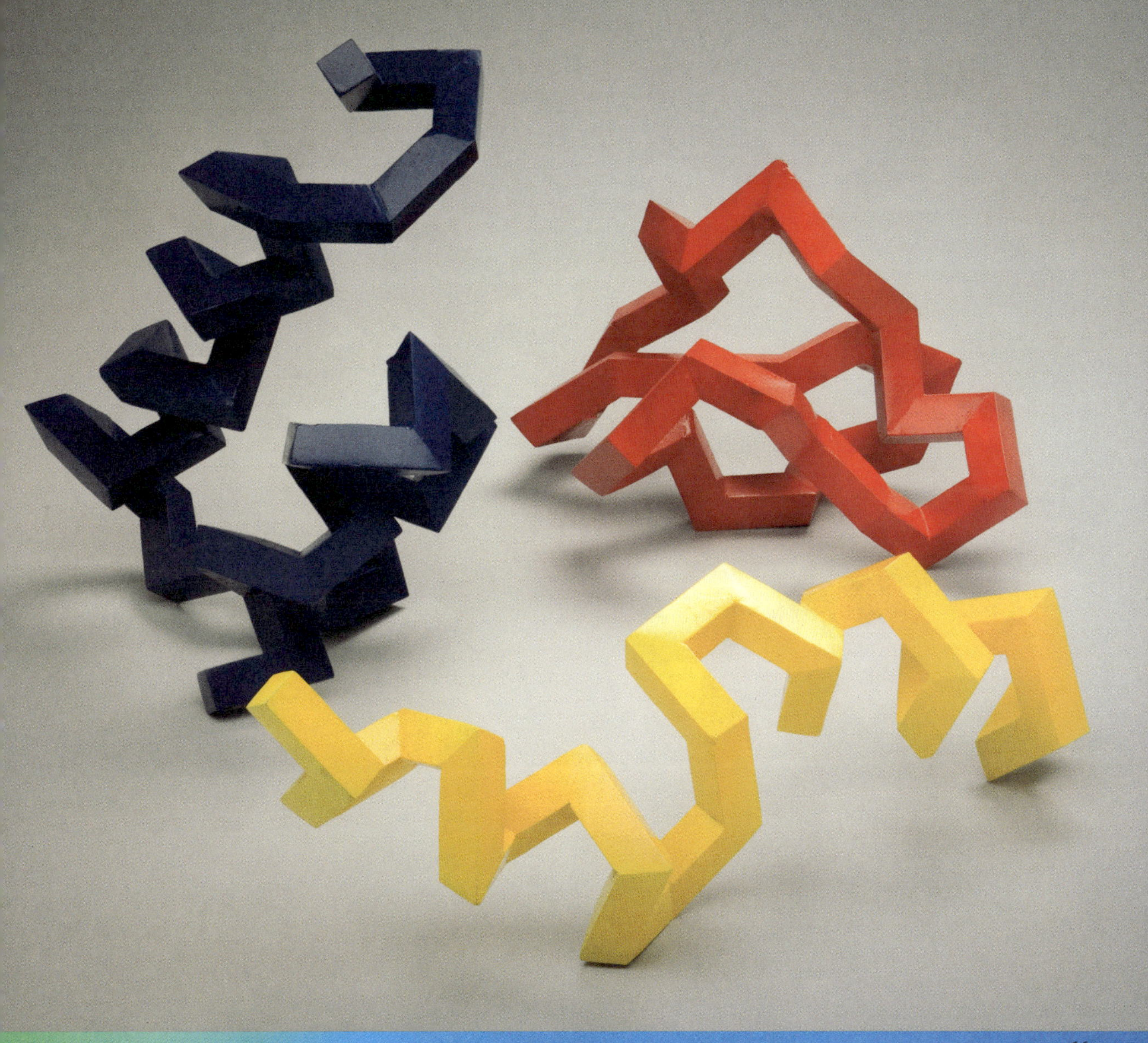

65　《协同作用》，2013 年
新泽西罗格斯大学的装置
不锈钢、彩色玻璃

66　《生命的基石》，2009 年
涂漆钢

68

67　《一个想法的诞生》，2007 年
受罗德里克・麦金农委托
钢铁、玻璃、木材

68　《西方天使》，2008 年
受斯克里普斯研究所委托
佛罗里达州，朱庇特
不锈钢

罗比·安森·邓肯

邓肯把自己描述成一块“海绵”，他充满热情地通过跨学科工作吸收各种学科领域的经验和知识。他明确表示要将艺术、科学和设计融入多种媒体中：从动画、装饰设计到灯光、音乐工程，再到为儿童设计交互式工作坊。其中特别值得一提的是，这位艺术家运用生物信息数据集（例如物种形态生成过程的观察数据或运动机理）创作出了动画和图形，以此影响形态。邓肯对海洋生物表现出了极大的兴趣，并努力将深海生物行为和生物形态可视化。其呈现出的结果既陌生又熟悉。邓肯的作品效果可类比 19 世纪末艺术家们充满活力的实验，这些艺术家受新获得的植物和海洋生物数据与插图启发，形成了后来在世界各地广泛被接受的新艺术运动或青年风格。尽管这些艺术家主要在他们那个时代的主流媒介（图形、家具和建筑）中工作，但邓肯在动画、激光切割和声音工程方面的作品体现了向数字化时代的转变。

邓肯的作品《海底几何》（*Benthic Geometry*，2014）展示了水层中最深的栖息地——海底。这是生物学家最近越来越着迷的领域：过去三十年的技术发展能够让我们以前所未有的方式观察和采集来自这些地区的生物数据。其结果扩展了我们对地球宜居区域的认知，并推动了对在极端环境压力下能够存活的极端生物的研究。在这一系列的研究中，邓肯使用了从生物数据库中获取的关于海洋微生物（包括星石虫属和虫黄藻）结构的数据。这些数据成为艺术家在未来作品中持续使用的工具。

《迷宫珊瑚》（*Labyrinthine Coral*，2014）则直接参考了构建珊瑚礁不可或缺的无脊椎动物物种，艺术家以一种创造性的方式复制了它们的形态：通过将磁流体（结合了液体的流动性和固体的磁性）和墨水混合，再利用钕磁铁将混合物移动和塑形。这些图像捕捉到了自然珊瑚生物形态的复杂性和戏剧性，由于人类活动，这些珊瑚的种群数量正在减少。珊瑚在海洋中支撑繁荣的生态系统的能力是无与伦比的，因此艺术家希望他的作品能引起公众对这一物种的兴趣和尊重。《共生藻》（*Symbiodinium*，2014年）是对共生藻的颂歌，这些藻类常常寄生在珊瑚和许多其他海洋物种中，通过光合作用与无机分子交换，以满足它们的功能需要。这些共生藻在防止珊瑚白化和死亡方面至关重要，而珊瑚白化和死亡对整个生态系统来说是破坏性的；但由于人为的气候变化，水温上升，这些藻类正在迅速死亡。邓肯利用他所收集的自然珊瑚样本中的天然荧光颜料，突出了他作品中的共生藻。

69　《海底几何》，2014
Adobe Illustrator CS6

70–71

70–71 《迷宫珊瑚》，2014 年
与威廉·斯凯尔顿（William Skelton）合作
数字图像、25 毫升铁流体、各种水基墨水、钕磁铁

72–73 《共生藻》，2014 年
数字图像、荧光颜料、甘油、汤力水、紫外线黑光灯

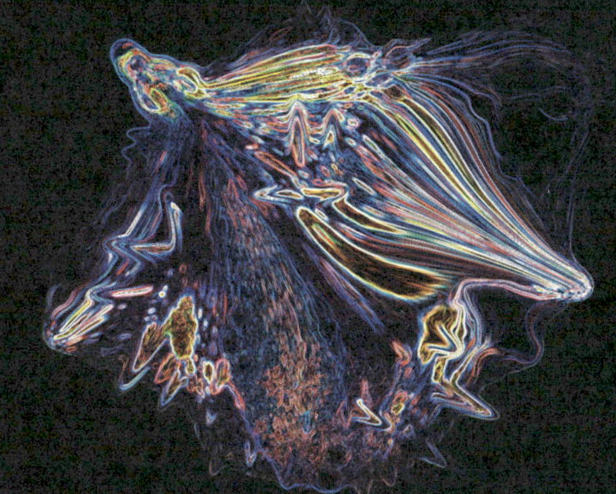

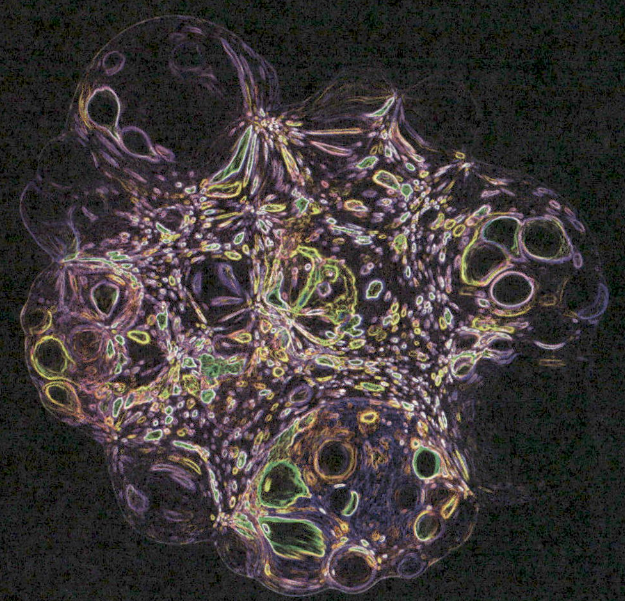

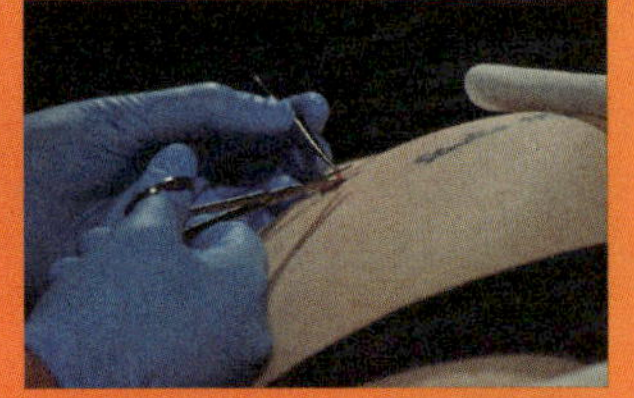

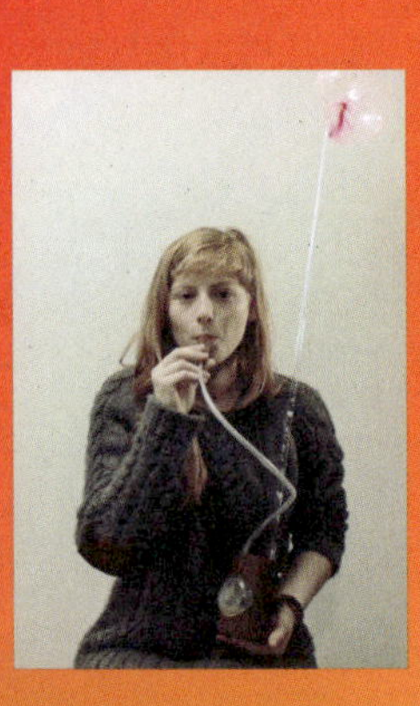
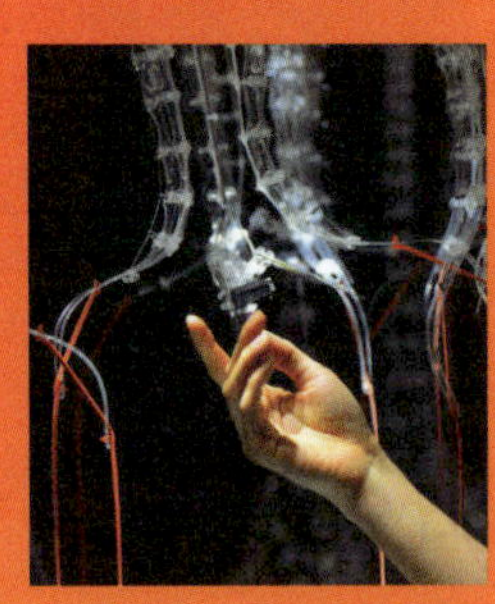

第4章

实验性身份和媒体

乔恩·麦科马克（Jon McCormack）（澳大利亚）
布莱恩·克内普（Brian Knep）（美国）
茱莉娅·洛曼（Julia Lohmann）（德国）
奥利·帕尔默（Ollie Palmer）（英国）
库埃·绅（Kuai Shen）（厄瓜多尔）
伊莱恩·惠特克（Elaine Whittaker）（加拿大）
达纳·谢伍德（Dana Sherwood）（美国）
劳尔·奥尔特加·阿亚拉（Raul Ortega Ayala）（墨西哥）
泽格尔·雷耶斯（Zeger Reyers）（荷兰）
菲利普·比斯利（Philip Beesley）（加拿大）
安吉洛·维莫伦（Angelo Vermeulen）（比利时）
拉斐尔·金（Raphael Kim）（英国，生于韩国）
伯顿·尼塔（Burton Nitta）（英国和日本）
安娜·杜米特里乌（Anna Dumitriu）（英国）
夏洛特·贾维斯（Charlotte Jarvis）（英国）
PSK工作室（英国）
长谷川爱（Ai Hasegawa）（日本）

例如，在地球上，人类一直认为自己比海豚更聪明，因为他们取得了如此多的成就——发明了车轮、建造了纽约、发起了战争等，而海豚所做的一切只是在水里嬉戏玩耍。但相反，海豚总是相信它们比人类聪明得多，正是出于同样的原因。[1]

——道格拉斯·亚当斯（Douglas Adams），1979年

对于安德烈·布雷顿和伊夫·唐吉等艺术家来说，儿童和精神病患者的绘画作品具有无尽的魅力。这些 20 世纪早期的艺术家相信，在这些作品中，他们看到的是未受污染的心灵的产物，在一定程度上摆脱了已知和未知的社会控制系统。这一观念与西格蒙德·弗洛伊德当时的新理论一致，即当人们能够并愿意将自己的性本能转化为具有可接受的社会价值的行为时，他们就达到了成熟的状态。超现实主义者得出结论，这样的社会价值体系是有问题的，文化的升华机制的设定会导致战争和痛苦。超现实主义者相信，只要我们能以某种方式越过这个看不见

的但很高的障碍，并通过自动行为、使用药物、剥夺睡眠或走向疯狂来突破潜意识，那么我们就能开始更自由和真实地思考和创造。

鉴于环境的加速恶化，如今许多生物在艺术家眼中似乎与近一个世纪前儿童和精神病患者在布雷顿和唐吉眼中的形象相似。它们尚未被人类文明的蔓延所塑造，是真实性的代表——不像工厂养殖的奶牛、转基因作物或高度繁育的吉娃娃。这种将他者视为处女地或原始荒野的叙述依赖于传统意义上的自然与文化之间的分界线，这种分界线的定义和运作方式类似于弗洛伊德的升华概念：将树木、煤炭和金属等原材料转化为我们所认为的文明对象，如建筑、商业和艺术。但是这个分界线以及它所基于的他者性与弗洛伊德的许多论断一样是有问题的。

许多生物艺术家提供的答案是对“他者”的黯淡叙事的挑战。他们不依赖于异域情调，而是以几乎一致的尊重和谦逊的姿态来呈现其他生物并与之共事，并且他们承认自己对其他生物的理解是有限的。从这个意义上说，他们的回应与超现实主义者相左——他们并没有像超现实主义者看待疯子或天真之人那样，将自然视为他们渴望进入的他者之地。对大多数生物艺术家来说，自然和文化的分离几乎毫无意义。相反，他们为一种艺术表达方式所吸引，这种表达方式突出了非人类生物所表现出的复杂行为、相互依存关系和复杂性——这种策略显示了它们与人类的相似性。有意思的是，2011 年开始在鹿特丹持续上演的《黏菌实验》（见 154~155 页）中，艺术家希瑟·巴尼特将志愿者的腰部捆绑在一起，强迫他们合作进行集体行动，并向他们提出了一个问题：“人类能像黏菌一样聪明地行动吗？”[2]

像巴尼特、库埃·绅、安娜·杜米特里乌和安吉洛·维莫伦这样的艺术家将生物作为合作者而非单纯的创作材料。这源于现在较新但被广泛认可的观点，即所有生物，包括人类，都是复杂且相互依存的巨大生态系统的组成部分，甚至包括不可见的微生物生命。这引发了有趣的问题，即关于我们现在选择哪种视角来认知我们在物种中的位置。环保倡导者迈克尔·波伦（Michael Pollan）提供了一个富有启发性的思想实验，他质疑修剪整齐的草坪上的草是否实际上是地球上最成功的物种：它以某种方式欺骗了人类，让人类照料它，并将其传播到世界的每个角落。[3]但是，我们人类有什么资格把自己当成自然的主宰呢？波伦的设想提醒我们，非人类的生物体不是某种真实“自然”的神谕，而是和我们一样，是绚丽和无比复杂的网络的一部分。通过探究和可视化其中的复杂性，生物艺术家试图将生物体视为动态的存在，在其环境中不断地重新平衡和进化。

回想起超现实主义者，现代生物艺术家如夏洛特·贾维斯和长谷川爱大胆而戏剧性地重新定义了自我的领地。组织培养技术、干细胞研究、合成生物学和生殖医学等都在以惊人的速度发展。与此同时，法律和公众对隐私权、身体物质所有权以及基因信息等有价值财产的认识远远滞后。回应这些问题的艺术家有时可能会震惊他们的观众，但这也许并不令人意外。最近的科学进步极大地冲击了我们对身体和基因的固有认识。长谷川爱的一件作品挑战了我们对生育的预期，并邀请我们考虑生育一种濒危的海豚物种而不是人类婴儿。她的作品提出了一个问题：通过合成生物学和微创手术，可以负责任地多次生育，甚至复活灭绝物种。那么一生中为什么要浪费这么多潜在的生育机会？这种荒谬和合理的混合帮助我们认识到我们的思维和文化规范可能会发生多么彻底的变化。

1 道格拉斯·亚当斯，《银河系漫游指南》（*The Hitchhiker's Guide to the Galaxy*），Harmony Books，1979年，第23章。

2 希瑟·巴尼特在鹿特丹《黏菌实验》演出期间（2013年9月27日）。

3 迈克尔·波伦，“智能植物”，《纽约客》（2013年12月23日）。

1

乔恩·麦科马克

麦科马克的的作品专注于创建和测试模拟形态生成（即生物体的形成过程）以及生态现象（如相互依存关系和反馈循环）的数字模型。自 20 世纪 90 年代以来，他的工作一直与此类软件模型的发展并驾齐驱，甚至影响了其发展。此类软件建模通过产生惊人的可视化效果和声音体验来加强研究，通常具有重要的时间维度。麦科马克的作品将美学成果与测量、理解和复制生物现象的正式研究结合起来，使人想起达西·温特沃斯·汤普森（D'Arcy Wentworth Thompson）极具影响力的作品《论生长与形态》（*On Growth And Form*，1917 年），以及汤姆·迪林克（见 148~151 页）和德鲁·贝里（见 146~147 页）等同时代人的作品。

《五十姐妹》（2012 年）吸引人的图像是麦科马克在过去 20 年中开发的建模工具的产物：从 20 世纪 90 年代的离散、字符串重写 L 系统到他今天的细胞发展模型（CDM）。CDM 比早期的软件更进一步，它纳入了刺激性环境中的连续变化，并在层次结构中循环利用系统组成部分。换句话说，该模型更准确地复制了复杂的相互关系和适应性，这些都是自然环境实际生态的特征。正如麦科马克创造的花朵形式所显示的那样，这种复杂性无法用简洁的语言描述，却能适应视觉体验，它们错综复杂、种类繁多、色彩鲜艳，与自然选择的产物一样。但这些形式也是极度人工化的，其美学效果近乎机器般完美。这种自然性和人工性的对比通过整合石油公司的标志作为形态系统的起始组成部分而得到放大，这些徽标被进化模型扭曲了，但在完成的作品中仍然可以辨认出来。

《五十姐妹》的潜在叙事与作品中使用的视觉元素完美匹配。石油和煤炭在数百万年前起源于植物，现在它们的使用正在迅速改变气候环境，而作品中所代表的企业参与者则加速了这一进程。作品的标题取自“七姐妹”，指的是几十年来主宰国际石油生产和分销的公司。用植物的形态生成对这些企业身份进行抽象概括，产生一种愉快而又黑暗的讽刺感。由于这些图像是计算机上运行的模型生成的，而计算机本身的生产和运行又依赖于化石燃料，因此这种讽刺意味更强烈。

在《伊甸园》（*Eden*，2004 年）中，艺术家创造了一个模型来复制进化选择，并以此为基础，用声音和灯光来呈现动态的画廊体验。装置一开始就在画廊的墙壁上展示了一个虚拟生物群体，每个生物都有不同的遗传信息和发声行为，可以在不同的世代中发生变化和突变。反馈循环依赖于参观者的行为：检测参观者站立的位置和时间，用于为人工环境产生“食物”，为附近的虚拟有机体提供养分和生存优势。游客站立的时间越长，听到的生物声音越多，为该生物生成的食物也就越多。随着时间的推移，装置中的模型生物会不断“进化”，进化出人们愿意驻足聆听的声音。

1–4　《五十姐妹》，2012 年
进化的植物数字图像
源自石油公司的标志

3

4

5　《伊甸园》，2004 年
基于软件的装置，创造了一个互动的、自我生成的、人工的生态系统

5

布莱恩·克内普

6

克内普是一位既能与科学家密切合作，又能设计原创互动装置的艺术家。他曾在世界著名的工业光魔公司（Industrial Light and Magic Company）担任软件设计师，也曾学习过玻璃吹制和陶瓷工艺，所有这些经验都为他的作品提供了支持，包括微观雕塑、视频和数字印刷品。这些作品通常随着时间的推移揭示生物过程的某个方面，或以此为出发点设计反应灵敏的装置作品。这些作品都是原创的形式和体验，不仅在美学上独具特色，还传达了生命科学的技术和成就。

《衰老/青蛙》（*The series Aging/Frogs*，2007—2014年）系列作品始于在美国哈佛大学医学院驻校期间费尽心思拍摄青蛙（热带爪蟾，Xenopus tropicalis）从蝌蚪到幼蛙成长的过程。这些作品成为多部描绘形态发生复杂循环的视频和版画的基础。其中包括在波士顿港岛欢迎中心展出的《青蛙时间》（*Frog Time*，2014年），它呈现了一个不断变化和移动的标本。在这件作品中，青蛙的运动和成熟可以被解读为一般进化变化的反应，或潮汐和天气的流动，甚至表征日常生活中生长和无尽劳作的循环。在这个系列的其他部分——《青蛙三胞胎》（*Frog Triplets*）、《狂欢》（*Rapture*）、《布托蛙》（*Butoh Frog*）中，色彩和动态常常被置于前景，产生令人着迷的效果。

《痕迹/虫子》（*Traces/Worms*，2009年）聚焦于生物研究的主力军——蠕虫，就像他对青蛙的研究一样，艺术家与这些生物紧密合作，了解它们的行为和生命周期，甚至为它们提供他自己体内的微生物和真菌。由此产生的图像、微观雕塑和视频有一种意想不到的视觉效果，在形式和色彩上显得古老而破旧，就像羊皮纸上的古梵文。作品的这一特点强调了艺术家参与其中的研究元素：蠕虫是如何衰老的。最近的研究表明，通过基因操作可以延长蠕虫的寿命。克内普研究蠕虫后创作的艺术作品包括《依赖》（*Dependence*）、《蠕虫结构》（*Worm Constructs*）、《阿凡达》（*Avatar*）和《纳摩斯（男性和女性）》[*Namaste*（*Male & Female*）]。最后一件作品展示了微小的雕塑人物，复制了分别于1972年和1973年从地球上发射的“先锋10号”和“先锋11号”飞船上的铭牌，旨在表达人类的问候。这些蠕虫在这些微小的人物周围爬行，对艺术家的友好意图视而不见。

《愈合系列》（*Healing Series*，2004年）包括几个交互式的地板装置，随着访客的移动改变形态：人体的运动“破坏”了图案投影，随后又重新生长，并稍作改变。该作品源于对人工智能的研究，并试图在设计的系统中创造出类似人类或生物驱动的行为。这个装置最吸引人的地方是如何引导人们的反应；他们的好奇心和实验启动了一个不寻常的、几乎是即时的小社区，因为该作品巧妙地鼓励参与者相互学习和互动。

6　《青蛙时间》，2007 年
非重复性的视频装置：视频投影仪、电脑、定制软件

7-8　《纳摩斯（男性和女性）》，2009 年
安装在灯箱中的数字印刷品
秀丽隐杆线虫、琼脂、聚二甲基硅氧烷、大量细菌、古菌、真菌和螨虫碎屑的图像

9　《愈合系列》中的《愈合 2》，2004 年
互动视频装置：视频投影仪、录像机、电脑、定制软件、泡沫垫

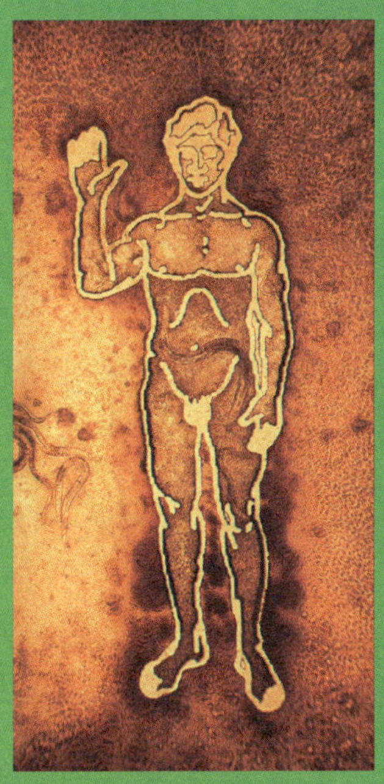

7

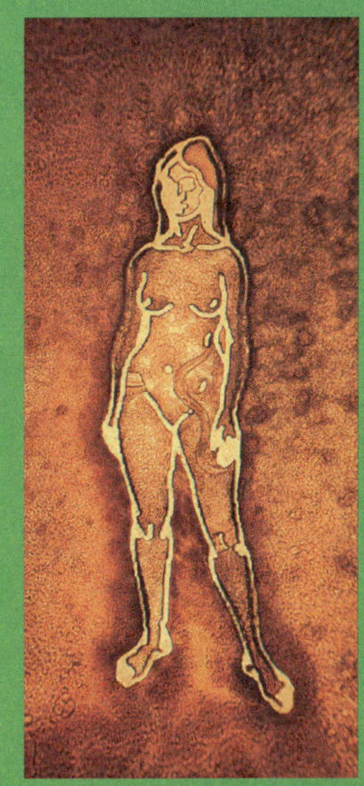

8

9

茱莉娅·洛曼

洛曼的作品往往以考虑生物体向物质对象的转变开始。她将可持续性置于首要位置，致力于探索我们社会构建的价值体系，研究其如何导致以动植物为原材料的使用和过度使用。实质上，她通过工作来改变设计领域的一些假设，并改革其实践方式，从而为设计领域作出贡献。

洛曼在德国一个自然保护区的边缘长大，年幼的她经常和流浪狗交朋友，并帮助她的父亲收集浮木做雕塑。可以从她的第一个书籍项目中看到她对生命的迷恋和尊重，尤其是那些被我们视为恐惧或容易忽视的生命。这个作品包含了以昆虫幼虫和其他媒介创作的艺术，是她在英国学习平面设计时完成的。洛曼在搬到冰岛的一个畜牧场工作后，对自然和材料之间的关系产生了更浓厚的兴趣。随着时间的推移，冰岛生活与英国消费主义之间的差异给她留下了深刻的印象，这种对比影响了她返回伦敦在皇家艺术学院学习设计产品时的作品。

自 2004 年起，洛曼开始经营自己的设计公司，同时还在汉堡美术学院任教，并创作了多件作品，被各大博物馆广泛展示和收藏。她最近的工作重点是海洋，以及其丰富但又受到威胁的生命目录；为了继续促进更负责任的自然利用，她探索不起眼的海藻。洛曼在 2013 年加入伦敦维多利亚与阿尔伯特博物馆，担任设计研究员，并很快将她的驻地称为“海藻部”。她在那里致力于磨炼用海藻创造物品的工艺技术，这种工艺的过程对生物圈的危害远远小于制作皮革或塑料的过程。通过优雅的形式和质地来展示这一替代工艺，洛曼隐晦地批判了传统消费文化的黯淡前景。

洛曼与海洋植物的努力合作带来了丰硕的成果，从海藻制成的帽子和围巾到使用海带的照明装置和精心设计的装置。她的美学同时具有未来感，指向新的生物技术工艺，同时也唤起了对古老、简单且基于经验利用自然界丰富资源的回忆。其中具有里程碑意义的作品是《奥基·纳加诺德》（*Oki Naganode*，2013 年），这件雕塑展示了褐藻作为设计材料的潜力。它与藤条融为一体，呈现出复杂的有机形态，展示了其半透明、可塑性和抗压强度等天然特性。这件作品蕴含的希望似乎是，不起眼的海洋植物有朝一日可能会加入甚至取代传统制造和工艺中使用的某些元素。

11

10　《奥基·纳加诺德》，2013 年
由伦敦维多利亚与阿尔伯特博物馆委托制作
海藻、藤条、铝

11　“海藻部”，2013 年
混合媒体，包括海藻、藤条、铝

文本：玛丽亚姆·阿尔达希

奥利·帕尔默

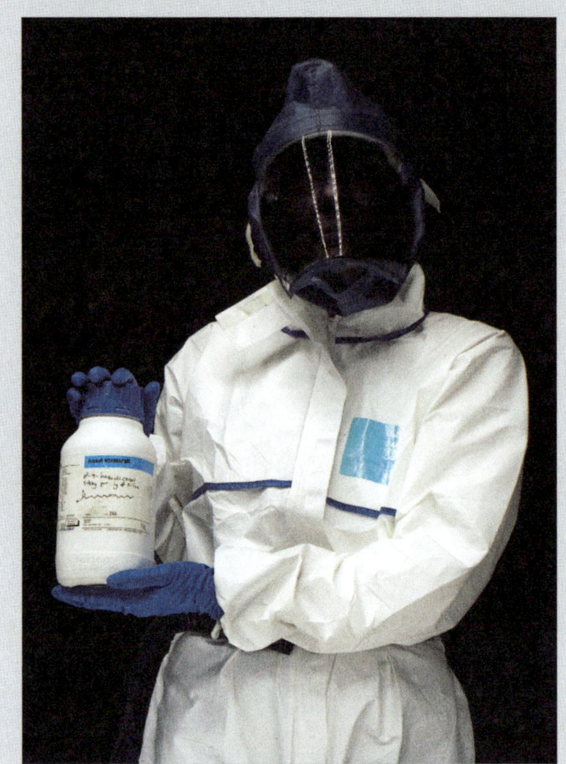

12

在参观亚马孙雨林之后，帕尔默开始对蚂蚁进行投资。当时他正在攻读建筑学硕士学位，寻找毕业研究课题。《蚂蚁芭蕾》（*Ant Ballet*）最初是为了写毕业论文，而后发展为他的项目，历经四个阶段和六年时间。尽管该项目首次展出是在 2012 年，但它仍然因帕尔默所称的“略显古怪的兴趣”而受到国际关注。《蚂蚁芭蕾》源于对新兴系统和等级系统的争论，开始是对虚拟蚂蚁群落的讨论，最终回溯到影响了许多技术操作的生物系统。实质上，帕尔默从技术角度看待蚂蚁的行为，将其与计算系统进行比较，希望研究蚂蚁的导航感官，最终控制它们的行动。

受 1974 年的电影《第四阶段》（*Phase IV*）中智能蚂蚁袭击人类的启发，帕尔默花了很多时间研究阿根廷蚂蚁的信息素。在掌握了阿根廷蚂蚁的现有化学知识，如调节其与其他生物体相互作用的化合物的结构和性质后，帕尔默选择将该物种作为他的研究基础，直到意识到它具有危险的入侵性为止。这意味着帕尔默无法将他的研究带到英国，只能在蚂蚁的原产地巴塞罗那进行项目测试。

经过近两年的研究、建造和合成，帕尔默终于能够在巴塞罗那的一个移动夜间实验室中开始进行实验。不久之后，他开始铺设合成信息素的路径，希望能编排动作，从根本上创造出一个蚂蚁芭蕾舞团。帕尔默很快意识到，他需要像对待人类一样对待蚂蚁。起初，蚂蚁们陷入了混乱，并没有注意到精心设置的路径，这时帕尔默的担忧是可以理解的，他开始认为这项研究是失败的。然而不久之后，他意识到蚂蚁在新环境中与人类非常相似，他们只是需要更多的时间来适应和找到目标。一旦最初的恐慌平息下来，蚂蚁们适应了它们的环境，它们就能够开始跳舞。

帕尔默的下一步工作是收集 15 000 只蚂蚁，他使用一种手动装置，用一根管子把蚂蚁吸上来，蚂蚁和他的嘴之间只隔着一层纱布。有了这些蚂蚁，他开始尝试将一个等级制度强加给一个自发性的、集体性的整体。与当代生活的结构相呼应，帕尔默将等级和自发性视为两种不同的意识形态。一方面，自上而下的等级制度在整个社会范围内占主导地位，例如宗教、教育系统和政治通常由少数有权势的人控制。另一方面，自发系统则似乎在基层运作，重要的决策分散得更广泛。帕尔默认为自发行为尤其有趣，因为它在政治领域的左右两个极端上获得了越来越多的关注。这位艺术家承认，现有的蚂蚁自发系统运行得非常有效，并且在蚁群中已经存在了很长时间，以至于试图强加一个等级状态是一种“荒谬的、无望的行为”。尽管如此，他仍觉得这值得尝试以产生新的见解。作为一名工业设计师，帕尔默将自己对艺术和生物学的兴趣完美地融入他的作品中。他更愿意做一个同时使用艺术家和生物学家语言的局外人，他在这两个领域的实验中都找到了慰藉。

文本：玛丽亚姆·阿尔达希

13

12–14 《蚂蚁芭蕾》，2008 年
铝制机械、合成信息素（Z9-16: Ald）、硅粉、
伺服电机、电子设备、氟利昂、阿根廷蚂蚁

14

15

17

17　《与蚂蚁和其他昆虫玩耍》，2012 年
不同种类的蚂蚁、定制设计的亚克力微型栖息地、带靶标的书、
电脑、音响系统、照相机、单通道视频投影

库埃·绅

到蚂蚁那里去吧，你这懒惰的人，观察其方法，就会有智慧了。

——《箴言》第 6 章第 6 节

库埃·绅的艺术作品阐明了地球上两个最成功的社会物种——蚂蚁和人类——之间的相似性和对比性。他对看似不起眼的蚂蚁产生持续兴趣源自 1999 年，当时他第一次在厄瓜多尔雨林中观察到军蚁是如何工作的。此后，这位艺术家就开始研究这些昆虫，并努力将其作为艺术合作者融入多个装置作品中。库埃·绅的动机是“通过培育自下而上的有机体的形成来打破政治和宗教的父权制”，这种思想将集体的、以目标为导向的社会组织视为一种有机体。这种想法与许多科学家将蚂蚁巢穴这样的社区视为“超级有机体”的观点不谋而合，这一概念最早在著名生物学家 E. O. 威尔逊（E. O. Wilson）的工作中得到了最充分的解释。库埃·绅将我们对蚂蚁物种的理解与社会领域的现象联系起来，认为我们可以从其他物种中学习如何设计更具适应性、由社会驱动的系统来组织人类的劳动和资源。

作品《oh! m1gas：仿生摩擦声环境》（*oh! m1gas: biomimetic stridulation environment*，2013 年）由一个蚂蚁群体与视听设备组成，该设备可以对其行为和声音进行监测和记录。这些行为和声音随时间变化，并通过旋转的转盘和黑胶唱片产生声音。由此产生的黑胶唱片刮擦声，就像 DJ 经常使用的声音，让人想起了蚂蚁最初的叫声（蚂蚁通过摩擦身体部位发出的交流声）。过去几年的研究表明，蚂蚁可能有丰富的听觉生活，利用声音系统来标记不同的行为、需求或危险。因此，该作品将唱盘作为一种工具，在人们跳舞的群体环境中协调情感和行为，与蚂蚁高度有组织且具有适应性的行为相联系。

16

15–16　《oh! m1gas：仿生摩擦声环境》，2013 年
切叶蚁群、真菌培养、定制设计的亚克力栖息地、带步进电机的转台、计算机、压电麦克风、相机、显示器、音响系统

《与蚂蚁和其他昆虫玩耍》（*Playing with Ants & Other Insects*，2012 年）是基于生物学、生态学和游戏设计的跨学科研究。它是使用 reacTIVision 1.4 实现的——一个用于为交互设计添加多点触控功能的开源数字框架。该项目于 2012 年在北京科技馆展出，由一本书、图形投影和一个活的蚂蚁群组成，以突出生物体的解剖、居住和互动。该装置旨在“揭示蚂蚁和其他昆虫社会游戏的潜在方面”。这种探索就像人类游戏（如角色扮演游戏）中的模仿行为，与那些在适应生态系统变化的物种中观察到的行为之间有着密切的联系。艺术家观察到，“角色扮演游戏的核心是探索伪装下的社会性”，这可能有助于强调游戏的社会需求，同时也支持这样的观点，即我们的行为在生物圈中毕竟不是那么独特。

伊莱恩·惠特克

18

惠特克是一位雕塑和装置艺术家，他探索生物学作为当代艺术实践的潜力，重点关注文化如何发展并表达其对非人类生命的恐惧。这种恐惧往往与人类的历史经验有关，涉及多代人在感染和疾病中所经历的痛苦与死亡。尽管现代医学可能已经征服了我们许多严重的疾病，但这只是相对而言；自病原体理论被牢固确立以来，仅仅过去了一个多世纪。公众的恐惧也不断受到媒体和娱乐机制的煽动。在惠特克的作品中，大众理解、科学和视觉媒体的相互作用以多种方式展现和实现，作品使用了蜡、颜料、铁丝、摄影，以及培养的微生物和蚊子等生物物质。

项目《环境瘟疫》（*Ambient Plagues*，2013 年）是一个由多个部分组成的装置作品，探讨了人们对瘟疫的恐惧，以及我们一直被强烈灌输要避免的个人“感染漏洞”。在作品《我在电影院感染了它》（*I Caught It At the Movies*）中，有关生物末日的热门电影的剧照被装裱在培养皿中，培养皿中生长着可见的生物菌落，包括真菌和霉菌。现实与幻想的融合反映了我们头脑中的情景：一个被错误信息和耸人听闻的宣传所扭曲的结合体。在作品的其他部分，绘画与微生物培养相结合，与艺术作为“文化”最高体现的概念相呼应。这个概念在装置的其他部分也有所体现，比如微观尺度的可视化，这些图像被美化后呈现在报纸和杂志上。它们的美与浪漫主义的崇高概念相吻合，就像与恐怖交织在一起。

《环境瘟疫》的另一个组成部分是一系列鼠疫医生的图像，这些医生以喜剧演员的形象出现，参与阅读和度假等日常活动。这个戴着面具的原型起源于 14 世纪早期，当时黑死病在欧洲肆虐，人们试图制造生物危害防护服。根据 17 世纪的记载，他们的设计包括一个长长的鼻罩或喙，通常塞满草药，用于防止被认为传播疾病的有毒空气或瘴气。惠特克的鼠疫医生图像为原本阴郁的作品集增添了一抹亮色；我们可以把自己想象成这些作品中的羊群，被非理性的力量驱赶，或者被周围的恐惧瘟疫所感染。

《惶恐不安的文化》（*(in)trepid Cultures*，2010 年）展示了一系列培养了卤虫菌属 NRC-1 细菌的培养皿。这些微生物在死海等富含盐分的环境中生长，并形成生动而复杂的生长模式。它们是一个古老且高度适应的物种，提醒着人们细菌是地球上最早的生命形式。鉴于我们在个人微生物组中寄居着数万亿的微生物，人类的进化与它们的关系比我们意识到的还要紧密。看起来，这些微小生物的机会主义特性似乎没有界限。然而，用艺术家的话说，在画廊中，它们的存在可能会“激起恐惧”。有趣的是，标题中暗示的“惶恐不安”源于拉丁文中的“trepidus”，意思是“害怕”；虽然英语中的对应词“trepid”在 19 世纪就不再使用了，但变体“intrepid”（无畏的）和“trepidation”（惶恐不安）一直被保留着。

19

20

18　《生物技术》，来自《惶恐不安的文化》，2010 年
混合媒介，包括卤虫菌属 NRC-1、1575 个培养皿、高盐生长介质、数码相机、显微镜

19　《我在电影院感染了它》，来自《环境瘟疫》，2013 年
培养皿、麦拉膜、水粉、琼脂、卤虫菌属 NRC-1

20　《微生物、工具和传输器》（*Microbes, Tools & Transmitters*），来自《环境瘟疫》，2013 年
混合多种媒介的亚克力盒子

21　《瘟疫医生的研究》（*Plague Doctor Studies*），来自《环境瘟疫》，2013 年
数字印刷品

21

达纳・谢伍德

22

谢伍德的作品经常运用生命或变化的物质，以反映时间的流逝以及一切最终走向腐朽和死亡的必然性。她的作品范围广泛，从装置和视频到活体雕塑和镶嵌着千藤壶的工艺品，同时也表现出对传统观念的失望，即将大自然视为无限韧性和纯净之源。谢伍德的作品通过展示腐烂、寄生和食腐等自然过程，将观众置于这些过程中，并将其与人类颓废的象征，如正式的餐饮或精心制作的糖果相结合。这些组合形式让人想起虚空派绘画，随着人类的进步导致环境的退化，这些作品效果变得愈发强烈。这有助于揭示“人类世”的现实：人类的努力变得愈发徒劳，因为我们未能战胜自己的死亡，同时还加速了对周围生命的破坏。

《外壳》（*Encrustations*，2012 年）以虚构的方式，叙述了 19 世纪美国内战期间海洋和堡垒之间的冲突。作品设定（并展示）在太平洋沿岸的一个真实的堡垒，这个堡垒实际上并没有经历过有组织的战斗。谢伍德所叙述的虚构冲突是在人造物品与海洋力量和循环之间的对抗。日常用品和军事装备被藤壶、海绵和藻类侵蚀和占据。美国内战中的浪费和痛苦，与即将到来的海平面上升和人类居住地之间的冲突时代有相似之处；也许 2005 年卡特里娜飓风的强度（被广泛归因于气候变化）可以被视为萨姆特堡（美国内战中第一场血腥战斗地点）的现代等价物。

作品《炼金农业女士协会》（*The Ladies Society for Alchemical Agriculture*，2009 年）、《黑甲虫》（*Tenebrio Molito*，2012 年）和《黑暗荒野中的宴会》（*Banquets in the Dark Wildness*，2014 年）展示了一系列用于呈现具有强烈时间元素作品的技巧。它们都展示了在画廊环境内外涉及非人类物种的过程。其中，作品《黑甲虫》最依赖不可思议的元素，使用黑甲虫的幼虫从内部转化和吞噬一个蛋糕。通过这种方式，作品反映了令人感到不适的死亡现实，并在形式上与老彼得・勃鲁盖尔（Pieter Bruegel the Elder）在 16 世纪中期描绘的巴别塔神话相呼应。《炼金农业女士协会》采用了马车的形式，很像那些传统上用于儿童体验式教育展览的马车，但它们被用来展示正在工作的玻璃容器，用霉菌和真菌分解当地的植物和食物。这辆令人好奇的马车让人联想到 20 世纪初的吉普赛大篷车和灵车的设计，使作品既有欢庆感又有失落感。

22–23 《外壳》（2012）
与马克·迪翁合作
木箱和玻璃箱、蓝色窗胶、不同的物品、贝壳、海绵、藤壶、
干海藻、石膏、丙烯颜料

24

25

26

24–25　《炼金农业女士协会》，2009 年
与黑森林幻想（The Black Forest Fancies）合作
马车底盘、木材、玻璃、植物和动物材料、糖果和蛋糕、棉布、铁丝网

26–27　《黑暗荒野中的宴会》，2014 年
视频、显示器、石膏、黏土、清漆、钢制烤架、书籍、玻璃器皿、铝和搪瓷烹饪工具、香肠肠衣

28　《黑甲虫》，2012 年
玻璃、蛋糕、木头、糖、燕麦、黑甲虫幼虫

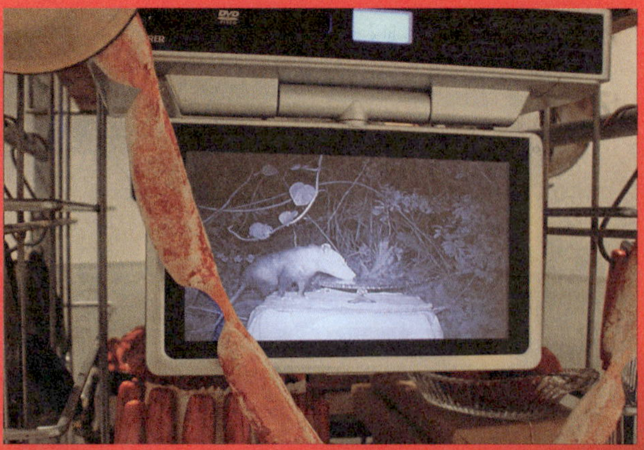

27

劳尔·奥尔特加·阿亚拉

29

30

31

32

“……我的作品是结合人类学和美学的结果，通过美学体验来提供人类学见解。”

阿亚拉的艺术作品往往需要耗时多年的沉浸式投入。他参与各行各业的工作和实践，如办公室工作、园艺或食品行业的工作，以此为他的表演、雕塑、摄影和装置作品奠定基础。他将自己的创作过程比作人类学学者的参与观察，通过融入其中来吸收该领域的知识，然后进行回应。这些回应的形式是阿亚拉所称的“纪念品”和附带的“实地笔记”。他的物品组合传达了一种有理有据的批判，这种批判因其熟悉性而更加深刻。一个很好的例子是基于艺术家作为办公室工作人员的经验而创作的装置作品：一个电梯，配备了四面镜子和便利贴，创造了“一个封闭的、无限的空间”。阿亚拉将文化评论家马克·金韦尔（Mark Kingwell）就当代作品提出的一个概念具象化了：“就像本瑟姆功利主义监狱中的囚犯一样，工人们不需要监督者，因为他们自己监视自己。当我们屈从于工作时，我们既是看守者，也是被看守者。”

在《思考的食物》(*Food for Thought*, 2007—2010 年)系列作品中，艺术家在墨西哥、伦敦和纽约研究了屠宰和准备食物的过程。作品包括使用历史学家认为在基督最后几年间使用的餐具和食谱，上演了最后的晚餐。阿亚拉还追踪了 2001 年恐怖袭击后从纽约市世贸中心废墟中找到的材料的物质旅程，其中一些材料碎片被送到印度，经过循环改造成为厨具，从而完成了令人惊讶的转变。艺术家获得了其中一些物品，并用它们举办了一次餐会，精心复制了曾经位于世贸中心北塔顶端的“世界之窗”餐厅内的餐桌布置。

阿亚拉研究食物的另一件作品是《脂肪巴别塔》(*Babel Fat Tower*，2009 年），这是一个由模制脂肪和少量骨头组织制作的复制品，其形状与老彼得·勃鲁盖尔 1563 年画作中描绘的巴别塔相似。该作品安装了加热灯，加热灯会逐渐融化并破坏塔的形状。这件作品让人联想到傲慢、过度、末日和神话的持久存在。它还具有一种独特的能力，通过在画廊空间中散发类似食物但略带酸味的脂肪融化的香气来吸引观众驻足，或驱赶观众。

《园艺民族志》（*An Ethnography of Gardening*，2004—2007 年）是以艺术家在伦敦两年的园艺工作为基础创作的项目。这一经历造就了植物画、嫁接实验、拼贴、绘画和气味。其中一件重要作品是《一棵树变成了木头、木炭和纸来重新呈现自己》（*A tree turned into wood, charcoal and paper to re-present itself*，2007 年），作品内容正如其标题所说的那样。作品对变化周期中每一步的记录，在某种程度上对工艺复杂性的赞美，也表明了对材料的郑重考虑，然而作品也刻意在自身投下阴影。它是对一棵树被摧毁的再现。作品提出了一个问题：这就是文化的本质吗？

33

34

35

29　老彼得·勃鲁盖尔，《巴别塔》，1563 年
木板油画

30–32　《脂肪巴别塔》，2009 年
脂肪、骨头、桌子、灯

33–35　《一棵树变成了木头、木炭和纸来重新呈现自己》，来自《园艺民族志》，2004—2007 年
混合媒体

泽格尔·雷耶斯

雷耶斯创作的作品经常质疑我们试图控制或分离我们认为自然的东西的本能反应。为了实现这一点，他经常采用食物及其制备过程作为创作的媒介，这是一个具有无尽变化和可能性的领域。在雷耶斯的手中，食物通过“展示不同生物圈（栖息地）的典型过程”被赋予了超现实的维度。他将意外因素融入寻常之中的方式，可以让观众基于不同语境产生多种解读，但这种方法的特点是放弃了部分对形式的控制，有时甚至将控制权交给生物，最终“引起一种疏离感，但你无法确切指出是什么”。艺术家主要通过艺术装置和表演来实现这一目标，因为这两种手段都以特定的场所和运动为特点。

在作品《粉红色的房间》（*The Pink Room*，2013 年）和《休闲 / 在海滩》（*Leisure/On the Beach*，2014 年）中，用来颠覆期望的媒介是蘑菇，它们自然、自发地从普通物体中生长出来。通过艺术家设计好的颜色和构图呈现，这些作品虽然是精心设计的，却仍然带有随意性：不可能完全归功于艺术家的手，而这也正是重点所在，即打破传统观念中的自然与文化的分界。达达主义和之后的艺术运动让我们对在画廊中遇到日常物品感到习以为常，但我们在这里看到的是现成的东西，却被重新诠释为非人类的栖息地。像许多生物艺术一样，这些作品有助于颠覆关于在画廊中只能找到纯粹人造制品的假设；蘑菇是自发的、机会主义的，并代表了生物更新的周期。雷耶斯另一件使用蘑菇创作的作品是《透过阴影的一瞥》（*A Glance through the Shades*），是为 2013 年在海牙举办的“是的，自然”（Ja, Natuurlijk）展览准备的。在这个装置中，迷幻蘑菇（Stropharia cubensis）以水平方式种植，就像遮阳板一样，稍微阻挡了外面的视线，并改变了人们的感知。这里还有一个游戏的元素：雷耶斯在拿荷兰的一项新法律开玩笑，该法律允许种植此类物种，但不允许将其制备或干燥后用于任何用途（大概是娱乐用途）。

36

36–37　《粉红色的房间》，2013 年
混合媒体，包括草生粉红平菇、《金融时报》报纸和通风管

《贻贝椅》（*Mussel Chair*，2000 年）的创作过程是将椅子浸没在荷兰南部的河口，持续两年时间，让双壳类动物聚集，使这件普通家具变成一个繁荣的栖息地。由此产生的活体结构随后被收割、蒸煮，并在宴会上供应给客人。这件作品与萨尔瓦多·达利 1936 年的作品《龙虾电话》（*Lobster Telephone*）有异曲同工之妙。两者都将一个日常用品与一种具有情欲联想的贝类融合在一起，形成了一个略带幽默但又有些威胁性的物体。虽然贻贝的形状和质地经常与女性生殖器的柔软性联系在一起，但它外部的保护壳是尖锐的，而一把镶满贻贝的椅子让人联想到中世纪的刑具，受害者被绑在上面。总之，《贻贝椅》的效果既让人胃口大开，又让人感到不寒而栗。它还让人想起达利

的调侃，他很惊讶自己在餐厅点龙虾时，从来没有人给他上过煮电话，也许雷耶斯会更幸运，下次他点青口贝配薯条时，会有人给他上一只蒸椅子。

38-39　《贻贝椅》，2000 年
海水浸泡的椅子、贻贝、其他海洋生物

40　《透过阴影的一瞥》，2013 年
受海牙纪念馆委托，为“是的，自然”展览制作
铝、迷幻蘑菇、基质、蘑菇

38

39

菲利普·比斯利

“我们将密集的组件地毯散开并占据二楼的大部分空间，围坐在一起，反复经历了搭建、安装、移动和调整的过程，力求在最终的织物中找到部件集群的多个部落之间的最佳平衡。”

比斯利是一位执业建筑师、加拿大滑铁卢大学建筑学院教授和媒体艺术家。在本文开头的这句话中，比斯利描述了装置作品《附生植物室》（*Epiphyte Chamber*）中复杂循环的过程，但它也是艺术家其中一个目标的诗意表现：延展并深入挖掘对“生命”的定义。“组件集群的部落”不仅仅是一系列精心制作的物品，还是有机的社群，就像比斯利与各种背景的学生和合作者一起建立的社群一样，从工程师和玻璃工到互动设计师。这种思维贯穿于艺术家的许多项目，扎根于一个古老的信仰体系——有机物论（hylozoism），这个体系可追溯到古代，认为所有物质都具有某种形式的生命。这一信仰通过比斯利的响应式建筑、制造实验，尤其是他为客户和全球展览创作的复杂装置得以体现，不仅在字面上，更在象征意义上。

2013 年的作品《辐射土壤》（*Radiant Soil*）是一个戏剧性的装置，由玻璃、金属和液体组成，以仿生模式相互联系，通过释放香气吸引游客。好奇的观众通过移动激发作品运动，刺激数以千计的小叶片弯曲并发出阵阵光芒。这反过来又刺激了许多悬浮容器中的原生细胞的形成和活动。这些原生细胞出现在艺术家的许多作品中，它们是含有脂质的微小自组织球体，表现出类似生命的行为，有些人认为它们是构成生物圈的功能细胞的前身。最近，包括杰克·索斯塔克（Jack Szostak）在内的科学家们推进了这一想法，展示了原生细胞内发生 RNA 复制（生物体繁殖的一个步骤）的条件，但在做出任何最终明确的结论之前，还需要进行大量研究。无论如何，原生细胞的使用展示了强大的可能性，邀请我们更广泛地思考新陈代谢、皮肤和生长等概念。

《附生植物室》（2013 年）以一种生长在其他已定植植物上但非寄生性的无根植物命名。这被称为共生关系，寄生的一方受益，但对另一方没有影响。该装置利用亚克力、玻璃纸和有机电池在大量玻璃容器中排列，营造出沉浸式的整体效果，让人联想起哥特式教堂的美学。这种带有宗教色彩的联系暗示了对我们与自然和创造关系的审视。装置中复杂而精致的组件反映了生物圈的组成，当然，人类与生物圈的关系往往不是共生，而是带有破坏性。

《原细胞网》（*Protocell Mesh*，2012—2013 年）是在技术装置中展示自然界神奇而复杂过程的一项重要作品。它采用了一个原生细胞碳捕捉过滤器阵列，吸入二氧化碳，与氢氧化钠结合并沉淀出碳酸钙，这个过程与海洋物种（如贻贝和牡蛎）生成外壳的过程类似。用比斯利的话说，系统的周围是“洞穴般的悬浮小瓶，其中装有盐和糖的溶液，时而积聚，时而排放湿气，形成了一种弥漫的、潮湿的皮肤”。

41　《辐射土壤》，2013 年
为“ALIVE/EN VIE”展览制作的装置
在巴黎 EDF 基金会的展览中展出
金属、玻璃、胶布、亚克力、电子器件

42

42–44　《附生植物室》，2013 年
为首尔的国立现代美术馆设计的装置
热成型的膨胀亚克力、玻璃、聚合物、麦拉膜、
电子元件、金属

43

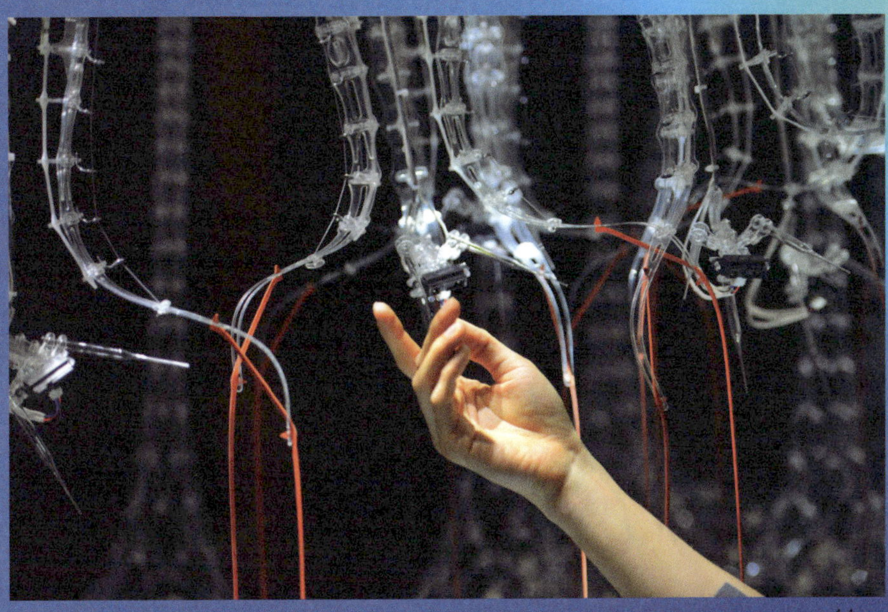

44

安吉洛·维莫伦

维莫伦是一位艺术家和生物学家，在丰富的学术和创作生涯中积累了广泛的专业知识。作为一名训练有素的科学家，目前他正在攻读他的第二个博士学位，维莫伦在与实践科学家合作以及在画廊中构建多媒体装置方面游刃有余，同时他也擅长通过实践活动和游戏建立社区。这位艺术家的作品直面野心勃勃的问题，例如："我们如何定义自然和人工之间的关系，以及它们如何、何时能够相互交融？是否有可能在画廊环境中建立一个可衡量的、进化的系统？数字艺术媒体的性质及其生产是否真的是非物质的？"维莫伦以博学多才者的机智和好奇心来研究这些课题，并有一种独特的能力来清晰地解释他的动机：展示"理性和直觉的统一"。

45

作品《生物奇境》（*Biomodd*，2007 年）在不同的时间和地点化身为一个"活的网络雕塑"，将计算机系统与生态系统交织在一起。这些系统是一个多人游戏的服务器，随着越来越多的参与者加入这个虚拟社区进行游戏，硬件的温度也随之升高，为周围的植物（包括藻类）提供燃料。它们的新陈代谢反过来又对硬件产生了冷却作用。这种相互依存关系贯穿于整个项目的实现过程中：在艺术家、科学家和设计师组成的社区中，每次《生物奇境》的实现都由不同背景的团队共同完成，直接参与游戏的玩家以及装置的机械结构，微处理器和叶绿体（植物细胞内进行光合作用的器官）形成和谐的整体。此外，《生物奇境》的每一个装置都不是孤立的创作，而是一个不断演变的系列中的一部分，根据当地社区的愿望和文化呈现不同的色彩和节奏。《生物奇境》于 2007 年首次在美国搭建，此后又在菲律宾、斯洛文尼亚、新西兰、比利时、荷兰和智利创建，并计划在英国再建一个。因此，艺术家已经成为一个充满远见的社区建筑师、发起互动和新视角的炼金术士，引导着那些愿意踏上这艺术之旅的人们。

维莫伦在 2005 年与吕克·德·梅瑟（Luc De Meester）合作的作品《蓝移》（*Blue Shift*）[LOG. 1]，在一个画廊实验中对物种选择的进化机制进行了破解。黄色的灯光被设置在水蚤的水箱上方，这个物种已经进化出向黄色灯光游去的习性，但当它察觉到上方有蓝色光时，就会向下飞奔以躲避捕食者。艺术家们为水蚤逆转了这一系统：如果它们游离上方的蓝光，就会暴露在捕食者面前，而蓝光是由画廊观众的存在引发的。其结果是，具有"正常"生存反应的水跳蚤被淘汰，开始形成一个适应新设计环境的突变种群。

《损坏的 C#n#m#》（*Corrupted C#n#m#*，2009 年）探讨了媒体的物质品质及其被生物过程改变的潜力。该作品挑战了人们认为媒体的存在和制作基本上是无形的这一常见假设。通过在计算机硬盘等含有数据的媒体上培养细菌和霉菌，每一个硬盘都包含从 VHS 磁带转换而来的数字文件，目标是随后通过这些生物过程产生的故障来恢复视觉信息。作品的标题对"电影"（cinema）这个词进行了

46

45　《生物多样性》[ATH[1]]，2008 年
与志愿者和学生合作
重复使用的计算机部件、外围设备和显示器、街机游戏座椅、音频混合台、扬声器、植物、藻类培养、金鱼、水族箱、照明、气泵和水泵、管道、金属外壳、有机玻璃

46–47　《生物奇境》[LBA[2]]，2009 年
与志愿者和学生合作
重复使用的计算机零件、外围设备和显示器、植物、藻类培养、金鱼、鱼菜共生系统、水族箱、照明、气泵和水泵、管道、椰子木、木雕、玻璃面板

47

改写，将其元音替换为井号符号（#），象征着数据集中可能发生的一种转录错误。在作品的后续版本《昆虫学》（*Entomograph*）中，维莫伦与银匠沃尔特·布莱斯勒尔（Walter Bresseleers）合作，捕捉并翻译了马达加斯加发声蟑螂的行为，以在视频数据中制造干扰。这些生物行为通过独特的方式干扰了数据流，进一步探索了生物与媒体之间的复杂互动关系。

48

49

50

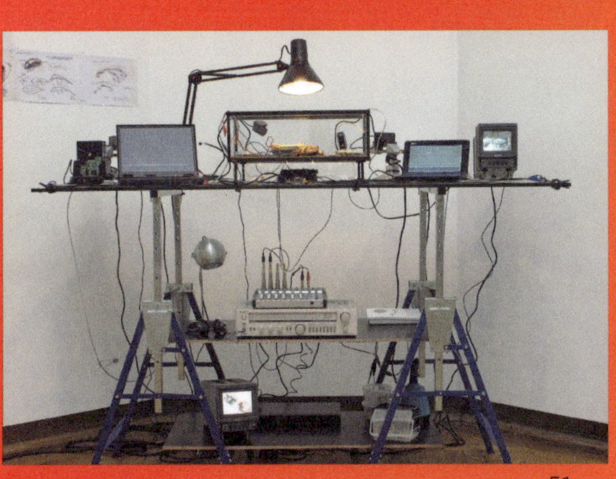

51

48　《蓝移》[LOG. 1]，2005 年
与吕克・德・梅瑟合作
工业储物架、水族箱、PVC 衬垫和假底、水过滤泵、曝气泵、管道、黄色和蓝色照明系统、运动检测传感器、逻辑模块、闭路电视系统、水蚤养殖、金鱼

49　《损坏的 C#n#m#》，2009 年
重复使用的计算机设备、硬盘、显示器、照明设备、投影仪、DIY 实验室设备、水族箱、霉菌培养物、植物、黄粉虫、蟋蟀、金鱼、折叠桌、椅子、墙面绘画

50-51　《昆虫学》，来自《损坏的 C#n#m#》，2010 年
与沃尔特・布莱斯勒尔合作
金属支架，玻璃和胶合板、饲养箱、蟑螂、笔记本电脑、硬盘、电子产品、音频设备、闭路电视摄像机、DVD 播放器、电视显示器、图纸

拉斐尔·金

我们如何才能更好地理解疾病？我们是否能在另一个星球上找到医疗保健解决方案？是否存在另一种预测股市活动的方法？过去，这些问题一直是流行病学家、进化生物学家和经济学家等的专属领域。然而，像拉斐尔·金这样的艺术家正在试图改变这一局面。

生物黑客涵盖一系列活动，从家庭基因测序到为家庭酿造啤酒培养专门的酵母，再到与超人类主义运动相关的技术应用，直接增强人类的生物学和体验。这已经成为一个充满实验可能性的丰富领域，吸引了许多艺术家，拉斐尔·金就是其中之一。跨足生物学和美学的领域，这位艺术家将自己描述为“生物黑客设计师”，创作出将技术与我们的生物学相融合以改善人类生存状况的作品。在这个生物学的民主化和个性化过程中，拉斐尔·金利用实验室的工具来探讨人类未来的大问题。

凭借在蛋白质、微生物学和分子结构等领域的生物技术和制药研究背景，拉斐尔·金将他的科学专长带到了他的艺术创作中。他的许多作品都集中在人类微生物组上，这是一个因其在人类健康中扮演着重要角色而备受关注的领域。在《微生物呼吸分析仪》（*Microbial Breathalyzer*，2012 年）中，拉斐尔·金设计了一个装置，用来捕捉使用者呼出的富含微生物的气息。这种设计类似于一个精密的泡泡糖吹气装置。这些储存器保存着我们每天吸入和呼出的各种气溶胶微粒。《微生物呼吸分析仪》由沙比利木制成，摆脱了临床实验室的环境，成为一种功能性物体，看起来更适合于放置在家庭环境中，真正体现了 DIY 生物学的时尚风格。

拉斐尔·金探讨的微生物组的另一个方面是其进化。在《太空细菌》（*Space Bacteria*，2012 年）中，艺术家提出，为了真正提升人们对医学的理解，我们需要换个环境，比如去往火星，那里更恶劣的气候条件可以作为地球上微生物非凡变革的催化剂。《太空细菌》的提议就像作品本身一样，为我们提供了一个可以想象的美丽概念，使得科幻世界变为充满希望和可行性的科学未来。

52

在他最近的作品中，拉斐尔·金探讨了我们尚未发现的微生物的潜力。《微生物货币》（*Microbial Money*，2014 年）通过一系列叙事性摄影作品，暗示了微生物和我们的经济之间的预测关系，在这个设想中，生物黑客与金融家会面并“询问”微生物对股票的预测。这种做法让人想起德尔菲神谕或现代的水晶球占卜。利用我们尚未理解的微生物的神秘行为作为出发点，《微生物货币》提出，微生物未被发现的部分功能可能会被用于经济利益。拉斐尔·金在《微生物货币》中提出的建议有趣且荒谬，但又基于对微生物学潜力的深刻理解以及对贪婪本质的观察，这些构想令人愉悦，引发观众想象一个很可能会实现的世界。

文字：茱莉娅·邦坦

52　《太空细菌》，2012 年
与金在烨（Jae Yeop Kim）合作
3D 打印的树脂、人类微生物样本

53　《微生物呼吸分析仪》，2012 年
沙比利木、玻璃、皮革、橡胶、亚克力、
人类口腔活体微生物

54　《微生物货币》，2014 年
玻璃、科学道具、数字印刷品

53

54

伯顿·尼塔

55

迈克尔·伯顿（Michael Burton）和美智子·尼塔（Michiko Nitta）的作品被当下气候危机、自然资源匮乏和生物多样性丧失的时代所要求的紧迫性和严肃性所驱动，但他们还能以审美的精妙和一丝幽默来处理其主题。这个艺术家团队曾在伦敦皇家艺术学院学习，他们用一种简洁的方式总结了这个团队的起源：“美智子的超现实主义日本背景与迈克尔在英国剑桥郡沼泽地带的成长经历相结合。”由此产生的合作融合了工程师的理性和科幻小说家的思辨性。他们的工作可以被描述为构建工具，以叙述我们与生物的关系是如何经历剧烈变化的。

《同质文化》（*Isoculture*，2012 年）探讨了人类为了生物圈的利益而被强制隔离的场景。一系列的图像和物体讲述了生命的故事，其中能量和物质交换的生物过程被精心设计，甚至包括对人体的干预措施。当地球的其他部分从人类造成的负面影响中“恢复”过来时，人们将学会以全新的方式生活，在类似于公共蜂巢的地方。人们将被改造，例如被安装一个新气管从二氧化碳中获取氧气，或进化出能够孵化肠道微生物的阑尾，这些微生物可以被收获用于生产材料和药物。

另一个未来场景是在《影子生物圈》（*Shadow Biosphere*，2011 年）中提出的，人类设计了几个新的物种来帮助受污染或退化的环境再生。这将填补环境的生态位，并创造新的生态位，同时通过加强光合作用或分解过程消除人类的破坏性影响。该作品包括创造六个未来物种的分类群，每个分类组的代表都被展示在一个充气圆顶中，并以一个净化茶道仪式开幕。

《创造新器官》（*New Organs of Creation*，2013 年）提出了一个关于身体改造和基因操控的令人不安的问题：艺术家们在寻求创造性表达的过程中会愿意做出怎样的牺牲？我们已经用药物和改造来提高身体的机能，或者为了更富有艺术性的目的，比如阉人歌手的例子。那么，为了成为更灵巧的钢琴家，我们是否愿意在每只手上长出第六根手指？伯顿和尼塔提出了一个重新设计的喉部器官，帮助未来人们提高歌唱能力。干细胞将成为支架的种子，最终成长为一个可以移植到宿主身上的器官。随着这种技术的逐渐成熟，身体改造的可能性正在迅速扩大，很快我们将需要在这个问题上明确自身的立场。

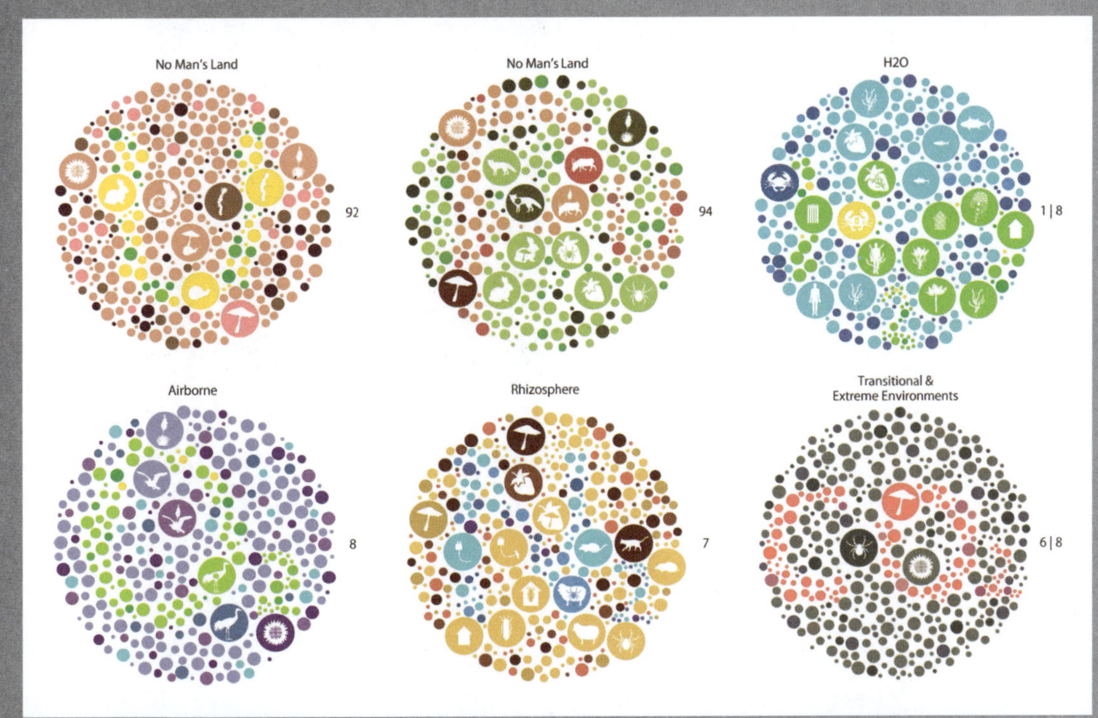

57

55　《创造新器官》，2013 年
混合媒体

56　《同质文化》，2012 年
混合媒体

57　《影子生物圈》，2011 年
混合媒体

安娜·杜米特里乌

58

杜米特里乌的装置、表演和工作坊同时利用生物媒介和技术媒介。她的几个项目探索了疾病的社会、医学和文学史，讲述了人类和微生物学如何长期交织在一起的故事。这位艺术家对当代研究，特别是人类微生物，以及它对医学治疗和文化的潜在影响的理解也非常深刻。

她 2014 年的项目《浪漫的疾病：对肺结核的艺术调查》（*The Romantic Disease: An Artistic Investigation of Tuberculosis*）探讨了这种疾病的历史：它是如何被长期误解、令人恐惧的，虽然这个疾病是致命的，却为艺术家创作提供了灵感，特别是在 19 世纪的浪漫主义时期。这种疾病在文化精英中甚至成为一种时尚，以至于看起来脸色苍白、身体微恙，就像患了这种疾病一样的外表成为一种潮流。人们还认为肺结核能够激发创造力，特别是在作家的写作创作中。据报道，乔治·奥威尔在死于这种病前不久完成了《动物农场》（*Animal Farm*），而拜伦勋爵曾说："我想死于肺结核……因为女士们都会说，看看那个可怜的拜伦，他临死的时候看起来多么有趣！"在杜米特里乌精心挑选的一系列艺术品中，有肺部的小型毛毡雕塑，其中嵌入了家庭灰尘，显示了长期以来人们对这种微粒传播感染的恐惧（虽然是不正确的）。此外，还有一件古董礼服，里面加入了提取的、无害的结核分枝杆菌的 DNA，以及作为治疗这种疾病而开发的化学制剂参照物的染料。艺术家还向我们展示了一个华丽的、带弹簧盖的痰瓶，这种设计曾在 19 世纪末向富有的患者推销，上面刻有最近发表的关于细菌基因组的研究图表。这个雄心勃勃的艺术装置得到了伦敦威康信托基金的支持，它解释了我们与微生物学的关系如何对我们的思维、行为以及对过去和未来的看法产生深远影响。

《超共生礼服》（2013 年）直接与人类微生物组的新研究有关。我们体内和体外的这片复杂的生命和生境的丛林现在被认为会显著影响我们的身体和心理健康。在这件作品中，艺术家在一件衣服上染上了许多已知对宿主有一定影响的细菌，但他特别选择了那些有可能具备选择性医疗强化功能的细菌或"时尚"的细菌。接触这些细菌有可能提高我们的幸福感，保护我们免受痛苦，甚至激发我们的创造力。《超共生沙龙》（*Hypersymbiont Salon*，2012 年）是一个遵循同样叙事方式的行为艺术作品，参观者被邀请参加一个类似于美容咨询的沙龙，但主题是探讨人体的微生物种群，以及它们有一天可能像化妆品一样被我们操纵和管理。

另一件源于近期医学研究的纺织作品是《MRSA 棉被》（*MRSA Quilt*，2011 年），它讲述了人类为了控制和治疗感染所付出的努力。MRSA 是一种细菌菌株，由于它对现有的抗生素产生了抗药性，所以会引起严重的、难以治疗的感染。这件作品的方块图案代表了为对抗这种顽固的微生物而采取的措施。

58–59　《浪漫的疾病：对肺结核的艺术调查》，2014 年
与约翰·保罗（John Paul）和凯文·科尔（Kevin Cole）合作
混合媒体，包括浪漫主义时期的古董孕妇装、天然抗菌染料（茜草、核桃壳、红花）、普罗恩托西尔（一种早期的磺胺类抗生素）、刺绣、提取的结核分枝杆菌的 DNA、毛毡，带有定制雕刻的气胸机

60

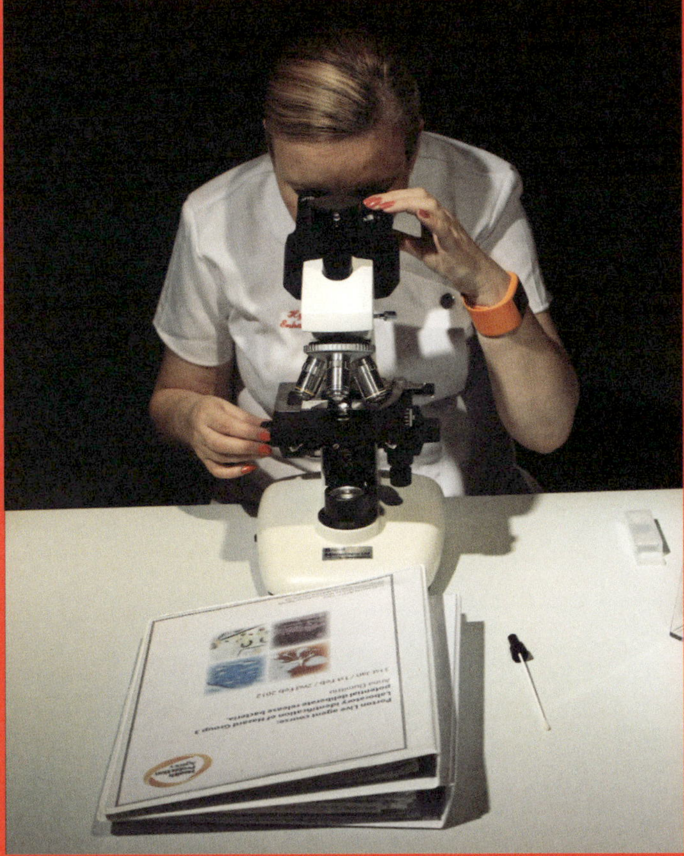

61

60　《超共生礼服》，2013 年
与约翰·保罗、凯文·科尔、詹姆斯·普莱斯（James Price）、罗西·塞奇威克（Rosie Sedgwick）、西蒙·帕克（Simon Park）和苏·克雷格（Sue Craig）合作
丝绸，来自维诺格拉德斯基柱的环境细菌、疫苗分枝杆菌、MRSA、卡介苗、天然抗生素和临床抗生素

61　《超共生沙龙》，2012 年
与约翰・保罗合作
用显微镜、灰尘、土壤、发现物进行表演

62　《MRSA 棉被》，2011 年
与约翰・保罗、詹姆斯・普莱斯和罗西・塞奇威克合作
棉花花布、MRSA 细菌、显色琼脂、天然抗生素和临床抗生素、诊断测试

夏洛特·贾维斯

63

63–64　《枯萎的隐喻》，2012 年
《世界人权宣言》的合成 DNA 编码、玻璃箱、十三棵苹果树、视频监视器、纸质文件、蛋白质可视化

贾维斯的作品经常包括旨在表现技术影响的物品和表演。从这个角度看，她的作品就像密码一样，为我们提供了更好地理解干细胞研究、生殖技术、合成生物学、超人类主义或癌症等主题的切入点。贾维斯在“自我”概念不断变化的领域，通过视频、设计、表演和与科学家的密切合作来创作。艺术家将熟悉的事物与令人震惊的事物相融合，或将幽默的事物与严肃的事物相融合，这样做可以使观众产生极度的不安，这种状态很可能反映了我们在生物时代来临之际的集体心态。

在她 2012 年的作品《枯萎的隐喻》（*Blighted by Kenning*）中，贾维斯结合了两种文本：一种是固定的（联合国《世界人权宣言》第一条的导言），另一种是可编辑的（常见细菌的质粒 DNA）。通过利用基因合成和基因转移技术，宣言文本的编码被添加到细菌的 DNA 中，这些细菌被培养和加工成液体喷雾。这种无形的结合代表了自然和文化的交织：宣言被认为是一套超越文化的概念，具有普遍性，而在这里它改变了“自然”细菌，从而为感染创造了可能。喷雾被喷洒在联合国国际法院所在地海牙种植的苹果表面。这些苹果和种植它们的树木成为展览和表演的媒介；苹果被送到世界各地的基因组学研究实验室，这些实验室被要求对涂层进行排序。在作品最后的部分，研究人员和贾维斯吃掉了这些苹果。

《我思故我在》（*Ergo Sum*，2013 年）是一种新形式的肖像画，在这件作品中，贾维斯通过从她自己的干细胞中培养出来的组织样本来代表自己。该作品的第一部分是在一个历史悠久的环境中进行的：阿姆斯特丹 Waag Society 基金会的手术室，这个房间在伦勃朗·凡·赖恩（Rembrandt van Rijn）的《尼古拉·图尔普医生的解剖课》（*Anatomy Lesson of Dr Nicolaes Tulp*，1632）中永久留存。在这里，从艺术家身上取出的干细胞被送到研究人员手中，他们监督干细胞转变为诱导多能干细胞（iPSCs），随后又变成一系列的组织类型，包括血管、脑细胞和心脏细胞。在该艺术项目的一个视频中，可以看到心脏细胞的收缩，以一种令人不安的人类节奏跳动。随着我们培养、克隆和操纵细胞组织的能力增强，这种表现的潜力也需要提升，从而让公众更好地理解。正如贾维斯所指出的，这项作品可以帮助揭开正在成为一种极其重要的生物医学技术的神秘面纱。

另一件利用新技术来扩展艺术家的创作空间的作品是《球体音乐》（*Music of the Spheres*，2013 年）。在这件作品中，克鲁采四重奏（Kreutzer Quartet）的音乐录音被编码到细菌 DNA 中，然后悬浮在肥皂溶液中。一旦过

65

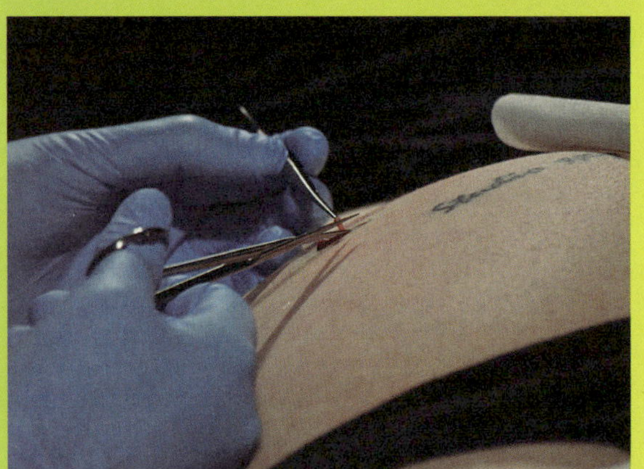

66

程完成，就不会再有其他演奏录音，随后肥皂将被用来制造气泡，直接将音乐释放到空气中，并形成雾气，最终附着在观众身上。这一探索的动力来自对信息存储的研究进展，以及利用 DNA 作为稳定、微型和可复制的媒介来存储大量数据的潜力。对于像欧洲生物信息学研究所这样的组织来说，这正成为一个紧迫的研究领域，这些组织储存着基因组学研究产生的大量信息。该研究所的科学家目前正在与艺术家合作开展这个项目。如果细菌的 DNA 确实可以在未来几千年或几百万年后被可靠地读取，那么它可能会成为人类知识的合理储存库。《球体音乐》对这项技术作出了回应，指出它有可能为艺术创作增加意义，甚至延长其寿命。

67

68

65–67　《我思故我在》，2013 年
从艺术家的皮肤、血液和尿液中培育出的干细胞，随后培育出的心脏细胞、脑细胞和血管、孵化器、视频屏幕、有框架的印刷品

68　《球体音乐》，2013 年
合成 DNA 编码的新音乐记录、肥皂溶液、气泡制造机、电影放映

PSK工作室

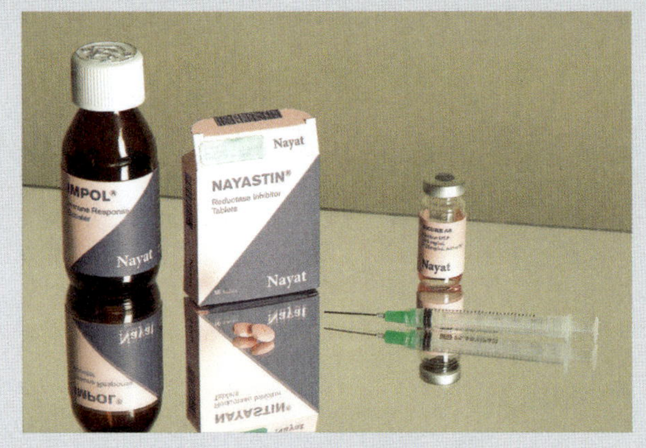

69

PSK 工作室是帕特里克·史蒂文森·基廷（Patrick Stevenson-Keating）创立的设计工作室，致力于开发原型和叙事，思考了可替代的现实和可能的近未来。在跨学科合作日益普遍的背景下，该工作室参与了与科学家、技术初创公司、博物馆和知名企业客户的合作。除了充满故事性和思辨性的原型作品外，工作室的产出还包括研讨会、书面出版物和展览设计。工作室感兴趣的主题往往与新兴技术以及对现有技术激进的再应用有关。工作室曾参与的项目包括可伸缩的电容器（用于静电存储能量），模拟可能的月球殖民，以及在《我希望成为雨》（*I Wish to Be Rain*，2014 年）中提出一种让火化者的骨灰飘浮到大气中，使其与云相融，最终变成雨水并返回大海的机制的方案。

在《寄生产品》（*Parasitic Products*，2013 年）中，我们看到了一系列收音机，其设计灵感来自三个物种巧妙的寄生适应性：钩虫、瘿蜂和寄生蜂科。选择收音机作为项目的媒介，为原型赋予了熟悉感——收音机在形式和功能上都是易于理解的，并且其设计历史可以与寄生主义相类比。当收音机在 20 世纪 30 年代首次推出时，它们通常与其他更熟悉的物品（如餐具柜和饮料柜）融合在一起。PSK 工作室的第一个原型产品被设计成安装在电话插座和接收器之间，有效地从电话基础设施中汲取电能并使其失效。这与钩虫阻断宿主免疫系统通信渠道的策略如出一辙。

第二个原型，收音机标本 B，从锌和铜在电解液中的化学反应中获得能量——这是一种基本的化学电池。在这件作品中，用牛奶或果汁制成基本的电解液，并在其中“注入”一点盐。瘿蜂使用类似的生化反应，刺穿萌芽中的橡子细胞，并添加化合物和遗传物质，促使植物生长出一种结构，为蜂幼虫提供食物和庇护所。第三个收音机标本包括一个连接到 iPhone 的附属装置，它会欺骗设备，使其误以为它是苹果配件，然后吸取其电能。我们的想法是 iPhone 本身可以像寄生虫一样，从其他设备中吸取电能，通过 Wi-Fi 信号广泛传播代码和软件。这款收音机的自然灵感来自寄生蜂科，它们已经发展出多种寄生技术，甚至可以寄生在其他寄生虫身上。

《进化的经济学：完美的鸽子》（*The Economics of Evolution: The Perfect Pigeon*，2014 年）以一种长期被人类利用的物种为出发点，预测经济压力可能如何塑造它们的基因。在历史上，鸽子曾被用于标本的装饰品、赛鸽的娱乐活动，当然还有信鸽。早在两千年前，它们就被用来在罗马帝国内部传递消息，而这个项目则推测了在不久的将来，鸽子将再次被征用作信息传递的工具，不过这次是生物技术公司为了保护其知识产权而雇佣的防篡改生物信使。

70

71

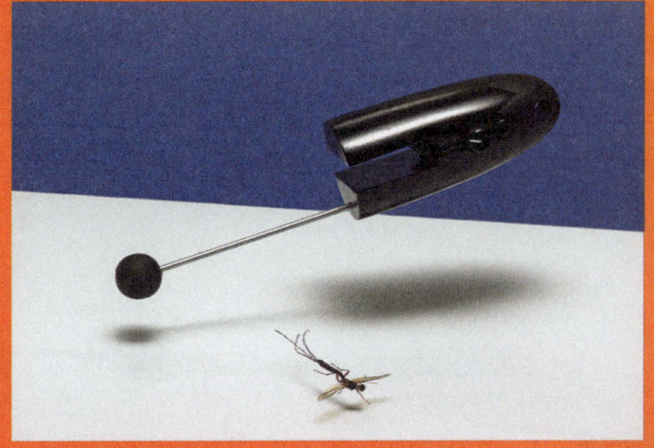

72

69-70 《进化的经济学：完美的鸽子》，2014 年
由格罗宁根大学的扬·科姆德教授和 BESO/CEES 支持
鸽子标本、中密度纤维板、印刷图形、铝、3D 打印塑料、
亚克力、酸蚀黄铜、活鸽子

71-72 《寄生产品》，2013 年
定制电子产品、3D 打印塑料、铝

长谷川爱

在 20 世纪下半叶，关于人类生殖和育儿的技术和规范迅速发展，并且在 21 世纪初似乎还在加速发展。避孕药、宫内节育器、安全和合法的堕胎以及体外受精改变了人类生殖方面的行为和期望。家庭结构也经历了根本性的变化，逐渐向非核心模式转变，单亲的父母也可以有生育抚养孩子的可能。这为思辨性艺术和设计项目提供了丰富但尚未深耕的土壤，这也是长谷川爱的许多作品的研究重点。通过展示描绘非传统形式的生殖和育儿的作品，我们可以清楚地看到规范发生了多大的变化，以及当代人所关注的问题与过去有何不同。长谷川爱的作品还提供了一个非男性和非西方的视角，可惜的是，这两个视角在艺术和设计领域中还不具有代表性。

《我想生一只海豚》（*I Wanna Deliver A Dolphin*，2013 年）始于这样的观察：资源稀缺、人口过剩和不可持续的城市发展将是 21 世纪的主要特征。因此，艺术家发现在一些最古老、最牢固的信念上想象替代方案既存在机会，也存在必要性。在这件作品的虚构叙事中，通过合成生物学和外科手术的结合，可以在人类子宫中培育动物。这个结果可以同时满足几个目的：帮助像毛伊海豚这样极度濒危的物种恢复数量；满足人们为人母的冲动，即使不能抚养它，也能让它出生；而且，或许最令人不安的是，可以为人类生产食物。长谷川爱利用极具感染力的图像、机器人海豚和水下摄像机，创造性地将荒诞与冷血的理性融合在一起。

《不可能的宝宝》（I(')mpossible Baby，2014 年）是一个提案，探讨了辅助生殖技术的下一步逻辑，即从人类细胞生产卵子或精子，不受供体的遗传性别限制。2013 年，日本京都大学的林胜彦（Katsuhiko Hayashi）利用实验室小鼠证明了这一提案的实现可能性，《科学》杂志对此进行了报道。该实验使用了小鼠的皮肤细胞，在体外创造了原始生殖细胞（PGCs），它可以发育成精子和卵子。对于《不可能的宝宝》，长谷川爱设想利用伴侣的细胞来创造卵子和精子，随后在体外结合并引导其发育成人类的眼睛组织。虽然尚未完全培育完成，但这个项目仍有可能颠覆我们对身份、血统和性别的看法。关于生殖另一个未来导向的作品《极端环境下的爱情旅馆》（*The Extreme Environment Love Hotel*，2012 年）提出了一个概念，即在重力增加或气压降低等条件下，让人们体验一种新的性行为——这可能是在人类进行外星殖民时需要的生殖方式。就像在游乐园的游乐设施中一样，一个大型离心机在酒店结构中旋转，让客人近似感受到更强的外星重力的体验。

73　《我想生一只海豚》，2013 年
视频、海豚机器人、石膏、硅胶、3D 打印、亚克力、数码打印

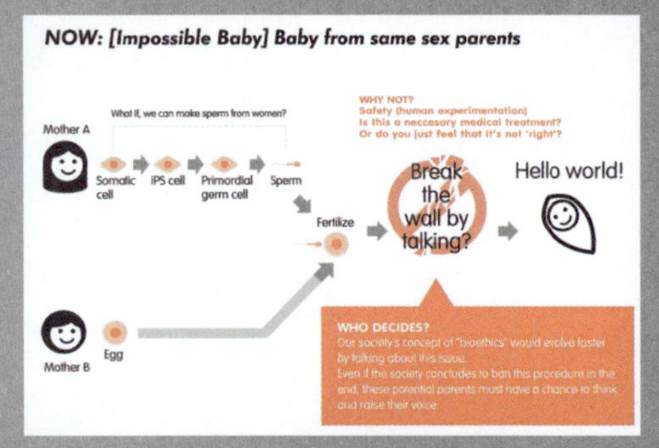

74

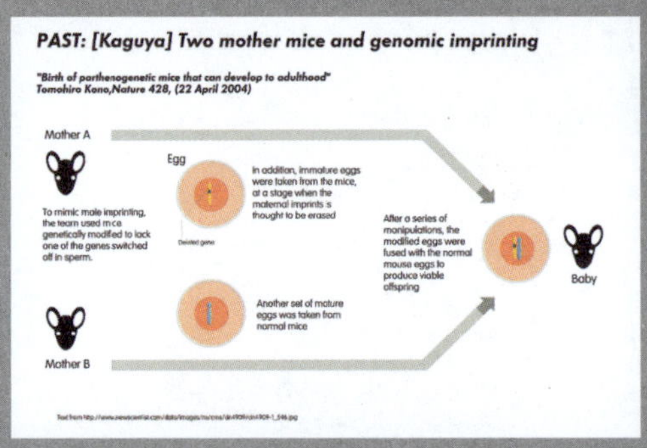

75

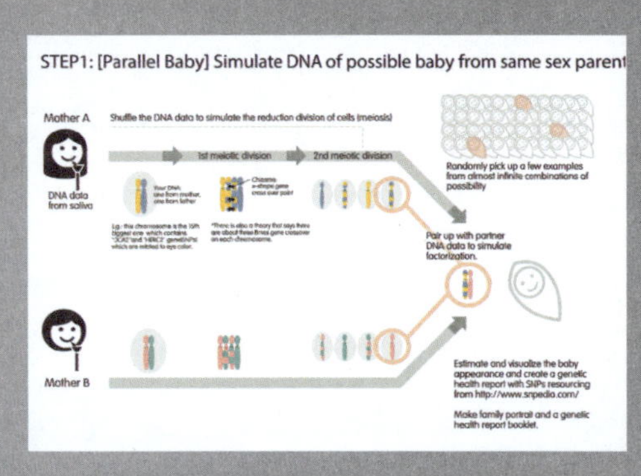

76

STEP2: [Data Baby] Data simulation from each egg's DNA

Mother A

Egg

Question: Which mitochondria DNA data to use?

Harvest each egg

Sequence DNA

Pair up with partner DNA data to simulate fertilization.

2n*23=46

Mother B

Estimate and visualize the baby appearance and create a genetic health report with SNPs resourcing from http://www.snpedia.com/

Make family portrait and a genetic health report booklet.

77

STEP3(future):[Organ baby] Make the baby's body parts

Mother A

What if, we can make sperm from women?

Somatic cell

iPS cell

Primordial germ cell

Sperm

Fertilize

ES cells*

Are there no ethical problems to grow body parts of the baby?

Hairs in vitro (grown in Petri dish)

Iris grown in Petri dish

This method avoids the ethical issues of "clone technology" and "modified human DNA for designing baby"

3D printed heart that beats, in vitro

Egg

Mother B

*Different local cultures (e.g. US, EU, Japan) have varying opinions on the ethicalness of ES cells

78

74–78　《不可能的宝宝》，2014 年
唾液、精子、卵子、数码打印、视频

79　《极端环境下的爱情旅馆》中的石炭纪便携式房间，2012 年
数字印刷、织物、脉搏血氧仪、PVC、风扇、氧气瓶、气体阀门执行器、金属

ON
02:50:12

艺术家访谈

博·查普尔

查普尔是一位澳大利亚艺术家和研究员，她以概念为导向的实践跨越了多种媒介，包括声音、表演装置、美食活动、视频、书籍和基于科学的艺术。她拥有墨尔本皇家理工大学空间信息架构实验室的设计硕士学位，以及加州斯坦福大学的艺术实践硕士学位。最近，她执导了英国利物浦的FACT《打开CuRate吧》（*Open CuRate It*）项目。她曾多次接受委托，在国际上展出作品，包括林茨电子艺术展、北京建筑双年展、旧金山现代艺术博物馆（SFMoMA）等。她的文章和艺术作品发表在《莱昂纳多杂志》（*Leonardo Journa*）、《塑料绿色》（*Plastic Green*）和《第二自然》（*Second Nature*）上。

您认为您的作品和超现实主义者的意图或技术之间有关系吗？

当然有，尤其是他们把乔纳森·斯威夫特（Jonathan Swift）这样的讽刺作家视为这场运动的重要先驱。讽刺和“制造怪异”的行为是我作品的两个核心驱动力。在用日常事物“制造怪异”的过程中，我试图创造一种幽默的组合，这种组合引起了对现实的彻底反思。笑声可以建立人与人之间的联系，它还可以使悖论得到公开承认和体验；它打破事物的常规，而不寻求结束或解决之道。在一阵奇怪的、有时是令人不安的笑声中，我寻求一种集体性的理解，即“现实”只是许多可能的组合形态中的一种，因而，同样地，还有其他可能被创造出来的组合形态。

您是否同意您的作品中反复出现的一个主题似乎是对通过消费来免罪这一想法的批判？

是的，我完全同意。《绿色清洗》不认同通过花钱摆脱对环境负罪感的想法。《白色覆盖》是一种对“环保风格”的恶搞，穿白色的衣服来拯救世界可以向别人表明你有多在乎这事。讽刺的是，《消费品》呼吁用可食用的材料制造手机，这样，随着产品周期的不断加快，我们可以用电子垃圾养活人类（有人想吃手机薯条吗？）。

您把“与世界的物质交流”描述为人们回避的东西。您能详细说明一下吗？

我早就发现，在我们的社会中，我们发明了一种机器来为我们实现净化的功能，这很有启发意义。在使用这种机器来清除我们的污垢时，我们将自己从一种我们在世界上穿行的历史关系——我们的界限与自然环境交会的地方——以及一旦这些污垢消失后会发生什么的关系中剥离出来。

所谓物质大会，我指的是与我们的粪便，与混乱以及与恶臭的气味打交道。信息设备的物质性不亚于我们的晚餐，然而当我们狼吞虎咽地“吞食”视听和媒介体验时，很少会考虑它们所依赖的基础，以及它们最终会产生什么后果。

您认为您的作品《绿色清洗》中包含了费力的元素，是一种个人化的“绿色清洗”吗？

是的，在某种程度上是这样的。我想我是通过创造不同的现实、平行的叙述和其他的可能性来寻求解脱的。以《绿色清洗》为例，这是一个特别费力的过程。三个视频中有两个视频中的洗衣机相当笨重，移动起来非常麻烦。我有好几次带着它们坐火车，这当然是一个很好的开场白。更重要的是，这种辛苦工作的荒谬本质成了作品的核心部分。在第三个视频中，我沿着一条绿树成荫的小路跑向地平线上的一个消失点，身后拖着机器。这表达了一种个人试图改变世界的辛酸，在这种情况下，通过洗衣机隐喻了市场机制。

在您的作品《灾难色情摊位》（*Disaster Porn Booth*）中，您相当明确地把对灾难的描述比作色情描写。您能解释一下您的动机吗？

我不确定这是不是真实的描述，还是它们被使用或体验的方式。这种对大规模毁灭性图像倒带重放的迷恋，代表了一种超出我们理解能力的过剩。性与死亡之间古老的关联就存在于这种超越了个人身体的但又绝对真实的极限中。当性和毁灭以一种我们可以控制和拥有的图像形式被捕捉时，它们就成了我们渴望真实体验的平庸景象。

您在加利福尼亚湾区工作期间，那个地方被认为是伟大创新的源泉。您对技术驱动的创业文化有何看法？

让我印象最深的是这种技术创新发生的环境。我当时在斯坦福大学学习，从早上开始，以拉丁裔为主的园丁和清洁工就开始工作，为学生们服务，以确保每天早上的校园一尘不染。我惊讶地发现，根本没有所谓的评分曲线，所以我认识的人没有一个得分低于B等级。在帕洛阿尔托，我住在一条据说拥有全美最多普锐斯汽车的街道上，但这里没有人使用晾衣绳（尽管阳光明媚，但是烘干机要方便得多），草坪上的树叶也被人用耗电的机器吹得一干二净。

这是一个炫耀性消费和掌控的美丽泡沫，在这里，任何不愉快的事情都从人们的视线和脑海中消失了。我忍不住用技术乌托邦式的进步愿景来类比，在这种进步的愿景中，个人被视为完全的消费者，穷人在偏远地区为微薄的收入而劳动，脏乱不被允许，而且监控无时无刻不在。

在博物馆和画廊里，游客为他们看到的作品拍照，这是一种新的和普遍的行为，您怎么看？

我认为这很有趣，因为它说明了我们与自己和艺术作品之间的关系是如何被当代技术所调解的。如果把瓦尔特·本雅明（Walter Benjamins）的经典表述再推进一步，我们可以说，在这种情况下，艺术作品的独特性在智能手机屏幕上的再现中不仅受到损害，还因为我们需要通过捕捉真实的记录来证明自我的独特性和证明自己曾经亲临现场而蒙上了阴影。我们在（重新）制造我们自己的行为中体验艺术。

您的一些新作品涉及表观遗传学。您能简单地解释一下这是什么，以及是什么吸引您去研究它吗？

表观遗传学是一个在过去十年中变得突出的研究领域，它是对传统遗传学中公认的线性决定论的挑战——尽管有可能有些被夸大——即首先是基因（基因型），其次是表型，即我们赖以生存、体验以及受环境影响的生理基础。重要的是，在这个范式中，这些生活经历的影响不可能传给我们的后代。虽然个体的基因，也就是他们遗传的基本单位，确实不会因为他们生活的环境而改变，但表观遗传学将重点放在这些基因的表征在环境（社会和物理）的压力下发生变化，以及这些表征的变化如何能够通过代际传递。和其他许多人一样，我觉得这个想法非常有效，既迷人又可怕。它讲述了个体和他们的世界之间存在的有形物质关系，跨越了时间、空间和环境的巨大尺度，并提供了对自我的新理解、开创性的法律先例和奥威尔式公共卫生干预的潜在可能。

您能谈谈人们对您的作品有什么让您感到惊讶的反应吗？

当人们接纳我的作品并以比我预期的更好的方式对待它时，我总是感到惊喜。例如，在海牙当代艺术博物馆举办的“是的，自然”的展览开幕式上，我做了一场表演，剧组雇了六名演员与公众交流。三位演员扮演“白帽子”，他们的角色是说服人们戴着白帽子拯救世界是有效的，而另外三位扮演“黑帽子”的角色，他们要么不相信全球变暖，要么认为世界末日是件好事。我在演出结束后采访了演员们，与他们进行了一些相当深刻的对话，在这方面，他们也成为被这一经历影响的参与者，这是我没有想到的。有时，当人们把我半开玩笑的作品当真时，或者当人们不想把自己看作问题的一部分时，我也会感到惊讶，而这正是我作品的一个中心主题。

富裕的澳大利亚人克莱夫·帕尔默（Clive Palmer）正在出资建造泰坦尼克号的复制品，用于商业巡航。您对此有何预测或看法？

这是一个很好的赌注，赌的是未来的冰山减少，海洋增多。

斯佩拉·彼得里奇

彼得里奇拥有斯洛文尼亚卢布尔雅那大学生物化学和分子生物学的博士学位。她的艺术实践将这种科学训练与新媒体和表演相结合。彼得里奇的兴趣在于：人类中心主义的概念和物质化、在文化现象的语境下重建科学方法论、生命系统与非生命系统的连接表现出的生命特性，以及“地球生物学”（Ter^R^abiology），一种关于地球上正在进行的进化和改造过程的本体论观点。她通过艺术/科学研讨会拓展她的艺术研究，旨在向感兴趣的公众，特别是年轻一代提供信息并提高他们对此的敏感度。彼得里奇还在世界各地举办讲座并展出她的作品。

您的背景融合了科学和艺术训练，现在您似乎主要把自己的身份定位为艺术家。您能谈谈这段历程以及为什么您会做出这些转变吗？

我的职业生涯是从担任卢布尔雅那大学生物化学研究所的一名研究科学家开始的。在博士就读期间，我意识到我对科学知识的社会影响有着浓厚的兴趣，同时也对政治/企业的影响和文化背景充满好奇——在科学领域，为了争取资金和发表研究，这些问题通常不会被认真对待。在这期间，我遇到了几个斯洛文尼亚策展人和新媒体艺术家，如贾卡·泽勒兹尼卡尔（Jaka Železnikar）、佐兰·斯尔兹奇-简日奇（Zoran Srdžič-Janežič）、尤里·克尔潘（Jurij Krpan）和玛雅·斯姆雷卡尔，他们向我介绍了涉及生命系统的新兴艺术领域。我发现他们的观点和参与是令人振奋的，但我也明白，我对科学理论的熟悉和对自然界复杂性的认识是对现有生物政治话语的必要补充。

2009年，我写了一份关于在水蚤上运行的诗歌机器的提案，斯洛文尼亚的卡佩利（Kapelica）画廊决定给这个项目（和我）一个机会。第一次接触艺术实践是很吸引人的，也使我对这一领域以及艺术家和策展人产生了极大的敬意，因为他们在探索一种如此崇高但又定义松散且不断变化的事物，尤其是与科学方法论所定义的对事实的客观追求相比。

您是否同意，您的作品可以被解读为对人类中心主义的批判？

这种解读背后的动机是什么呢？克服人类中心主义是徒劳无益的终极实践，却是一个挑战西方世界观的富有成效的概念生成器，因为这让新笛卡尔的人类观念被解构，以评估它们是否（仍然）适用于当代社会。此外，对人类和所有其他生命之间的微小差距的认识可能会极大地增强我们的能力——“自然”是混乱的、周期性不稳定的、复杂的、不断变化的，但也是有效运行着的。在这个时代，工程师、企业家和技术官僚鼓吹效率和极度稳定是我们凭借技术手段能够实现的理想境界，坚持传统的“人性”，与地球上其他自然系统划清界限，我们才更有可能在文化上构想的算法监管中找到安慰。但从生物学的角度而言，进化从来不会生成最优解决方案，而只是生成足够好的解决方案，而且，在系统组织的许多层面上，极度稳定意味着死亡。具有讽刺意味的是，以人类为中心的立场，并不愿意去理解我们的生物遗产，而是偏好赞颂文化的成就，这可能会导致我们牺牲掉我们努力保持的人性。我发现艺术也许是探索这些假设和提出替代方案的最合适的场所。

您如何看待过去几十年生物艺术运动的发展？

我们所谓的生物艺术是一个高度异质化的作品体系，其历史可以追溯到20世纪60年代和70年代。至少可以说，生物艺术出现的背景不断变化，这使其难以被分类。然而，近年来，生物艺术沿着两个不同的极端发展，一方面主要是反动的，甚至是激进的，另一方面是对生物技术的着迷和风格化。这两种极端都是科学技术快速发展的必然结果，人类难以将其融入一种新的生存状态，政策和伦理也难以跟上。因此，生物艺术通常会阐明科学事实或实验，让公众在体验中了解它们，或者利用它们的功能，作为有吸引力和创造性的科学交流，这也是科学机构似乎对它们表示支持的原因。

公众参与的生物艺术与DIY生物和公民科学计划并驾齐驱，一起努力阐明自然保护、基因操作和转基因生物、可持续性、超人类主义和气候变化等问题，以及解决知识来源封闭和技能获取受限的问题。应对这些议题对于超越关于生物技术的单一争论至关重要，这些争论在工业和政治利益集团一方和不知情的、以保守派为主的公众另一方之间持续。因此，两极似乎都包含了很多“生物文化”，但没有那么多的“艺术”。如果你认为生物艺术融合了两个领域，其中一个是被高度定义和具有排斥性的，而另一个是具有可塑性和多种形式的，后者不加选择地将第一个领域所排斥的东西纳入自己的羽翼之下，那么这种偏见就不足为奇了。这导致了被归类为“生物艺术”的作品的大量涌现，使得这个术语几乎具有了贬义。

在您对《海军凝视》的描述中，您表达了一种对作品引起的“颠覆意向性”的渴望。您能详细说明一下您的意思吗？这是否与您一起工作的NIOZ的研究方法有冲突？

《海军凝视》是通过与最终支持艺术研究的科学机构的合作而不是竞争来实现的。这件艺术作品旨在理解海洋环境和人类干预的局限性。它并不是在应用研究方面作出贡献，比如什么样的结构可以支持特定的、具有工业意义的海洋植物的生长，而是批判性地提出一个问题：人类能否理解对结构和过程的投资，而这些对人类来说是无用的吗？

“放手”是一种与效用、效率、安全和控制等主流词汇相反的说法，这些主流词汇正在进入科学和艺术等以前原本独立的领域。最近，提供商业化和市场化产品、知识和流程的压力已经变得如此之大，以至于科学家们发现很难获得资助来进行基础研究，而艺术家们也经常被问及他们的作品如何能够以某种方式拯救世界。在一个过度生产的时代，一味地追求更多、更好，而忽视“问题的根源是什么”这一问题，是目光短浅的。《海军凝视》正是这样做的，它思考了对自然的善意的迷恋可能导向对它的（可持续的）开发，但同时也表明，克制性的道路必然是艰难的。

“地球生物学”（Ter^Rabiology）的概念构成了您工作的核心部分。你能解释一下这个吗？

“地球生物学”是关于地球生命本体论的一种原创性艺术论述，它是一种关系论，其中物种的进化和生物圈作为一个系统受到观察者（人类）不可避免的人类中心主义的影响。换句话说，它试图在最广泛的可被理解的时间范围内，将人类文化作为地球上的一个物种的功能来理解。前缀“ter^Ra”可以理解为“terra”，与地球有关，也可以理解为“tera”，源自古希腊语“teras”，意为怪物。“terra”指的是这样一个事实，即话语是以地球上生命的本体为中心的。“tera”暗含着对异类（以怪物为象征）的恐惧，这是在从对其他物种的霸权的本质主义方法过渡到包含在类别中的流动性和多元性概念时需要克服的挑战，这些类别成为具有启发性的描述，而不是对现实的描述。“地球生物学”本质上是一种认识论的混合体，它结合了通过实证主义方法获得的知识，但又包含了观察者的存在和主观性。它提出用一种整体和哲学的方法来解释数据，并且其在本质上是建构主义的。它还质疑人类在面对那些具有完全不同的组织形式时的立场，这些组织形式表现出栩栩如生的特性，可以产生完善的系统（包括超级有机体）。

根据观察，被区别对待的“他者”这一范畴对人类具有构成性，因为人是通过自己不是什么来定义自己。有意地将视角从排他性转变为包容性，这有助于改变人类科学活动的动机和理由。这种调整是双重性的：研究中的主观性不能再被认为是一种不利的影响，因为观察者不仅在他们所观察的系统之中，而且其本身也是（同一类型的）一个系统。在试图利用人文科学和自然科学的相关信息来理解诸如生物技术、生物政治学、可持续发展和气候变化等领域时，有必要对观察者进行重新调整。

您与PSX咨询公司合作的作品为植物创作了关于性玩具的物品和故事，背后有什么意图呢？这部作品获得了什么样的反应？

这个项目的灵感来自关于外星人/异物的讨论，以及最近出现的关于“他者”（特别是动物和植物）的意识的辩论。我们依托对生物过程的科学解释来讨论关于我们与非人类生物体建立关系的相关问题，同时采用了艺术和设计的方法。东西方哲学中两个类似的问题启发了我们：中国道家著作《庄子》中一个著名的问题，作者在观察鱼游动时问道：“人非鱼，安知鱼之乐？”美国哲学家托马斯·内格尔（Thomas Nagel）反对认知科学中的还原论：“做一只蝙蝠是什么感觉呢？”我们对自己作为“他者”的思考方式采用的是荒诞主义的路径，反映了被注入幽默感和自我讽刺意味的生物中心主义讨论的新趋势。植物性玩具的原型是基于硬科学的，但在外形上则暗指人类的性玩具和医疗设备，希望能引起人们对人类和植物共同的复杂生殖特征的关注。这件作品也被认为是对设计师为非人类创造实用性物品的挑战，这本身就是一个悖论。我们怎么知道植物需要什么？

观众最常见的反应是好奇和嘲笑，这也是我们的目的，虽然我们也收到了一些负面的评论，如“这没有用处，也不适合我们。因此，在设计领域没有一席之地”（该项目是在斯洛文尼亚设计双年展的背景下构思的）。在我看来，这表明了设计是如何从最初的概念发展到包含对自身的批判的。当然，我们也不断被问及我们的想法是否可以应用于拯救濒临灭绝的植物物种。

祝贺您即将在阿姆斯特丹的Waag进行艺术家驻留项目。您希望尽快开始什么新项目呢？

我打算继续探索植物生命，将其作为无可争议的前沿领域，并揭示人类同理心的极限，以及其人类中心主义的基础。植物无所不在，因此在试图与“他者”建立关系时，它们是理想的研究对象。植物神经学领域试图通过将植物的生理系统比作动物的系统来揭示植物的功能机制，以提高人们对植物错综复杂和适应性强的生命的认识；然而，植物神秘的、基于化学的交流方式，它们之间的生物种间网络，它们的百年寿命，以及它们非集中化的活动，使它们成为生活在我们中间的友善的外来物种。人如何才能在抵制牺牲任何一方的特殊性的诱惑和尊重植物生命异域性的同时，把人类的世界和植物的世界结合在一起？

为了解决这个问题，我正在进行几个项目。项目《共生植物：旁观的陌生人》（*Symplant: Parabiotic Stranger*）研究了跨物种的同居模式，在这种模式下，人类自愿成为非光合作用植物的寄生宿主，而寄生植物则反过来产生抗炎物质，从而治愈人类自身的慢性免疫性疾病。项目《缺席的存在》（*Absent Presence*）是一种凝视“植物灵魂”的尝试，它被物化或被感知为死亡的可塑形象。《缺席的存在》使人类和植物尽可能接近。根据一系列的书面协议，我将进入为期两周的由药物诱导的昏迷状态，同时与植物（植物和人类）进行互动。通过激发人类的植物性特征并使其工具化，使人适应植物的自然认知和生理功能，从而在植物和人类之间架起桥梁。最后，《深度收获》（*Deep Harvest*）项目运用生物技术领域的知识，通过加速植物的进化适应，来拯救因污染而濒临灭绝的植物。它通过在遗传学上将红藻中的色素引入陆地植物，使它们的采光系统高效运转（因此植物能够利用光谱中的绿色部分），从而改善植物的光合作用。其结果将是在适应高度污染环境的植物中实现文化和自然的协同进化，然后人类就可以种植这些植物。

最后，对于缺乏科学训练但有兴趣与在职科学家合作的艺术家，您有什么建议？

做好你的准备工作，并尝试从尽可能多的方面了解这个主题。这会让（你）与科学家的互动更加容易，因为你们中至少有一个人在努力地去了解另外一个人。还有就是多提出问题。你可能会发现科学家们在回答其中的一些问题时缺乏信心，或者他们的回答只涉及你研究的许多方面中的一个方面。这可能是值得关注的有意思的事情。也许，最重要的是对他们要有耐心。科学家是解决问题的人，这使得他们很难理解为什么有人会不厌其烦地去制造问题。很多不成功的合作都是沟通不畅的结果，在双方都参与进来（也就是科学家开始接触艺术家，帮助他们理解他们的发现的意义）之前，艺术家要努力想办法传达其工作的重要性。

阿恩·亨德里克斯

亨德里克斯是一位艺术家、教师和展览设计师，居住在阿姆斯特丹。他在阿姆斯特丹大学获得艺术硕士学位，并在埃因霍温设计学院和荷兰埃因霍温理工大学的下一自然实验室任教。迄今为止，他最出色的项目之一是《不可思议的缩小的人》，这是一项荣获奖项的推测性研究，项目探讨了一个这样的世界：成年人类最终会缩小到只有50厘米高，以更好地匹配地球的稀缺资源。这位艺术家身高近2米，他对这一事实感到恼火，因为他知道，身高超过152厘米的人，其身高每多出来一厘米就意味着人类平均预期寿命减少6个月。亨德里克斯将幽默、行动主义和一种敏锐的审美感与他对开放设计、黑客和基于研究的推测性的兴趣结合在一起。

您认为生物技术的进步在哪些方面影响了文化，特别是我们的身份意识或生命定义？

对于生物技术的出现，我最感兴趣的是它如何反映和影响人类的欲望和创造力，并将其转化为很小的现实可能性。如果我们考虑到几千年来，我们对长生不老的渴望创造了惊人的事物，如法国北部的大教堂，或格里高利的圣歌，那么我仍然期待着生物技术创造出同样令人难以置信的美的可能性。肉体永生的可能性确实让我很兴奋，如果在某一天死亡不复存在，而我们又已经忘记了它，那么可能就会有人来创造它。

您创作的作品似乎既有实用的项目（《修复宣言》），又有富有想象力的推测性项目《不可思议的缩小的人》。有人批评说，关于不可能的未来的空想作品是空洞的实践或放纵，您如何回应这种批评呢？

我们可以把人类限制在可能的情况下进行思考，这种想法不仅是荒谬的，而且也是让我们陷入困境的首要原因。作为一个物种，我们一直在低空飞行，以至于即将撞上一座山。而且在任何情况下，我相信对未来的推测既是关于今天的，也是关于未来可能或不可能发生的情况的。通过在未来放置一面镜子，我们看到了现在的自己，我们看到了我们作出的决定，我们看到了我们生活可能的方向。

在《80亿人的城市》中，您关注的是将这么多人聚集在一个小空间中的社会层面，您能解释一下您的想法吗？为什么不包括建筑或城市规划的渲染图像？

《80亿人的城市》开始于2032年将全世界的人口集中在一个城市的想法。虽然这个城市本身有其无休止的重复，也有一些有趣的挑战，但我更感兴趣的是，把所有这些人吸引到那里的过程。我们不是在设计城市，而是在设计向城市自愿迁移的过程。

您觉得您的作品与20世纪早期的超现实主义运动有联系吗？

超现实主义最有趣的一个方面是对自我深深的不信任。他们是在导致第一次世界大战毁灭性流血事件的同一制度中长大的，他们可以信任自己：他们感到自己有责任。这就是为什么像马克思·恩斯特和安德烈·布雷顿这样的人设计了一些工具来击退控制，以避开已知和未知的个人价值体系。因此，他们酗酒、吸毒、剥夺自己的睡眠，或为创造性地表达创造自动化系统，只要能从看不见的程序中挣脱出来，他们不择手段。在将近100年后的今天，摆脱那些创造和支持我们的制度变得更加困难。那么我们该怎么办呢？

您的项目《不可思议的缩小的人》已经得到广泛的认可和解读。您认为这个项目为什么会如此成功？

重要的是要明白，《不可思议的缩小的人》触及了扎根在人类内心深处的对变得更小的欲望，而这种欲望自我们可以追溯的年代起就一直存在。我的项目所做的就是把来自不同学科的关于这种欲望的符号汇集起来。我是一名研究人员，只有当我觉得某些事情变得不可能的时候，我才会拿起颜料罐，强行打开通往新的可能性的大门，我这样做是相当业余的，因为我是一个训练有素的艺术史学家，而不是一个视觉艺术家或设计师。因此，当人们对缩小的想法做出强烈反应时，这更像是他们已知的东西被重新唤醒。无论如何，这就是我喜欢的看待方式，或者甚至需要的看待方式。这也是让我年复一年地继续下去的原因，关于变小的概念，存在大量真实和虚幻的场景。我阅读科学论文就像阅读神话或童话一样多。有时人们给我发送电子邮件，要求我缩小他们，有时科学家、工程师或艺术家会联系我分享相关的研究。在我的脑海中，所有星球都是一样的，我需要以某种方式来契合其同样对于小的愿望，以打破我们对于获取和增长的迷恋。

关于《脂肪堡》项目（与思想对撞机的迈克·汤普森合作），您曾说过，您感到某种强大的力量迫使您去做这个项目。您能解释一下这一点，并谈谈这个项目的一些目标吗？

脂肪是当今最具代表性的物质。它与我们这个时代的许多重要问题有关：能源、过度消费、健康、身份、富足和失衡。然而，我们似乎对它并不熟悉。我们对脂肪不是很了解。也许有些专家比较了解，但他们中没有一个人能描绘出脂肪的全貌。没有人真正了解它。也许是因为它是多余的？我不知道。我只想把脂肪从所有的成见中释放出来，并理解它的现代意义。脂肪既吸引人也被人抗拒，我们对它既渴望又鄙夷：这是一种可以象征人类状况的完美物质。通过《脂肪堡》项目，我们希望创造一个能够带来隐喻和实用品质的实体，使它在每个层面产生新的知识。脂肪成为一个岛屿和一个抽象概念，一种学习关于脂肪文化或隐喻价值的新事物的方法。它还创造了一个神秘的实体，在这个实体中，脂肪的每一个已知功能，无论是实用的还是理想化的，都被从假设中释放出来。对我来说，这格外有趣，因为脂肪的存在是被推测的。脂肪预示了未来，否则储存能量的意义何在？

您做饥饿实验背后的动机是什么？

在这些实验中，我试图了解我们对饥饿的非理性恐惧是如何决定我们设计食物系统的。我的灵感来自弗朗茨·卡夫卡（Franz Kafka）的短篇小说《饥饿的艺术家》（*A Hunger Artist*）。在书中，主人公对他的职业感到深深的不满，但并不是因为当他说禁食很容易时人们不相信他。卡夫卡写道：无论如何，这种怀疑是禁食职业的必然结果。没有人可以日夜不停地观察饥饿的艺术家，因此没有人可以提供第一手证据来证明他的禁食真的是严格和连续的；只有艺术家自己知道，因此他必然是对他自己禁食完全满意的唯一的观察者。然而，由于其他原因，他从未感到满意；也许并不是单纯的禁食使他变得骨瘦如柴，以至于许多人不得不遗憾地远离他的展览，因为他们看到他就感到受不了了，也许是对自己的不满使他疲惫不堪。因为只有他自己知道，而其他发起人都不知道，禁食是多么容易。[1]

如果使用更少的东西是容易做到的，那么禁食的经验就可以让我们克服恐惧，并以不同的方式设计物品。这是一项新的研究，所以现在说会有什么结果还为时过早。对我个人来说，能够将身体体验与调查联系起来是件好事。我在一周内没有进食，只喝水，并开始画农业机械和超市，寻找恐惧的迹象。我发现了很多。我现在要弄清楚的是我是否能继续相信它们的存在。

你能描述一下你接手一个新项目的方法吗？

我喜欢重新调查那些显而易见的事情。这些事情、思想和结构，由于某种原因，对我们来说已经变得如此普通，以至于它们已经变得不可见了。然后，我开始仔细调查，调查的范围非常广泛，但重点是削弱传统智慧的可能性。每一项已知都必须变成未知，反之亦然。

您为未来计划了哪些项目？

我正在为一个项目寻找合作者，该项目包括在意大利威尼斯的一个小型红砖海滨上居住，以及为当地旅游业生产废玻璃饰品和海藻冰淇淋。

希瑟·杜威-哈格伯格

杜威-哈格伯格是一位跨学科艺术家和教育家，对艺术研究和批判性实践很感兴趣。她拥有佛蒙特州本宁顿学院信息艺术学士学位和纽约大学提希艺术学院互动电信硕士学位。她目前是伦斯勒理工学院电子艺术专业的博士生，也是芝加哥艺术学院艺术与科技专业的助理教授。她的作品曾在纽约公共图书馆、纽约现代艺术博物馆、波兰Mediations双年展、悉尼科技大学画廊、巴黎克雷泰尔艺术中心（Maison des Arts de Créteil）和荷兰MU艺术空间等处展出。

您能描述一下是什么吸引您将科学融入您的作品中吗？

我确实有更多的艺术背景，但在大学

里，当我开始探索装置和媒体艺术（包括视频和声音）时，我想更接近媒介，我想用我的手指穿过它，就像想要触摸一块黏土一样，去真正深入地理解它的物质性。这促使我参加了编程课程，并自学了电子技术和微控制器。我有一个非常善于激励人的计算机科学老师，他让我开始了人工智能的研究，通过这方面的研究，我发现了人工生命这一分支学科：在这门学科中，人们创造代码，试图模仿具有生命特质的复杂系统。对我来说，这与约翰·凯奇（John Cage）的作品有直接的联系，他有句名言：艺术是对自然运作方式的模仿。他对偶然性过程的运用似乎是一种放下自我和进入自然界外部运作的方式，这令人无比兴奋。因此，我看到了这两种追求之间的明显相似之处：计算机科学家创造了这些基于规则的系统，然后让它们运行，看看它们是否具有生命特征；而凯奇则创造这些基于规则的系统，然后任其发展，并对所产生的艺术作品保持开放态度。

您的作品《生活中的一天》（*A Day in the Life*）和《陌异之相》都涉及生物监控现象。您对这个话题有强烈的感受吗？您是否同意您的作品《监听站》（*Listening Post*）采取了批评性的立场？

我确实强烈地感觉到，我们正在允许自己进入一种日益增强的监控状态，既有强制的，也有自愿的，而这的确会带来一些后果。我研究这个主题已经有相当长的一段时间了，重点关注电子监控方法，如面部和语音识别。《监听站》是该研究的一部分，它当然是为了批判，但是它也是复杂的。我的想法是唤起人们对我注意到的技术中的错误和偏见的关注，据我了解或者推测，这些错误和偏见在美国2001年的《爱国者法案》（*PATRIOT Act*）之后被采纳。所以《监听站》既是对语音识别算法的探索，也是一次创造性地颠覆这种系统的尝试。我一直在研究这些想法，然后有一天我坐在治疗室里，盯着墙上的普通印刷品，我注意到覆盖印刷品的玻璃有裂纹，有一根头发夹在裂缝中。我就坐在那里盯着这根头发看了50分钟，想知道这可能是谁的头发，以及我能从中了解到什么。当我离开时，我不禁注意到了周围的一切：人行道上的烟头和口香糖，地铁长椅上的毛发，咖啡杯边缘上的唾液；我们总是不经意地把DNA丢得到处都是。我在20世纪90年代看了电影《加塔卡》（*Gattaca*），但似乎从那时起就没有人真正关注过这种新兴的生物监控的可能性，尤其是在随着生物技术的日益普及和成本降低的今天。因此，这成了我的一个研究问题——作为一个业余爱好者，我可以从一些微量的基因制品中了解到多少关于一个人的信息？而《陌异之相》是我尝试以一种非常直观的方式将其可视化，使信息尽可能具体化。

虽然《陌异之相》凸显了我们个人信息的脆弱性，但是《隐形》提供了一种解决方案。您认为视觉艺术如何能提高公众对生物技术所引发问题的认识？

我认为艺术可以在很多方面发挥作用，通过从政治、社会、伦理和分析角度探讨生物技术中出现的新问题，帮助创造公共对话。艺术可以起到教育的作用，例如，让人们亲身参与生物技术实践，从而揭开它的神秘面纱。我想到了2003年批评艺术组合（Critical Art Ensemble）的《自由谷物》（*Free Range Grain*），他们在画廊里建立了一个可移动的生物实验室，然后邀请社区居民带来食物，他们将一起测试食物是否经过基因改造。艺术也可以进行干预，打破现状，中断艺术家认为有问题的系统。这里我想到了希斯·邦廷（Heath Bunting）的《超级种子套件》（*SuperWeed Kit*）。这个项目背后的想法是开发一个工具包，以产生对孟山都公司臭名昭著的“Roundup”除草剂具有抗性的杂草，并让人们可以随时利用这种杂草在转基因田里进行种子轰炸。然后是使用“策略性媒体”，操纵新闻和社交媒体来传播信息或激起人们对某一问题的兴趣或愤怒。我认为爱德华多·卡茨的《绿荧光兔》和组织培养与艺术（Tissue Culture and Arts）的《组织工程牛排》（*Tissue Engineered Steak*）就属于这一类。但生物艺术是复杂的。不像很多策略性的媒体工作，并不总是包含明确的信息，媒体的使用并不总是有计划的或有意的，它只是最终成为艺术作品存在的地方，而不是画廊或者画廊之外的地方。我在这里也想到了《陌异之相》。这些作品来自真正的研究，来自那些对科学充满敬意，同时又批判性地参与其中的艺术家们。所以它不只是一个战略和政治任务，同时也是一个研究项目。这些项目也是真实的，而不是推测性的，这对我自己的实践来说是一个重要的区别。我喜欢推测性的设计，但是当我制作我的作品时，我通常是带着一个研究问题来的，我想在我的能力范围内尽可能地回答这个问题。

因此，在《陌异之相》中，我想知道，我可以从一根头发中发现多少关于一个人的信息，而在《隐形》中，我想知道DNA证据对黑客攻击和伪造有多脆弱，并思考反监视。因此，艺术是探索这些问题并让人们参与其中的一种方式，就像新闻调查、学术研究、政策分析以及直接的行动或抗议。而所有这些事情之间的界限当然是模糊的，在我看来这个边界并不重要。

您对DIY生物学运动有什么看法？

如果没有布鲁克林市中心的社区生物实验室Genspace，《陌异之相》永远不可能实现。所以我强烈地支持DIY和开放式生物技术。通过亲身接触生物技术的材料，我们才会开始了解它的优势和弱点、它的细微差别，作为公众，我相信如果我们更深入地了解事物，我们会做出更符合道德伦理的决定，并支持更好的政策。我不认为DIY生物有任何坏处或有什么好担心的。尽管如此，它确实改变了现有的权力平衡和文化规范，所以当我们都能快速进行DNA提取和分析的时候，我们将生活在一个与今天截然不同的世界，在今天我们生活的世界我们大多数人甚至不知道自己的基因数据。

作为一名跨学科艺术家，您如何看待艺术和科学之间的关系在当下的变化？

我认为在过去的15年里，这种变化是巨大的。在这个领域工作的艺术家的数量和机构对这个领域的支持（在展览和资金方面）方面，它真的经历了爆炸式的增长。这并不是说它是主流的，或者说资金充足！但一切已经变得更容易获取了。技术越便宜，越容易获得，它在我们的日常生活中就越普遍，它就越有可能甚至是更理所当然地成为一种艺术的媒介。

当我还在读大学本科的时候，为一个微控制器编程实际上还是有点麻烦的。你需要买一个昂贵的BASIC Stamp，并承诺使用它们的平台，或者你必须学习汇编语言，然后以一种非常低的水平来工作。然后，Arduino（一个开源电子程序）出现了，这改变了一切。我认为我们仍然在等待生物技术领域的Arduino，我有时会回想起我在实验室工作时学习汇编语言的那些日子，但我看到了许多朝这个方向迈出的小步。关键在于，它必须是开源的，而且必须是低价的，这样才能让人们能够真正自由地进行实验和使用它，而不必太担心弄坏东西和犯错误。

您能谈一谈您对语言的迷恋吗？

我最初的兴趣来自对伯特兰·罗素的研究，同时我也在了解人工智能的起源，特别是基于逻辑的系统，以及纽维尔和西蒙的作品，并被这种创造一种完美语言的雄心壮志震撼，这种语言可以把人类语言的所有混乱、复杂和模糊性变成一组本质上的数学符号。我真的被吸引去探索宏大的叙事和角色，他们用一生致力于定义这些故事和角色。然后我也在读维特根斯坦，他的职业生涯始于跟随罗素的足迹，但后来他意识到完成这种任务根本不可能；语言不可能对每个人都意味着同样的事情，相反，语言的意义是从语言的使用中产生的。我觉得这太诗意了，这种把人类的复杂性转化为逻辑的愿望是不可能实现的。语言之所以有趣，是因为它是人工智能的基础，我认为它继续影响着今天使用的机器学习方法，而这些方法在我们日常的互联网体验中、在使用谷歌或脸书时非常普遍：它们所有的算法都依赖于这些古老的假设。

您的产品《隐形》在纽约市的新博物馆商店出售，你收到了什么样的反应？

《隐形》对生物反监视的基本想法采取了一种有趣的方式，并质疑DNA证据的权威性。到目前为止，这项工作有点像在试水，但很多人仍然不认为它是真实的（它百分之百是真实的），所以我还有更多的工作要做！我现在正在计划这个项目的下一个阶段，思考如何去澄清信息，告诉人们 DNA是会被伪造、冒名顶替、遭受黑客攻击的，而且它并不是我们所期望的黄金准则。

采访由茱莉娅·邦坦主持

马克·迪翁

迪翁居住在纽约，他的艺术作品审视了主流意识形态和公共机构如何塑造我们对历史、知识和自然世界的理解。迪翁拥有康涅狄格州哈特福德大学艺术学院的美术学士学位和名誉博士学位。他还在纽约的视觉艺术学院学习。他获得了许多奖项，包括第九届拉里·奥尔德里奇基金会奖（Larry Aldrich Foundation Award）（2001年）和史密森尼美国艺术博物馆的卢西达艺术奖（Lucida Art Award）（2008年）。他的作品被广泛展出，并被纽约大都会艺术博物馆、伦敦泰特美术馆、巴黎蓬皮杜艺术中心和德国汉堡美术馆收藏。

是什么让您开始质疑科学在当代社会中的权威地位？

我当然不反对科学。科学似乎是我们理解自然世界最好的工具。然而，这并不意味着它没有意识形态，也不意味着它可以垄断对自然的话语权。我的批评或干预往往集中于那些声称为科学说话的人或机构——博物馆、科学新闻、流行科学文化、伪科学机构和企业。科学的外衣就是权力的外衣。对那些声称科学具有权威性的人产生质疑是合理的。在世俗文化中，对那些以科学权威自居的人保持怀疑和提出挑战，就像质疑神权社会中高高在上的神职人员的必然性一样困难。在普通人和科学家之间存在信息鸿沟。公民需要掌握基本的信息，才能对公共利益作出明智的决策。科学家们往往羞于扮演知识分子的角色，这就导致了信息传播上的鸿沟，而这一鸿沟可以被各种不同的利益方来填补。现代科学史上有很多例子可以说明，科学是多么容易受到意识形态的影响。

您曾说过，艺术家有能力使用科学家没用过的工具，比如幽默、讽刺和反讽。这些工具如何促进您在这些领域的交叉工作？

为了使科学正常工作，标准和方法必须严格透明。当然，我有幸与之共事的大多数科学家都是有趣和有素养的人，他们对艺术的了解比我对科学的了解要多。我从来没有参观过一个墙上没有贴着漫画的实验室。科学是了解世界的本质和运作方式的重要途径，但它不能帮助我们理解我们对世界的感受。这是最适合人文科学的另一个经验领域。尽管如此，艺术和科学是伟大的盟友，因为它们共同与无知作斗争，有着相同的敌人。通常，艺术和科学的共同目标是试图理解我们的经验，只是达到这个目标的工具大相径庭。对我来说，我总是想让观众知道是谁在说话。虽然我可能会利用科学方法论的某些方面，但我也会使用幽默、讽刺、技巧和伪装来突出研究的主观性。我常常用自己的无能——即使只是戏剧性的——来削弱科学学科的权威性。

在《纽科姆生物馆》中，您给一棵树安装了生命维持系统，并设法让它存活数年，您把这个过程称为“失败之作”。您希望通过这个作品达到什么目的呢？

《纽科姆生物馆》是一件非常复杂的艺术作品。制作这样一个复杂作品，我的目标是多方面的，并且在过去的几年里不断变化。但是，我的作品中最重要的一点始终是强调自然系统的不可复制性。当然，这有点奇怪，因为这件作品似乎就是要通过完全复制我们发现这棵树时它周围的自然系统来再现这棵树的腐烂过程。这其实就是失败的原因。现场的实际生态环境存在着巨大的变数，虽然我们可以尽力重现昆虫的数量，以及湿度、温度、植物和真菌的多样性……但我们甚至无法接近真正的复杂性。我们一直都知道这一点，这也是这个作品的一个内在层面。我一直认为该作品是一种非常特殊的花园。像所有的花园一样，它具有价值和创意，并具有产生积极话语的力量。这个花园鼓励人们讨论野生环境，它们如何运作以及它们为什么重要。

有人批评你把一棵树从它所处的环境中移走，这破坏了自然循环，您对此有什么回应？

这种批评是愚蠢的，因为《纽科姆生物馆》位于华盛顿，而这个州允许砍伐数十万英亩的森林。我想，如果我把这棵160年的树变成一张野餐桌，那么批评我的人就会少一些。

当您将自然元素融入作品时，您遇到了哪些意想不到的阻碍？

虽然我在收集和寻找自然物品时很注重道德，但法律是严格的，而且在不断变化。要证明一只毛绒鸟有100年的历史，或证明一个贝壳是被合法收集的，可能很困难。我理解并尊重制定这些法律的依据，并支持严格的野生动物保护，然而，这并没有使我的作品变得易于传播。我已经不再在我的作品中使用野生动物产品，并取得了积极的成果：它给我带来了新的挑战。

您的装置作品《巢穴》展示了一只睡在人类垃圾堆上的熊，它的灵感来源是什么？

《巢穴》是我创作的一系列的作品之一，这些作品的主题是一只熊在人类文明的废墟上冬眠。对我来说，熊代表了荒野的概念——超越人类意图的自然。我们经常认为荒野已经消失，但事实并非如此。荒野有生存的潜力，我们需要做的就是远远走开，让这些东西独自存在，然后看着它们生根发展。荒野生生不息。我在每一个被遗弃的地方都看到了荒野，从空地到切尔诺贝利。熊代表了荒野的潜能，它只是在冬眠，然后等待这种被称为“文明”的现象过去。

在哥伦比亚大学担任视觉艺术学生的导师期间，您是如何塑造您的作品的？您认为现在的艺术系学生看待科学的方式与您在他们那个阶段的时候有很大的不同吗？

说实话，在哥伦比亚大学担任美术研究生课程导师的超过12年的时间里，我的学生中只有两三个学生从事过科学研究。艺术家大卫·布鲁克斯（David Brooks）是我合作过的学生中唯一一个与我兴趣高度契合的人，我从他身上学到了很多东西。这就是高等研究生水平教学的意义所在。你从学生身上学到的东西和他们从你身上学到的东西一样多。与年轻的艺术家一起工作有助于保持新鲜感，并了解新的关注点和发展动态。当我遇到一位没有与年轻一代接触过的艺术家时，我可以迅速看出来这一点，因为他们往往已经失去了探索的锋芒。

那些热衷于科学和自然历史问题的年轻艺术家确实会找我。他们一直在与我联系，我们经常进行长时间的和富有成效的交流。他们中的许多人最终都来到了米尔德里德的小巷——这里有我和J. 摩根・普伊特（J. Morgan Puett）在宾夕法尼亚州联合指导的艺术家智囊团和驻地。我们的许多工作坊都会邀请艺术家、景观建筑师、科学历史学家和自然科学家参与，探讨艺术和科学之间的空间。对于少数年轻艺术家来说，科学是另一种探究的工具，但它的使用需要艺术家认真参与。一些艺术家是严谨和真诚的，但许多人是以一种浅薄和完全错误的方式参与其中。

当您把各种历史文物和您自己的作品一起加入您的展览《恐怖库房》时，您的目的是什么？

从我工作的早期开始，将非艺术物品纳入我的展览就成为一种策略。在我的实践中，这些物品也可以讲述自然文化和作为各种主题和话题的附带文本。这就是它们在《恐怖库房》中的作用。展览中的每个房间都通过各种雕塑讲述了我实践中的某个特定重点：动物、收藏、考古、狩猎等。然后，我们在博物馆的藏品中寻找与这些主题相关的物品。有时这些物品支持我的论点，有时则与之相悖。

作为一个有绝佳机会接触到博物馆藏品的人，我知道博物馆真正令人惊叹和充满活力的部分并不是公共展厅，而是储藏室。许多博物馆只展出了其所拥有的1%或2%的藏品。我的工作是试图把一些更有意义和更加奇妙的物质文化碎片从被遗忘的仓库中解救出来，并创造一个可以欣赏它们的环境。

如果可以做一件能够改变大众对科学的理解的事情，你会做什么呢？

科学是动态的，观念也一直在变化，但是，这一点往往被渴望确定性和真理的公众忽略。一些固有的规则已经存在，如热力学定律，但发现仍在继续，我们对所生活的世界的想法也在不断发展。对于那些有巨大潜力让我们更好地看待我们的世界的科学，我是一名狂热爱好者，比如古生物学和系统学，我更喜欢它们，因为它们不是由利益或即时的实际应用所驱动，而是由知识产生本身就是一个崇高目标的信念所感召。如果带着激情和耐心去教授科学，科学可以充满感染力。如果把科学当作教条和一系列事实来教授，它就会丧失其所有的活力。

采访由玛丽亚姆・阿尔达希（Mariam Aldhahi）主持

奥利・帕尔默

帕尔默是一位驻伦敦的设计师和艺术家。他是Open_H2O和Protei的合作者，这两个项目都是开发海洋技术的开源项目。帕尔默曾环游世界，搭车穿越冰岛，在亚马孙雨林深处教授信息技术，在意大利做平面设计师，有时还和蚂蚁一起玩耍。他是伦敦大学学院巴特利特建筑学院互动建筑工作坊的导师，也是盖蒂图片社的特约摄影师。目前，帕尔默正在巴特利特大学攻读博士学位，研究课题是“建筑中的精神控制”。

您的《蚂蚁芭蕾》始于您的硕士项目，在国际上引起了广泛关注。是什么促使您把这么多精力放在蚂蚁身上？

我对蚂蚁有毕生的兴趣，但我在亚马孙雨林度过一段时间后，这种兴趣才切实得到了巩固。那里生命无处不在，万物都在为生存而努力。如果你在森林里行走，停下脚步后，过一两分钟你才能意识到这里的其他地方还在移动——丰富的昆虫在你周围不断穿梭。这巨大而稳固的蚂蚁行进路径令人震惊。

大约是在访问亚马孙雨林六年后，我来到这里攻读建筑设计硕士学位。我的导师鼓励我研究控制论，它主要是关于系统思考的。我不断接触到突发行为、反馈回路，以及讨论虚拟蚂蚁群的论文。事实证明，很多技术系统都受到了蚂蚁行为的影响。当我意识到蚂蚁将会是一个有趣的主题时，我联系了当时在伦敦动物学会工作的塞里安・萨姆纳（Seirian Sumner），我们从技术角度讨论昆虫，以及它们与计算系统的相似性。她谈到了生物系统，以及她所开创的试图绘制它们的创新技术。那次谈话真的激发了我对整个项目的灵感！

在《蚂蚁芭蕾》需要的四个阶段和六年时间里，是什么让您一直保持着对它的兴趣？

如果我选择的是一些容易做到的事情，我现在已经放弃了。但是，由于这个宏伟目标是如此徒劳无功，并且方法又是如此难以实现，所以我觉得我必须继续努力。要一直保持同样的热情是很难的。我会定期地从蚂蚁那里解脱出来。但是，我的脑子里总是在思考蚂蚁，就像是需要从长计议的事情。其他的项目来来去去，但不知何故，我的话题总是回到蚂蚁身上。我仍然没有探索出很多与蚂蚁打交道的思路。

在内心深处，我仍然是个孩子。如果你告诉五岁的我，我会制造机器人，并让蚂蚁起舞，我一定会印象深刻。

《蚂蚁芭蕾》中使用的蚂蚁种类具有很强的入侵性，以至于您一度无法带着作品前往英国，您能谈谈选择使用这种蚂蚁的原因吗？

不管你信不信，选择阿根廷蚂蚁出于一

系列务实的原因。我阅读了有关信息素轨迹的内容，并认识到我想利用它们来让蚂蚁跳舞。我花了大约18个月的时间才找到一个可以帮助合成信息素的实验室。经过多方寻找，我最终联系上了伦敦大学有机化学系，我找到了一个友善的兄弟：吉姆·安德森（Jim Anderson）教授，他同意提供帮助。我们想要在最可靠的蚂蚁身上找到最稳定和最容易合成的信息素。

通过使用pherobase.com网站（这是一个极好的昆虫信息资源库），我们整理出一个蚂蚁物种矩阵。然后是一个淘汰的过程。我们统计了所有还没被解剖的物种，并鉴定了信息素。在这些物种中，我们淘汰了所有尚未确定特定踪迹信息素的物种，然后又淘汰了所有踪迹信息素由多种半化学物质组成的物种。这是因为，就像调制鸡尾酒一样，人工路径中化学物质的混合和比例对于欺骗蚂蚁至关重要，而我们无法知道我们的做法是否正确。

最后，我们获得了一小部分具有单一化学踪迹信息素的蚂蚁物种。然后，我们研究了这种半化学物质在实验室中合成的难易程度。在这些物种中，带有手性联系最低的物种是阿根廷蚂蚁，它的踪迹信息素中只有一种化学信息，而且有一些关于信息素是如何合成的论文支持了这一点。它的全球分布情况也很理想——它就在欧洲！然而，我犯了一个错误。当我咨询萨姆纳时，我才意识到阿根廷蚂蚁的入侵性有多强。

通过控制蚂蚁的运动和方向，《蚂蚁芭蕾》是否探讨了自然与培育的问题？

在某种程度上，是的，但更像是等级制度和新兴系统之间的讨论。长期以来，人们一直在研究蚂蚁自下而上的生物足迹特性，这类系统的语言已经从深奥的控制论领域过渡到了主流计算机领域。我们使用新兴的模型来研究各种事物，从股票市场到疾病预防，再到地图系统，然而我们的主要思维模式，特别是在西欧，是等级制的。我想创造一种能够将等级制度强加在新兴系统上的东西。经过数百万年的进化，蚂蚁的路线运作起来是如此高效，所以强加等级控制是一种荒谬的和糟糕透顶的行为。

展示您的作品似乎面临巨大挑战。视频媒介在传播作品方面有多重要呢？

如今，视频对于很多艺术家来说都是必不可少的。有史以来第一次，你可以用很少的预算拍摄一些东西，并把其放在互联网上，让任何能上网的人都能看到。我的项目实际上是在资金短缺的情况下完成的——借用的相机，以及朋友和家人的大量帮助。如果我在十年前做这个项目，那它可能会是一个完全不同的项目。

您的工业设计背景对您在艺术和生物领域的工作有什么贡献？

我一直对设计感兴趣。在我小的时候，我母亲经营着一家营销公司，并经常带我去办公室。我在设计团队里度过了很多对我的成长有深远影响的时间，那时我在工作室的旧电脑上学习Photoshop和Quark。我的童年充满了喷绘的味道。所以，设计是我思维方式的一部分。在我十六岁时，一位老师给了我一本维克多·帕帕奈克（Victor Papanek）的书。这是我阅读的第一本似乎不仅仅是关于图形或物体的设计书。帕帕奈克说，设计是一个过程，是一种赋权工具，他写了各种传统上不会被认为是“设计”的设计项目。他谈到了他曾经给学生布置的设计任务，这听起来真的很有趣：它是质疑世界的方法，而不是学习如何握笔。我被吸引住了！

当我学习了图形学并获得产品设计学位后，我去了巴特利特建筑学院。建筑学需要理解系统，这与产品设计相似，但建筑学的尺度更大。菲利普·比斯利告诉我，我会成为一个“业余爱好者”：一个必须能够快速掌握并评估知识的人。我认为这与沟通的流畅性有关。你是许多学科人士之间的沟通桥梁。尽管你仍然是他们学科的局外人，但你有关于从事这一工作的知识，并使用他们学科的语言。从这方面而言，在艺术和生物学之间的跨学科工作会非常自然。

您在工作中遇到过什么意想不到的困难吗？

是的，遇到过很多！无法将蚂蚁带进英国就是一个大问题。在森林中建造移动的夜间实验室也遇到了不少问题。但到目前为止，最大的一个问题是，在我进行初步测试的大部分时间里，蚂蚁似乎真的不关心信息素的踪迹。我研究、制造机器、合成信息素，并为此项目辛勤工作一年半，但蚂蚁们对所有的痕迹置之不理，这真是令人沮丧。我与巴塞罗那的一位名叫泽维尔·埃斯普兰德（Xavier Esplander）的蚂蚁专家谈过。他给了我一些关于蚂蚁行为的建议，这使我能够调整我的实验并取得成果。

您目前还在做什么项目？

我目前正在做好几个项目。一个是关于感知空间的，这与《蚂蚁芭蕾》的创作思路类似，不过，这一次是计算机感知声音。另一个是关于我们感知过去的方式的变化，这要归功于无处不在的计算机设备，它们比我们的记忆能更准确地进行记录。我认为这对我们的自我意识确实有影响，但是这一点还有待探索。

在生命科学领域是否有什么最新的发展让您感到兴奋，并可能成为您未来项目的主题？

我非常感兴趣的一个领域是光遗传学（研究基因对光敏感的神经元），这对自由意志的概念有非常有趣的影响。

采访由玛丽亚姆·阿尔达希主持

拉斐尔·金

金把自己描述为一个“生物黑客设计师”，他创作的作品旨在利用技术来改善人类的生活和未来。他拥有伦敦大学学院生物技术学士学位和皇家艺术学院设计交互硕士学位，并在那里担任教师。在制药研究、生物技术、蛋白质和分子研究等专业背景下，金经常关注微生物组在日常生活中发挥更为积极和功能性作用的潜力。金还在伦敦帝国学院的一个研究疟疾活动的团队中担任实验室经理。

您把自己描述成一位“生物黑客设计师”。您是怎么想到这个称号的，您能描述一下它的含义吗？

我认为自己是生物黑客运动的积极参与者和贡献者：在传统实验室之外实践生物学，对DNA和细胞等生命组成部分进行干预。我把这些活动融入设计语言，讲述我们可能的未来。“生物黑客设计师”是我发明的术语，用来将自己和其他跨学科工作者区分开来。这是我将自己的工作与不同领域的其他人的工作进行比较后得出的词，特别是（但不限于）“生物设计”和“生物黑客”学科。我的典型工作区域介于临时性实验室和设计工作室之间。培养皿、试剂瓶和移液器吸头经常与焊接台、喷漆罐和3D打印部件等在一个空间里。

您之前在大学学习生物技术，然后在制药行业工作。这段经历如何影响您目前的工作以及您对科学和工业的总体态度？

在视觉效果、方法论和媒体的使用方面，我倾向于从科学和生物学中借鉴很多东西。拥有洞察力也很有帮助。这让我能够欣赏和尊重那些在这个行业工作的人。它也帮助我阐明了我作为一个使用科学语言但又在不同架构中的设计师的立场。

您的许多作品都强调了人类微生物群的重要性。是什么促使您如此深入地研究这个课题？

在皇家艺术学院学习期间，我撰写了一篇题为“寻找超人（和他的另一个自我）”（Finding Superman (and his alter ego)）的论文，其中讨论了生活在我们体内和体表的微生物如何开始定义我们是谁，特别是在后人类基因组计划的背景下。我们不再是由我们的基因来定义，而是通过居住在我们体内的微生物产生的独特微生物特征来定义的。我觉得这是一个值得进一步探索的有趣的概念，因为它不仅凸显了人类身份的复杂性，而且说明了微生物在塑造我们生活方面的力量。在某种程度上，我认为人类的微生物群是一种可穿戴技术，自我们出生以来，我们实际上就一直“穿戴”着它，而现在我们有机会修改它。

在《太空细菌》这件作品中，您提出了一项关于火星的微生物任务，将火星变成一个农场或巨大的培养皿，也许这是迈向人类定居火星的一步。您认为将地球上的微生物传播到我们的星球之外会产生道德伦理问题吗？

根据科学家的说法，微生物很可能被当作一种有生命的机器来使用，以帮助建立一个火星生物圈，并让其他生命形式在上面茁壮成长。[2] 在火星的地球化改造（将恶劣的环境改造成人类可以生存的环境）的过程中，我们可能会面临许多类型的伦理困境。一个特殊的问题可能集中在这里：捐献一个人身体的一部分，然后将其移送到另一个星球。然而，人们应该意识到，我们自己的微生物已经在不断地与他人、与我们自己所处的环境发生交换。我认为这是一种动态和持续的循环：想想我们每天与他人的接触，以及有体液交换关系的物质性。

在作品《微生物货币》中，您提出了通过微生物的整合来改变经济的想法。在您的构想中，我们的经济状况会得到改善吗？

通过使用特殊设计的微生物来改善我们经济的运行状况，不管以何种形式，都是一个很有吸引力的想法。然而，我不认为仅靠微生物就能实现这一目标。这必须是一种需要其他学科参与的和利用更多技术（如计算、数学和编程）的协作努力。

《微生物货币》是一个简短的项目，描绘了由于微生物干预金融业而可能出现的虚构场景。其中一个场景的灵感来自目前的实验生态学研究，该研究将细菌细胞作为可能的交易和投资决策模型。[3] 它探索了微生物在看似远离科学的领域中可能发挥新作用的起始点。这里的目标其实是对这些可能性进行头脑风暴，而不是着手寻找经济危机的解决方案。

如果我们都能更好地了解微生物世界，您认为人类世界会发生什么变化？

这是一个难以回答的问题，尤其是如果我们把人类作为一个整体来讨论的话。但是，如果我们把它分解成一个“社区”，以及发生在我们日常生活中的事情，我们可能会更容易理解和推测我们的微生物未来。在做出任何行为改变之前，我们对微生物的态度会随着知识的增多和意识的提高而发生重大转变。这种转变在社会的某些方面已经发生了。尽管我们对卫生的痴迷、抗菌清洁产品的销售额，以及对传染病的恐惧会一如既往地高涨，但我们会逐渐对那些肉眼无法看到的微生物产生好感。这种好感可以有多种形式。它可能仅仅是对微生物改善我们生活的潜力的一种欣赏，但也有可能引起具体行为的改变。

您现在对微生物科学的哪些方面最感兴趣？

这太多了，我无法在此一一列举。在疟疾研究领域，我是伦敦帝国学院杰克·鲍姆（Jake Baum）实验室的一员，实验室的重点研究兴趣是疟原虫如何移动。这项工作使用了显微镜、蛋白质化学和生物化学技术，最终目标是了解疟原虫如何移动，以便能够阻止它们。

总体而言，我对DNA测序、合成和编辑技术的整体进步感到兴奋。自从我学习科学以来，这些技术已经发生了很大的变化，在可获得性、速度和效率方面都有所改善。我毫不怀疑，这些进展将继续帮助生物黑客和设计师以前所未有的方式探索干预生命的潜力。

您能谈谈您在网站上发表的生物黑客设计师的宣言吗？

宣言是我几年前开始编写的一系列声明的集合。大多数声明是以一对相互对比的表述形式出现的，第一个声明与我的工作直接相关，而另一个则是对立的声明，试图通过这种对比来巩固我的立场。

我最喜欢的一组声明是“功能决定DNA”与“功能决定形式”。这是对合成生物学家和许多分子生物学家的致敬，他们从零开始或通过干预现成的材料（通常是利用DNA）来“设计”自然。但这个过程不应该局限于专业实验室，而应该渗透进艺术工作室的空间。毕竟，随着生物技术工具的可获得性和经济性不断提高，这是一个完美的机会。列表中的另外一个例子包括“互动”（相对于感染），这是我对我们与微生物关系的看法，我把微生物视作我作品的主要角色。这是我在与微生物合作时努力采取的一种态度，这将让我们在没有偏见或预设概念的情况下，对我们与微生物的关系进行更为丰富的探索。

鉴于您作品所提出的DIY技术的进步，允许任何人进入生物黑客领域，进而操纵他们自己的生物学，这会有什么危险？

危险是一种灵活的措辞，它的意义在很大程度上取决于生物黑客的参与者是谁。对某些人而言，操纵自己的生物学可能是极其危险的；这不一定是生物学上的危险（尽管这可能是其中一个因素），而是政治上的危险。在一个全球卫生和生物控制最为敏感的时代（你只需看看当前全球对埃博拉病毒暴发的应对），许多政府机构可能会把这视为对监管的严重威胁。

如果我们从生物安全的角度来看待生物黑客的危险，我们就可以理解为什么有些人可能会对潜在风险提出担忧。此外，不幸的是，“黑客”这个词带有险恶的意味。然而，重要的是要记住，生物黑客有不同的议题和方式。当然，像任何涉及处理生物和有机材料的活动一样，生物黑客会有一定程度的风险，但我认为这些风险可以通过周密的计划、听取专业人士的建议，以及运用常识和基本的卫生规程来进行控制。对我们中的许多人来说，生物黑客技术可能是一个非常有用的工具。如果以正确的方式使用，它有能力赋予人们力量，激发创造力，带来希望，并最终抵消已经对人类和我们的星球造成的伤害。

您目前正在进行哪些新项目？

我正在继续研究微生物和技术与金融和经济的关系。其中一个项目是开发一种特殊的“生物打印”方法，这种方法可以精确复制旧钞票表面的微生物细胞图案。最近的一项实验使用了希腊德拉克马纸币，目的是将一种过时的、实际上已经“死亡”的货币复活，使其重新焕发生机，成为对经济有潜在价值的东西。

采访由茱莉娅·邦坦主持

1 弗朗茨·卡夫卡，“饥饿的艺术家”（1922年），载于《卡夫卡短篇小说集》，西蒙与舒斯特出版社（Simon & Schuster），1979年，第81页。

2 J. 格雷厄姆，“火星的生物改造：行星生态合成是全球范围内的生态演替”，《天体生物学》，2004年，4卷（2期），168-195页。

3 R. 马哈詹（Maharjan）等，“权衡的形式决定了对竞争的反应”，《生态学通讯》，2013年，16卷（10期），1267-1276页。

威廉·迈尔斯

您的首部著作《生物设计》（2012年英文版）与这部《生物艺术》（2015年英文版）在内容和概念上有何延续性？写作这两本书期间，社会背景或您的个人经历发生了哪些变化？

《生物设计》最初源于我的硕士论文，研究过程中我发现许多艺术项目值得进一步探讨，从而催生了第二本书。与此同时，生物技术快速发展，艺术家们通过创作回应这一变化，挑战我们对生命、自然和身份的传统定义。这种技术与文化的碰撞亟需解读，而《生物艺术》正是对这一趋势的捕捉。相较第一部著作，这本书更为成熟且更具洞察力，例如它促使我思考“僭越”等概念的历史演变及其在艺术中的应用。

自2012年首部著作出版以来，过去十余年生物设计领域有哪些重要进展？这些进展如何与更广泛的社会和技术变革关联？请分享一些突破性案例及其影响。

近年的亮点是生物设计逐渐主流化，成为学生项目、书籍、展览、课程甚至成功企业的基石。更宏观的转变则体现在利用自然过程替代化石燃料的理念已被广泛接受。在公众、政治和学术领域，生物设计已证明其价值，挑战了数百年来“自然应被剥削、生态应被文化取代”的主流观念。

生物艺术与生物设计常涉及基因编辑、跨物种协作等伦理争议。您如何看待生物艺术的伦理边界？随着人工智能的快速发展，您也在将AI融入生物设计与艺术。您认为AI与生物设计与艺术的结合将拓展哪些维度？

基因编辑若被负责任地应用，其潜力巨大，例如Alpha折叠的蛋白质预测或哈佛威斯研究所的生物膜研究已展现其前景。正如罗博·卡尔森（Rob Carlson）所言，生物学作为技术正在加速发展。但AI的隐患在于全球过度信任其能力。宣称“实现人工智能”的前提是理解智能本身，而神经科学和心理学至今仍无法定义它。将计算机产物称为“智能”实属不明智。

您创立的“21世纪设计博物馆”（M21D）与传统博物馆相比有何创新？基于您的经验，中国的博物馆和教育机构可采取哪些创意策略来展示和推广生物艺术？

M21D是探索新型博物馆模式的实验室，聚焦对人与环境有益的设计。许多传统博物馆沉迷于建造标志性建筑吸引游客、抬高地产价值，忽视了对策展人才和教育项目的投入。对中国而言，生物艺术需要从艺术院校实验室起步，搭建创作与实验平台，以挖掘生物技术的文化意义与美学潜能。

近年来您任教于中央美术学院和四川美术学院，从您的观察看，中国生物艺术与生物设计领域正涌现哪些独特趋势？与西方国家相比，中国在此领域的优势或特色是什么？

中国学生对“人与自然融合”的理念更为开放，他们视生态为人类的延伸，而非西方笛卡尔式“非人类即机器”的传统认知。中国丰富的自然景观、生物多样性和文化积淀可激发创造力。但令人担忧的是对AI的盲目信任——学生极少质疑其文本或图像输出的可靠性。这种趋势可能使中国年轻一代重蹈西方“自然即机器”的覆辙。

您认为生物艺术与生物设计在中国的未来发展方向是什么？中国传统文化与当代创新如何为此领域提供独特贡献？

中国在生物设计的规模化应用上潜力巨大。五千年的文化传统将赋予这些技术独特的表达方式，例如将集体智慧应用于应对气候变化、生态崩溃及气候难民危机。若能摆脱“经济增长必以环境破坏为代价”的思维，中国有望成为该领域的领导者。

中国高校正逐步开设生物设计与艺术相关课程。作为先驱者，您认为教育者应重点关注的课程建设方向是什么？

建议课程聚焦三点：迭代思维、同理心与实践经验。建议强制要求30%的课堂时间禁用电子设备，每堂课至少布置一项不需要数字技术的作业。过度依赖工具已严重损害教育本质。

您对希望进入生物艺术领域的年轻设计师和艺术家有何建议？他们需要哪些跨学科知识与技能？

请参考《生物设计》“合作要点”章节。核心建议是：保持迭代、坚持试错、接受创作过程中的失控。传统艺术设计强调创作者作为“英雄”的绝对掌控，但生物创作必须摒弃这种心态。

您对中国生物艺术与生物设计的未来发展有何期许与建议？

希望中国能凭借传统智慧、丰富生态和人才储备引领该领域。我有两点建议：一、制定政策，奖励那些对生态系统有可衡量的积极影响的创新行为；二、减少对数字技术的依赖，它们过度诱惑年轻人，抑制了其潜能。我曾目睹顶尖学府的天才学生在学习黄金期沉迷手机而非独立思考。

采访由本书译制小组主持

2025年5月10日

延伸阅读

Natalie Angier, The Canon: *A Whirligig Tour of the Beautiful Basics of Science*, Mariner Books, 2008 (reprint edn)

Suzanne Anker, *The Greening of the Galaxy*, Deborah Colton Gallery, 2014

Suzanne Anker and Dorothy Nelkin, *The Molecular Gaze: Art in the Genetic Age*, Cold Spring Harbor Laboratory Press, 2003

Paola Antonelli , Hugh Aldersey-Williams, Peter Hall, and Ted Sargent, *Design and The Elastic Mind*, The Museum of Modern Art, New York, 2008

Richard Barnett, The Sick Rose: *Disease and the Art of Medical Illustration*, Thames & Hudson, 2014

Alfred H. Barr Jr., (ed.), with essays by Hugnet, Georges, *Fantastic Art*, *Dada*, *Surrealism*, Museum of Modern Art, New York, 1936

Jan Boelen and Vera Sacchetti (eds), *Designing Everyday Life*, Park Books, 2015

Jorge Luis Borges and Peter Sis (illustrator), *The Book of Imaginary Beings*, Penguin Classics, 2006

Robert H. Carlson, *Biology Is Technology: The Promise, Peril, and New Business of Engineering Life*, Harvard University Press, 2011

Beatriz da Costa, Kavita Philip, (eds) and Joseph Dumit, *Tactical Biopolitics: Art, Activism, and Technoscience*, Leonardo Book Series, The MIT Press, 2010

Marcos Cruz and Steve Pike (eds), *Neoplasmatic Design*, Academy Press, 2008

Anna Dumitriu and Bobbie Farsides, *Trust Me I'm an Artist*, Blurb, 2014

Freeman J. Dyson, *The Sun, The Genome, and The Internet: Tools of Scientific Revolution*, The New York Public Library Lectures in Humanities, Oxford University Press, 2000

Jean Fisher, Donna Haraway, Tim Ingold, and Ine Gevers (eds), *Yes Naturally: How Art Saves the World*, Nai010 publishers, 2013

Sigfried Giedion, *Mechanization Takes Command: A Contribution to Anonymous History*, Oxford University Press, 1948

Alexandra Daisy Ginsberg , Jane Calvert, Pablo Schyfter, Alistair Elfick, and Drew Endy, *Synthetic Aesthetics*, The MIT Press, 2014

Daniel Grushkin, Todd Kuiken, and Piers Millet, *Seven Myths and Realities about Do-It-Yourself Biology*, Woodrow Wilson International Center for Scholars, 2013

Daniel Grushkin, Wythe Marschall, William Myers, and Karen Ingram, *CUT/PASTE/GROW*, published by the authors, 2014

Eduardo Kac, *Signs of Life*, The MIT Press, 2009

Koert van Mensvoort and Hendrik Jan Grievink (eds), *Next Nature: Nature Changes Along with Us*, Actar, 2012

Jennifer Mundy, *Surrealism: Desire Unbound*, Princeton University Press, 2001

William Myers, *BioDesign: Nature + Science + Creativity*, Thames & Hudson and The Museum of Modern Art, New York, 2012

"Everything Under Control," *Volume* magazine 35, Archis, April 2013

Ingeborg Reichle, *Art in the Age of Technoscience*, Springer Vienna Architecture, 2009 (1st edn)

Angeli Sachs (ed.), *Nature Design: From Inspiration to Innovation*, Lars Muller, 2007

D'Arcy Wentworth Thompson, *On Growth and Form*, Cambridge University Press, 1917

Stephen Wilson, *Art and Science Now*, Thames & Hudson, 2013

参考文献

第1章

文森特·富尼耶

作者采访文森特·富尼耶（2014年5月31日）。

东信康仁

艺术家声明，azumamakoto.com（2014年4月12日访问）。

下一个自然网络

对科尔特·范·门斯沃特的采访，由布伦丹·科米尔（Brendan Cormier）和阿加塔·雅沃尔斯卡（Agata Jaworska）撰写，题为“透过车窗看自然”，载于*Volume*杂志第35期（2013年4月17日）。

后自然历史中心

后自然历史中心的使命宣言，www.postnatural. org（2014年8月11日访问）。

凯特·麦克道尔

奥维德，《变形记：完整英译和神话索引》，A. S. 克莱恩（A. S. Kline）译，弗吉尼亚大学，2000年。

苏珊·安克尔

苏珊·安克尔和多萝西·内尔金（Dorothy Nelkin），《分子凝视：基因时代的艺术》（*The Molecular Gaze: Art in the Genetic Age*），冷泉港实验室出版社（Cold Spring Harbor Laboratory Press），2004年，第3页。

内里·奥克斯曼

艺术家声明，materialecology.com（2014年9月15日访问）。

艺术家简历，media.mit.edu/people/neri（2014年7月12日访问）。

帕特里夏·皮奇尼尼

帕特里夏·皮奇尼尼，“关于《天鲸》的六点观察”（Six observations about the skywhale），2013年，www.patriciapiccinini.net（2014年6月7日访问）。

爱德华多·卡克

艺术家声明，www.ekac.org（2014年8月20日访问）。

作者对爱德华多·卡克的采访，见威廉·迈尔斯，《生物设计：自然 科学 创造力》，泰晤士与哈德逊出版社，2012年，第284页（中文版：华中科技大学出版社，2022年，第284页）。

德里森斯和维斯塔潘

“生成艺术与自然体验”，由艺术家发表的介绍性文章，notnot.home.xs4all.nl（2015年3月2日访问）。

卡特林·舒夫

艺术家声明，www.katrinschoof.de（2015年3月2日访问）。

第2章

乌利·韦斯特法尔

艺术家声明，uliwestphal. De（2015年3月2日访问）。

伊夫·吉列

布伦丹·塞伯尔（Brendan Seibel）采访伊夫·吉列，2014年8月6日，wired.com（2014年11月2日访问）。

亨利克·斯波勒

F. C. 冈德拉克，由亨利克·斯波勒引用，www.henrikspohler.de（2014年10月28日访问）。

艺术家声明，www.henrikspohler.de（2014年10月28日访问）。

《圣经·创世纪》第1章第11节，钦定版。

安提·莱蒂宁

艺术家声明，www.anttilaitinen.com（2014年9月14日访问）。

2012年10月6日，美联社记者珍妮·巴奇菲尔德（Jenny Barchfield）对玛丽娜·阿布拉莫维奇的采访，www.washingtontimes.com（2014年9月22日访问）。

朱塞佩·利卡里

艺术家声明，www.giuseppelicari. com（2014年10月4日访问）。

BLC

福原志保，“环境。景观”，2008年，www.ambienttv.net（2014年12月12日访问）。

斯佩拉·彼得里奇

作者采访斯佩拉·彼得里奇（2014年10月17日）。

马腾·范登·艾恩德

艺术家声明，www. maartenvandeneynde.com（2014年11月4日访问）。

马腾·范登·艾恩德，“挖出未来：关于想象中的艺术和其他科学中的考古学”，www.maartenvandeneynde.com（2014年11月4日访问）。

博・查普尔
艺术家声明，residualsoup.org（2014年11月9日访问）。

瑞秋・苏斯曼
“时钟和图书馆项目”，介绍长远未来基金会，longnow.org（2014年11月10日访问）。

玛拉・哈塞尔廷
艺术家声明，www.calamara.com（2015年2月26日访问）。

亚历克西斯・洛克曼
《在2525年》，里克・埃文斯（Rick Evans）撰写，扎格和埃文斯表演（1969年）。
作者与亚历克西斯・洛克曼的通信（2014年10月8日）。

第3章

思想对撞机
艺术家声明，www.therhythmoflife. nl（2014年11月2日访问）。
作者采访阿恩・亨德里克斯（2014年11月17日）。

德鲁・贝里
2005年10月24日，保罗・赫拉德（Paul Hellard）为数字艺术家协会对德鲁・贝里的采访，www.cgsociety.org（2014年8月14日访问）。

生物可视化：加州科学院/美国东北大学的刘易斯实验室
“科学家如何制造人工生命”，英国新闻广播（BBC）的新闻视频，2010年5月20日播出，news.bbc.co.uk（2015年1月5日访问）。

索尼娅・博伊梅尔
卡特里娜・雷（Katrina Ray），引自简・E. 布罗迪（Jane E. Brody），“我们是我们的细菌”（We Are Our Bacteria），《纽约时报》，2014年7月14日。
伊夫・克莱因，《真相成为现实》，由霍华德・贝克曼（Howard Beckman）翻译，收录于《伊夫・克莱因，1928—1962回顾展》展览目录，莱斯大学艺术学院，1982年，229-232页。
艺术家声明，www.sonjabaeumel. at（2014年12月18日访问）。

希瑟・巴尼特
艺术家声明，www.heatherbarnett.co.uk（2014年11月28日访问）。

林培英
艺术家声明，peiyinglin.net（2014年12月10日访问）。

凯西・海
艺术家声明，kathyhigh.com（2015年1月10日访问）。

盖尔・怀特
艺术家声明，web.stanford.edu（2014年9月22日访问）。

朱利安・沃斯-安德烈
朱利安・沃斯-安德烈，《西方天使》提案，julianvossandreae.com（2005年10月7日）。

第4章

奥利・帕尔默
玛丽亚姆・阿尔达希采访奥利・帕尔默（2014年10月17日访问）。

库埃・绅
《圣经・箴言》第6章第6节，钦定版。
艺术家声明，kuaishen.tv（2014年8月28日访问）。

劳尔・奥尔特加・阿亚拉
克里斯托弗・赖特（Christopher Wright）对劳尔・奥尔特加・阿亚拉的采访，载于阿恩德・施奈德（Arnd Schneider）和克里斯托弗・赖特，《人类学与艺术实践》（*Anthropology and Art Practice*），布鲁姆斯伯里学术出版社（Bloomsbury Academic），2013年。
马克・金威尔（Mark Kingwell），“工作语言”，收录于约书亚・格伦（Joshua Glenn），《工资奴隶词汇》（*The Wage Slave's Glossary*），Biblioasis出版社，2011年。

泽格尔・雷耶斯
艺术家声明，www.zeger.org（2014年9月2日访问）。

菲利普・比斯利
布鲁格斯・科曾斯-麦克尼兰斯（Brogues Cozens-McNeelance）采访菲利普・比斯利，2014年5月12日，Art Connect Berlin在线平台，blog.artconnectberlin.com（2014年8月20日访问）。
艺术家声明，philipbeesleyarchitect.com（2014年8月23日访问）。

安吉洛・维莫伦
艺术家声明，www.thefluxspace. org（2014年8月20日访问）；www.angelovermeulen.net（2014年8月20日访问）。

伯顿・尼塔
艺术家声明，www.facebook.com/BurtonNitta（2014年8月29日访问）。

安娜・杜米特里乌
拜伦勋爵语录，摘自托马斯-摩尔（Thomas Moore），《沃马斯-摩尔札记》（*The Journal of Womas Moore*）第3卷，特拉华大学出版社，1986年。

长谷川爱
林胜彦等，“从体外诱导的原始生殖细胞样细胞中产生的卵子后代”（Offspring from Oocytes Derived from In Vitro Germ Cell-like Cells in Mice），《科学》（2012年11月16日）第 338卷，第6109期，971–975页。

图片来源

文前图片

Page 4 First and Last Breath. Mindy Solomon Gallery, Miami, private collector. Image courtesy Kate MacDowell.

前言部分

1 Image courtesy Eduardo Kac; **2** With technical support from Joby Harding, Tadej Droljc, and Aleš Kladnik. Multimedia Center Cyberpipe. Image courtesy Saša Spačal; **3, 5** Ernst Haeckel, from Kunstformen der Natur, 1904; **4** Image courtesy The New Institute, Rotterdam; **6** Ars Electronica Museum / Futurelab Series. Image courtesy Jon McCormack; **7** Image courtesy Julia Lohmann studio; **8** Image courtesy Eduardo Kac.

第1章

1–5 Image courtesy Vincent Fournier; **6–9** Image courtesy Azuma Makoto studio. Photograph: Shiinoki;
10–11 Dutch Film Fund, Media Fund, Stichting Doen, and Mondriaan Fund. Image courtesy Next Nature Network; **12** Image courtesy Next Nature Network; **13** BIS Publishers, Stimuleringsfonds Creatieve Industrie, and Prins Bernhard Fonds. Image courtesy Next Nature Network;
14–17 Image courtesy Arne Hendriks; **18** Image courtesy Maja Smrekar. Photograph by Miha Fras; **19** Image courtesy Maja Smrekar. Photograph by Jože Suhadolnik; **20, 24** Image courtesy Maja Smrekar; **21–23** In collaboration with Kapelica Gallery, Ljubljana, Slovenia and BANDITS-MAGES, Bourges, France. Image courtesy Maja Smrekar. Photograph by Miha Fras; **25** Image courtesy Richard Pell, Lindstedt Lab at Carnegie Mellon University; **26** Image courtesy Richard Pell, Dror Yaron of CREATELab at Carnegie Mellon University; **27** Image courtesy Richard Pell, Collection of Berlin Museum für Naturkunde; **28** Image courtesy Richard Pell, James Lab at UC Irvine. Collection of Center for PostNatural History; **29** Image courtesy Richard Pell, Jackson Laboratories. Collection of Center for PostNatural History; **30–38** Image courtesy Center for Genomic Gastronomy **39** First and Last Breath. Mindy Solomon Gallery, Miami, private collector. Image courtesy Kate MacDowell; **40** Daphne. Patrajdas Contemporary, Utah, private collector. Image courtesy Kate MacDowell; **41** Mice and Men. Mindy Solomon Gallery, Miami, Patrajdas Contemporary, Utah, private collector. Image courtesy Kate MacDowell; **42–44** Zoosemiotics installation at the J. P. Getty Museum, 2001. Image courtesy Studio Suzanne Anker, New York, USA; **45–46** Image courtesy Studio Suzanne Anker, New York, USA; **47–51** Image courtesy Neri Oxman and Statasys Ltd; **52–57** Image courtesy Patricia Piccinini; **58–59** Image courtesy Carole Collett; **60–62** Genesis first version. Collection Instituto Valenciano de Arte Moderno (IVAM), Valencia, Spain. Credits: Concept, Direction, and Art Direction: Eduardo Kac; DNA Consultation and Bacterial Cloning: Charles Strom, MD, PhD; DNA Music Synthesis: Peter Gena; Technical Support with bacterial transformation: Svetlana Rechitsky and Rita Ciurlionis; Programming and Electronics: Jon Fisher; Electron micrography: Stuart Knutton; Video consultant: Mike Davis; Project Coordination: Julia Friedman and Associates, Chicago; Production: O.K. Center for Contemporary Art, Linz. Image courtesy Eduardo Kac;
63–65 Image courtesy Eduardo Kac; **66–67, 69** Image courtesy of the artists; **68** Photograph: Gert Jan van Rooij, Amsterdam; **70** In the collection of Anne Marie and Sören Mygind, Copenhagen. Image courtesy of the artists; **71** Site-specific installation for the exhibition (Re)Source, at the Belmonte Arboretum in Wageningen. Image courtesy of the artists; **72–74** With funding from the Dutch Bio Art and Design Award. Image courtesy Jalila Essaïdi; **75** Image courtesy Jalila Essaïdi; **76–79** Image courtesy Katrin Schoof.

第2章

1–6 Images © Uli Westphal; **7** Honor Montagu with the stalker Peter Cramb and his ghillie. Glen Artney Estate. Galerie Baudoin Lebon and La Galerie du Jour Agnès B., Paris. Image courtesy Yves Gellie; **8** Edward Benson, Blair Atholl Estate. Galerie Baudoin Lebon and La Galerie du Jour Agnès B., Paris. Image courtesy Yves Gellie; **9** Robbixa / France. Galerie Baudoin Lebon and La Galerie du Jour Agnès

B., Paris. Image courtesy Yves Gellie; **10** Android Ever-1, Ever-2 and Ever-3 / Korea. Galerie Baudoin Lebon and La Galerie du Jour Agnès B., Paris. Image courtesy Yves Gellie; **11–15** Image copyright by Henrik Spohler; **16–22** Image courtesy Antti Laitinen **23** Per Aspera ad Astra, Monteverdi Tuscany, Siena, IT. Center for Visual Arts, Rotterdam, NL. Image courtesy Giuseppe Licari; **24–25** Gallery Hommes, Rotterdam. Image courtesy Giuseppe Licari; **26** Image courtesy Pagemoral, Wikimedia Commons; **27–28** Image courtesy BLC; **29** Image courtesy Špela Petric; **30–31** Image courtesy Pei-Ying Lin, Dimitros Stamatis, Jasmina Weiss, and Špela Petric; **32** Image courtesy Špela Petric; **33** 300 Million Years of Flight. 32¼ × 26 inches (81.9 × 66 centimeters). Edition of 30, 6 Aps. Image courtesy the artist and Tanya Bonakdar Gallery, New York; **34–36** Installation: Mark Dion: The Macabre Treasury, Museum Het Domein, Netherlands, January 20–April 29, 2013. Images courtesy the artist and Tanya Bonakdar Gallery, New York; **37** Neukom Vivarium. Mixed media installation, 80 ft long. Collection Seattle Art Museum, Washington. Gift of Sally and William Neukom, American Express Company, Seattle Garden Club, Mark Torrance Foundation and Committee of 33, in honor of the 75th Anniversary of the Seattle Art Museum. Image courtesy the artist and Tanya Bonakdar Gallery, New York; **38** Image courtesy the artist and Tanya Bonakdar Gallery, New York; **39–42** Image courtesy Maarten Vanden Eynde and Meessen De Clercq Gallery, Brussels; **43–50** Image courtesy Boo Chapple; **51–52** Image courtesy Rachel Sussman; **53–55** Image courtesy Nikki Romanello; **56** Garrison Art Center & Geotherapy Institute. Image courtesy Mara Haseltine; **57** Geotherapy Institute. Image courtesy Mara Haseltine; **58–61** Image courtesy Alexis Rockman and Sperone Westwater Gallery, New York.

第3章

1–2 Photograph by Lauren Hillebrandt. Image courtesy Thought Collider; **3, 5–7** Image courtesy Thought Collider; **4** Photograph Gert Jan van Rooij. Image courtesy Thought Collider; **8** Photograph Hanneke Wetzer. Image courtesy MU Gallery Eindhoven; **9–15** Image courtesy Saša Spačal; **16–23** Image courtesy Heather Dewey-Hagborg; **24–29** Image courtesy Drew Berry; **30** Photograph of diatoms arranged on a microscope. Slide (CAS351069), courtesy the California Academy of Sciences; **31–34** Image courtesy of the Lewis Lab at Northeastern University. Image created by Anthony D'Onofrio, William H. Fowle, Eric J. Stewart and Kim Lewis; **35–36** Image courtesy Tom Deerinck, National Center for Microscopy and Imaging Research; **37–39** Image courtesy Sonja Bäumel; **40–41** Image © Heather Barnett; **42** Workshop at Genspace. Image © Heather Barnett; **43** Interactive installation. Image © Heather Barnett; **44** Performance led by artist and Daniel Grushkin. Image © Heather Barnett; **45–47** Image courtesy Heather Barnett; **48–52** Image courtesy Pei-Ying Lin; **53–57** Image courtesy Kathy High; **58–64** Image courtesy Gail Wight; **65–68** Image courtesy Julian Voss-Andreae; **69–73** Image courtesy Robbie Anson Duncan and fellow collaborators Harriet Bailey and William Skelton.

第4章

1–4 Ars Electronica Museum, Futurelab. Images courtesy Jon McCormack; **5** Image courtesy Jon McCormack; **6–9** Image courtesy Brian Knep; **10–11** Image courtesy Julia Lohmann studio; **12–14** Image courtesy Ollie Palmer; **15–17** Image courtesy Kuai Shen; **18–21** Image courtesy Elaine Whittaker, Red Head Gallery, Toronto, Canada; **22–23** Images courtesy Dana Sherwood and Tanya Bonakdar Gallery, New York; **24–28** Image courtesy Dana Sherwood; **29** Collection Museum Boijmans Van Beuningen, Rotterdam; **30–35** Image courtesy Raul Ortega Ayala; **36–39** Image courtesy Zeger Reyers; **40** Photograph by Nils van Eendenburg. Image courtesy Zeger Reyers; **41–44** Image courtesy of © PBAI; **45** In collaboration with The Aesthetic Technologies Lab, College of Fine Arts at Ohio University. Image courtesy Angelo Vermeulen; **46–51** Image courtesy Angelo Vermeulen; **52–54** Images courtesy Raphael Kim; **55–57** Image courtesy Michiko Nitta and Michael Burton; **58–62** Image courtesy Anna Dumitriu; **63–66** Photograph by James East. Image courtesy Charlotte Jarvis; **67** Photograph Hanneke Wetzer.Image courtesy MU Gallery Eindhoven; **68** Photograph by James Read. Image courtesy Charlotte Jarvis; **69–72** Image courtesy Studio PSK; **73–79** Image courtesy Ai Hasegawa.

致谢

如果没有泰晤士与哈德逊出版社的杰克·克莱因（Jacky Klein）和罗杰·索普（Roger Thorp）的支持，这本书是不可能出版的，是他们委托一位设计作家来撰写一本关于艺术的书。同样，本书的内容也要归功于慷慨地与我们合作的艺术家们，在成书过程中，他们提供了图片、文字和修改意见，使我能够坚定地（即使是笨拙地）去理解他们在工作中究竟做什么。了解这些艺术家，见证他们的创造力、冒险精神和对新媒体的运用，对我来说既是教育也是激励。

玛丽亚姆·阿尔达希和茱莉娅·邦坦的紧密合作推动了本书的研究和写作过程。他们在寻找艺术家、选择作品、组织内容，以及获得艺术家许可、撰写文本、进行采访和收集图像说明方面都是我们的合作伙伴。他们的辛勤工作和奉献精神推动我们实现了雄心勃勃的计划和达到高质量水平。本书的另一个重要合作者是珍妮·劳森（Jenny Lawson）。她既是编辑也是项目经理，她编辑文本，严格按照截止日期行事，并整理有时像杂草蔓生的花园一样的文章，使其一致和简洁。在处理杂乱的分号标点、拉丁字母和腐烂培养皿的图片时，她表现出的坚韧不拔是值得称赞的。

本书也要感谢怀特·马歇尔为本书撰写了原创性的章节介绍，并率先发起了“剪切 / 粘贴 / 生长”的展览、书籍和教育项目。这个项目是我与丹尼尔·格鲁什金（Daniel Grushkin）、凯伦·英格拉姆（Karen Ingram）、格蕾丝·巴克斯特（Grace Baxter）和努里特·巴尔-沙伊（Nurit Bar-Shai）合作完成的，其中产生的许多想法奠定了本书的基础。我还要感谢苏珊·安克尔的贡献，她不仅为本书撰写前言，还为生物艺术实践作出了重要贡献，并通过纽约视觉艺术学院的生物艺术实验室为生物艺术的未来保驾护航。我还要特别感谢艺术家斯佩拉·彼得里奇，她花费了大量的时间和精力来说明她的作品，并为我阐明了当代艺术 / 科学合作的几个核心问题。我还要感谢珍妮弗·托比亚斯（Jennifer Tobias）和纽约现代艺术博物馆（MoMA）图书馆的工作人员，感谢他们为我的研究工作提供了宝贵的支持，尽管这让我付出了相当于一本书重量的荷兰夹心饼干。最后，如果没有我的编辑、评论家、合作伙伴、DIY 生物项目合作者和坚定的支持者桑尼·戴利（Sunny Daly），我是不可能写成这本书的。

关于撰稿人

苏珊·安克尔是生物艺术领域的先驱，从事艺术与生物科学交叉领域的工作。她的作品涉及多种媒介，从数字雕塑和装置艺术到大型摄影和 LED 灯下培育的植物。她的著作包括《分子凝视：基因时代的艺术》和《视觉文化与生物科学》（*Visual Culture and Bioscience*）。安克尔是纽约视觉艺术学院美术系主任，也是视觉艺术学院生物艺术实验室的创始主任。她在世界各地举办讲座和作品展览。

www.suzanneanker.com

怀特·马歇尔（Wythe Marshall）是哈佛大学科学史系的一名作家和博士生，他在哈佛大学探索生物技术、生态学和文化的交叉点。怀特曾在布鲁克林学院教授人文课程，在纽约市策划艺术和科学展览及活动，并从事广告工作，最近为 DraftFCB 工作。他的故事和文章曾发表在 *McSweeney's Quarterly Concern* 等刊物上。

wythem.com

玛丽亚姆·阿尔达希是一位作家和战略家，专注于设计、城市化以及两者的交集。她曾与美国图形艺术学院（AIGA）、罗克韦尔集团（Rockwell Group）、艺术与建筑机构 Storefront for Art and Architecture 和沃尔夫森博物馆（Wolfsonian Museum）合作，从事从战略到深度设计写作的各种工作。

mariamaldhahi.com

茱莉娅·邦坦是一位以神经科学为基础的视觉艺术家，毕业于纽约视觉艺术学院。她的作品曾在国际上展出，包括在阿默斯特、纽约市、巴尔的摩、西雅图、麦迪逊和多伦多展出。邦坦还是科学艺术中心（SciArt Center）的执行主任，以及在线科学艺术杂志《美国科学艺术》（*SciArt in America*）的创始人和主编。

www.juliabuntaine.com

关于译者

本书译制工作由四川美术学院主持，并获设计学科经费资助。四川美术学院段胜峰副校长担任总负责人，协同中央美术学院团队推进此项工作。其中，段胜峰副校长与四川美术学院设计学院吕曦院长担任学术指导，中央美术学院危机与生态设计方向召集人景斯阳与四川美术学院钱星烨组建译制小组。

译校过程得到两校学生团队的鼎力支持：初译工作由中央美术学院倪尔璐、谷蔚然、杨茜、赵雅菲分别完成 1~4 章，郭睿负责文前内容；校译工作由四川美术学院王栖负责文前内容与第 1~2 章，刘升音完成 3~4 章和艺术家访谈等文后内容。

华中科技大学出版社王娜编辑在跨校协调与编校工作中作出了重要贡献，特此致谢。

本书在段胜峰副校长的统筹规划下，通过两校团队的专业协作圆满完成了翻译工作，并确保了学术严谨与专业质量。谨此鸣谢译制小组全体成员的辛勤付出！